高等学校理工科数学类规划教材

概率论与数理统计

GAILÜLUN YU SHULI TONGJI

主　编　毕秀国　董晓梅　张大海

副主编　刘　超　赵峥嵘　张凤荣　林　爽

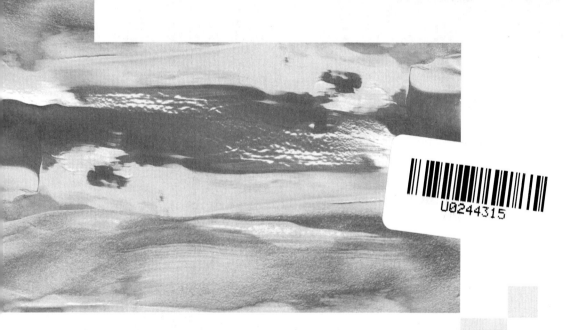

大连理工大学出版社

图书在版编目(CIP)数据

概率论与数理统计 / 毕秀国,董晓梅,张大海主编
. -- 大连：大连理工大学出版社,2023.2
ISBN 978-7-5685-4218-0

Ⅰ.①概…Ⅱ.①毕…②董…③张…Ⅲ.①概率论
－高等学校－教材②数理统计－高等学校－教材Ⅳ.
①O21

中国国家版本馆 CIP 数据核字(2023)第 029611 号

大连理工大学出版社出版

地址：大连市软件园路 80 号　邮政编码：116023
发行：0411-84708842　邮购：0411-84708943　传真：0411-84701466
E-mail:dutp@dutp.cn　URL:https://www.dutp.cn
辽宁泰阳广告彩色印刷有限公司印刷　　大连理工大学出版社发行

幅面尺寸：185mm×260mm　　印张：11.5　　字数：264 千字
2023 年 2 月第 1 版　　2023 年 2 月第 1 次印刷

责任编辑：王晓历　　　　　　　　　　责任校对：孙兴乐
封面设计：张　莹

ISBN 978-7-5685-4218-0　　　　　　　定　价：35.00 元

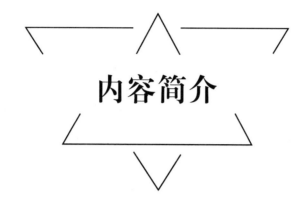

内容简介

　　本教材根据普通高等院校工科类各专业概率论与数理统计课程的基本要求,以及教育部最新颁布的研究生入学考试的考试大纲编写而成。本教材共分为九章:第一章为概率的基本概念;第二章为一维随机变量及其分布;第三章为多维随机变量及其分布;第四章为随机变量的数字特征;第五章为大数定律及中心极限定理;第六章为样本及抽样分布;第七章为参数估计;第八章为假设检验;第九章为回归分析。全书内容循序渐进,深入浅出,结合工科实际,强调概率论与数理统计概念的应用。

　　本教材是本科院校公共基础课教材,可作为高等学校工科、农医、经济、管理等专业的概率论与数理统计课程教材,也可作为实际工作者的自学参考书。

前言 ▶ Preface

　　"概率论与数理统计"是高等院校各专业普遍开设的一门重要基础课程,也是学生首次接触的用数学方法、以研究随机现象的统计规律为主的一门数学分支学科,其理论严谨,应用广泛,发展迅速。也正是因为它具有独特的逻辑思维方法,初学者常常感到困惑和茫然。其原因诸多:一是从过去研究"确定性现象"转到研究"随机现象"需要有一个适应的过程;二是本课程所涉及的应用领域极其广泛,又与其他数学分支有着密切的联系,而所涉及的数学工具,如排列、组合、集合及其运算、分段函数、广义积分等又是初学者容易忽视或不被重视的内容;三是本内容概念较多,甚至有些概念彼此相近,容易混淆,加之目前大多数院校面临教学内容多、学时少和教学要求不断提高的状况,很多学生难以掌握其基本理论,更谈不上应用了。

　　本教材在教材内容及结构方面做了必要的调整,使内容更紧凑、系统性更强,在编写过程中力求做到由浅入深,语言简练,通俗易懂,便于教师教学和学生自学,同时又不失对基本理论的要求,这样可为学生进一步学习概率论与数理统计更高一级的课程打下必要而扎实的基础。另外,本教材还大量引用了应用于各个领域的随机现象的实际例题,特别是有典型应用价值的例题,以体现本教材的实用性特点。

　　本教材参考学时为 48 学时,其中带"＊"号部分内容可根据专业的不同需求酌情删减。本教材每章都配有适量习题,便于学生复习巩固,提高学习质量。

　　本教材随文提供视频微课供学生即时扫描二维码进行观看,实现了教材的数字化、信息化、立体化,增强了学生学习的自主性与自由性,将课堂教学与课下学习紧密结合,力图为广大读者提供更为全面并且多样化的教材配套服务。

　　同时,为响应教育部全面推进高等学校课程思政建设工作的要求,本教材挖掘了相关的思政元素,逐步培养学生正确的思政意识,树立肩负建设国家的重任,从而实现全员、全过程、全方位育人。学生树立爱国主义情感,能够更积极地学习科学知识,立志成为社会主义事业建设者和接班人。

　　本教材由大连工业大学数学教研室组织编写,参加编写的有刘超(第一章)、林爽(第二章)、赵峥嵘(第三章)、张凤荣(第四章)、张大海(第五章)、毕秀国(第六章、第九章、附录)、董晓梅(第七章、第八章)。全书由毕秀国统稿并定稿,阎慧臻教授、康健教授和刘燕教授在编写过程中给予了很多宝贵意见。

在编写本教材的过程中,编者参考、引用和改编了国内外出版物中的相关资料以及网络资源,在此表示深深的谢意! 相关著作权人看到本教材后,请与出版社联系,出版社将按照相关法律的规定支付稿酬。

尽管我们在教材建设的特色方面做出了许多努力,但由于编者水平有限,书中不足之处在所难免,恳望各教学单位、教师及广大读者批评指正。

编　者

2023 年 2 月

所有意见和建议请发往:dutpbk@163.com

欢迎访问高教数字化服务平台:https://www.dutp.cn/hep/

联系电话:0411-84708462　84708445

目录 ▶ Contents

第一章

概率的基本概念

  自然现象和社会现象是多种多样的。有一类现象,在一定条件下必然发生,称为确定性现象,例如,一石子向上抛后必然下落;在一个大气压下,水达到 100 ℃ 时一定沸腾等。另一类现象,称为不确定性现象,其特点是在一定的条件下可能出现这样的结果,也可能出现那样的结果,而且在试验和观察之前,不能预知确切的结果。例如,在相同的条件下,向上抛掷一硬币,其落地后可能正面向上,也可能反面向上,并且在每次抛掷之前无法知道抛掷的结果;下周的股市可能会上涨,也可能会下跌等。这种在大量重复试验或观察中所呈现出的固有规律性,就是统计规律性。在大量重复试验中,其结果具有统计规律性的现象,称为随机现象。概率论与数理统计就是研究随机现象的统计规律性的一门数学分支学科。

  古典概型是概率论最早研究的一类实际问题,也是概率论入门时必须学习的主要内容。

  正是因为有了条件概率和事件的独立性这两个非常重要的概念,概率论才能够成为独立的数学学科。

  本章主要介绍概率论的基本概念和基本知识,以及一些简单应用。这些基本概念和基本知识对于学习概率论与数理统计是至关重要的。

第一节 随机试验与随机事件

概率论与数理统计
的研究内容

一、随机试验

  在研究自然现象和社会现象时,常常需要做各种试验,在这里,把各种科学试验以及对某一事物的某一特征的观察都认为是一种试验,下面是一些试验的例子:

E_1:抛掷一硬币,观察正面、反面出现的情况;

E_2:将一硬币抛掷 3 次,观察正面、反面出现的情况;

E_3:将一硬币抛掷 3 次,观察正面出现的次数;

E_4:抛一颗骰子,观察出现的点数;

E_5:在一批灯泡中任意抽取 1 只,测试它的寿命;

E_6:记录某地区一昼夜的最高温度和最低温度。

上面的 6 个例子有以下特点:

(1) 试验可以在相同条件下重复进行;

(2) 每次试验的结果不止一个,且事先明确知道试验的所有可能结果;

(3) 在一次试验之前不能确定哪一个结果一定出现。

在概率论中,将具有以上 3 个特点的试验称为随机试验(Random trial),记为 E。本书之后提到的试验都是指随机试验。

二、样本空间

对于随机试验,尽管在每次试验之前不能预知试验的结果,但试验的所有可能结果是已知的,将随机试验 E 的所有可能结果组成的集合称为样本空间(Sample space),记为 Ω;样本空间的元素,即 E 的每一个结果,称为样本点,记为 ω_i。

▶ **例 1-1** 写出下列试验的样本空间。

E_1:抛掷一硬币,观察正面、反面出现的情况;

E_2:将一硬币抛掷 3 次,观察正面、反面出现的情况;

E_3:将一硬币抛掷 3 次,观察止面出现的次数;

E_4:抛一颗骰子,观察出现的点数;

E_5:在一批灯泡中任意抽取 1 只,测试它的寿命;

E_6:记录某地区一昼夜的最高温度和最低温度。

解:设正面为 H,反面为 T。

Ω_1:$\{H, T\}$;

Ω_2:$\{HHH, HHT, HTH, THH, HTT, THT, TTH, TTT\}$;

Ω_3:$\{0, 1, 2, 3\}$;

Ω_4:$\{1, 2, 3, 4, 5, 6\}$;

Ω_5:$\{t \mid t \geqslant 0\}$;

Ω_6:$\{(x, y) \mid T_0 \leqslant x \leqslant y \leqslant T_1\}$,其中 x ℃ 表示最低温度,y ℃ 表示最高温度,并设这一地区的温度不会小于 T_0,也不会大于 T_1。

三、随机事件

把样本空间的任意一个子集称为一个随机事件(Random event),简称事件,通常用大写字母 $A, B, C, \cdots$ 表示。在每次试验中,当且仅当这一子集中的一个样本点出现时,称这一事件发生。例如,在掷骰子的试验中,可以用 A 表示"出现点数为偶数"这个事件,若试验结果是"出现 6 点",就称事件 A 发生。因此,随机事件就是试验的若干个结果组成的集合。特别地,如果一个随机事件只含一个试验结果,则称此事件为基本事件。例如,试验 E_1 有两个基本事件 $\{H\}$、$\{T\}$;试验 E_2 有 8 个基本事件。

　　每次试验中都必然发生的事件,称为必然事件。样本空间 Ω 包含所有的样本点,它是 Ω 自身的子集,每次试验中都必然发生,故它就是一个必然事件。因而必然事件我们也用 Ω 表示。在每次试验中不可能发生的事件称为不可能事件。空集 $\varnothing$ 不包含任何样本点,它作为样本空间的子集,在每次试验中都不可能发生,故它就是一个不可能事件。因而不可能事件我们也用 $\varnothing$ 表示。

四、事件之间的关系与运算

　　事件是一个集合,因而事件间的关系与事件的运算可以用集合之间的关系与集合的运算来处理。

　　下面我们讨论事件之间的关系及运算。

1. 包含关系

　　如果事件 A 发生必然导致事件 B 发生,则称事件 A 包含于事件 B(或称事件 B 包含事件 A),记作 $A \subset B$(或 $B \supset A$)。

　　$A \subset B$ 的一个等价说法是,如果事件 B 不发生,则事件 A 必然不发生。

　　若 $A \subset B$ 且 $B \subset A$,则称事件 A 与 B 相等(或等价),记为 $A = B$。

　　为了方便起见,规定对于任一事件 A,有 $\varnothing \subset A$。

2. 事件的和

　　"事件 A 与 B 中至少有一个发生"的事件称为 A 与 B 的和(并),记为 $A \bigcup B$ 或 $A + B$。

　　由事件和的定义,立即得到:

　　对任一事件 A,有 $A \bigcup \Omega = \Omega$;$A \bigcup \varnothing = A$。

　　$A = \bigcup_{i=1}^{n} A_i$ 表示"$A_1, A_2, \cdots, A_n$ 中至少有一个事件发生"这一事件。

　　$A = \bigcup_{i=1}^{\infty} A_i$ 表示"可列无穷多个事件 A_i 中至少有一个发生"这一事件。

3. 事件的积

　　"事件 A 与 B 同时发生"的事件称为 A 与 B 的积(交),记为 $A \bigcap B$ 或 AB。

　　由事件交的定义,立即得到:

　　对任一事件 A,有 $A \bigcap \Omega = A$;$A \bigcap \varnothing = \varnothing$。

　　$B = \bigcap_{i=1}^{n} B_i$ 表示"$B_1, \cdots, B_n$ 这 n 个事件同时发生"这一事件。

　　$B = \bigcap_{i=1}^{\infty} B_i$ 表示"可列无穷多个事件 B_i 同时发生"这一事件。

4. 事件的差

　　"事件 A 发生而 B 不发生"的事件称为 A 与 B 的差,记为 $A - B$。

　　由事件差的定义,立即得到:

　　对任一事件 A,有 $A - A = \varnothing$;$A - \varnothing = A$;$A - \Omega = \varnothing$。

5. 互不相容(互斥)

　　如果两个事件 A 与 B 不可能同时发生,则称事件 A 与 B 互不相容(互斥),记作

$$A \cap B = \varnothing。$$

基本事件是两两互不相容的。

6. 逆事件

若 $A \cup B = \Omega$ 且 $A \cap B = \varnothing$，则称事件 A 与事件 B 互为逆事件(对立事件)。A 的对立事件记为 $\overline{A}$，$\overline{A}$ 是由所有不属于 A 的样本点组成的事件，它表示"A 不发生"这样一个事件。显然 $\overline{A} = \Omega - A$。

在一次试验中，若 A 发生，则 $\overline{A}$ 必不发生(反之亦然)，即在一次试验中，A 与 $\overline{A}$ 二者只能发生其中之一，并且必然发生其中之一。显然有 $\overline{\overline{A}} = A$。

对立事件必为互不相容事件；反之，互不相容事件未必为对立事件。

以上事件之间的关系及运算可以用文氏(Venn)图来直观地描述。若用平面上一个矩形表示样本空间 Ω，矩形内的点表示样本点，圆 A 与圆 B 分别表示事件 A 与事件 B，则 A 与 B 的各种关系及运算如下列各图(图 1-1 ～ 图 1-6)所示。

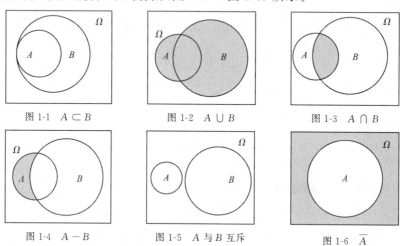

图 1-1　$A \subset B$　　　　图 1-2　$A \cup B$　　　　图 1-3　$A \cap B$

图 1-4　$A - B$　　　　图 1-5　A 与 B 互斥　　　　图 1-6　$\overline{A}$

可以验证一般事件的运算满足如下关系：

(1) 交换律 $A \cup B = B \cup A, A \cap B = B \cap A$；

(2) 结合律 $A \cup (B \cup C) = (A \cup B) \cup C, A \cap (B \cap C) = (A \cap B) \cap C$；

(3) 分配律 $A \cup (B \cap C) = (A \cup B) \cap (A \cup C)$，

$\qquad\qquad A \cap (B \cup C) = (A \cap B) \cup (A \cap C)$；

分配律可以推广到有穷或可列无穷的情形，即

$$A \cap \left(\bigcup_{i=1}^{n} A_i \right) = \bigcup_{i=1}^{n} (A \cap A_i), \quad A \cup \left(\bigcap_{i=1}^{n} A_i \right) = \bigcap_{i=1}^{n} (A \cup A_i)；$$

$$A \cap \left(\bigcup_{i=1}^{\infty} A_i \right) = \bigcup_{i=1}^{\infty} (A \cap A_i), \quad A \cup \left(\bigcap_{i=1}^{\infty} A_i \right) = \bigcap_{i=1}^{\infty} (A \cup A_i)。$$

(4) $A - B = A\overline{B} = A - AB$。

▶ **例 1-2**　设 A, B, C 为三个事件，用 A, B, C 的运算式表示下列事件：

(1) A 发生而 B 与 C 都不发生：$A\overline{B}\overline{C}$ 或 $A - B - C$ 或 $A - (B \cup C)$；

(2) A, B 都发生而 C 不发生：$AB\overline{C}$ 或 $AB - C$；

(3) A, B, C 至少有一个事件发生：$A \cup B \cup C$；

(4) A , B , C 至少有两个事件发生: $(AB)\bigcup(BC)\bigcup(AC)$;

(5) A , B , C 恰好有两个事件发生: $(AB\overline{C})\bigcup(AC\overline{B})\bigcup(BC\overline{A})$;

(6) A , B , C 恰好有一个事件发生: $(A\overline{B}\overline{C})\bigcup(B\overline{A}\overline{C})\bigcup(C\overline{A}\overline{B})$;

(7) A , B 至少有一个发生而 C 不发生: $(A\bigcup B)\overline{C}$;

(8) A , B , C 都不发生: $\overline{A}\bigcup\overline{B}\bigcup\overline{C}$ 或 $\overline{ABC}$ 。

▶ **例 1-3** 在计算机系学生中任意选一名学生,令事件 $A=$ "选到的是男生", $B=$ "选到的是三年级学生", $C=$ "选到的是运动员"。试问:

(1) 事件 $AB\overline{C}$ 的意义。

(2) 在什么条件下 $ABC=C$ 成立?

(3) 在什么条件下 $\overline{A}\subset B$ 成立?

解:(1) 该生是三年级男生,但不是运动员。

(2) $ABC=C$ 等价于 $ABC\subset C$ 且 $C\subset ABC$,则有 $C\subset AB$,即全系运动员都是三年级男生。

(3) 全系女生都在三年级。

▶ **例 1-4** 设事件 A 表示"甲种产品畅销,乙种产品滞销",求其对立事件 $\overline{A}$ 。

解:设 $B=$ "甲种产品畅销", $C=$ "乙种产品滞销",则 $A=BC$,故

$\overline{A}=\overline{BC}=\overline{B}\bigcup\overline{C}=$ "甲种产品滞销或乙种产品畅销"。

第二节 频率与概率

除必然事件与不可能事件外,任一随机事件在一次试验中都有可能发生,也有可能不发生。人们常常希望了解某些事件在一次试验中发生的可能性的大小。例如,为了确定水坝的高度,就要知道河流在造水坝地段每年最大洪水达到某一高度这一事件发生的可能性大小。我们希望找到一个合适的数来表征事件在一次试验中发生的可能性大小。为此,我们首先引入频率的概念,它描述了事件发生的频繁程度,进而我们再引出表示事件在一次试验中发生的可能性大小的数 —— 概率。

一、频率

定义 1.1 设在相同的条件下,进行了 n 次试验。若随机事件 A 在 n 次试验中发生了 k 次,则比值 k/n 称为事件 A 在这 n 次试验中发生的频率(Frequency),记为

$$f_n(A)=\frac{k}{n} \tag{1.1}$$

由定义 1.1 容易推知,频率具有以下性质:

(1) 对任一事件 A ,有 $0\leqslant f_n(A)\leqslant 1$;

(2) 对必然事件 Ω ,有 $f_n(\Omega)=1$;

(3) 若事件 A , B 互不相容,则

$$f_n(A \bigcup B) = f_n(A) + f_n(B)$$

由于事件 A 发生的频率是它发生的次数与试验的次数之比,其大小表示事件 A 发生的频繁程度。频率越大,事件 A 发生的就越频繁。这意味着事件 A 在一次试验中发生的可能性就越大,反之亦然。例如,抛掷一枚硬币,观察事件 $A =$ "正面 H" 的情况。历史上曾有人做过大量的试验,结果见表 1-1。

表 1-1

试验者	掷硬币次数 n	出现正面次数 k	出现正面的频率 $f_n(A) = k/n$
德·摩根	2 048	1 061	0.518 1
蒲丰	4 040	2 048	0.506 9
皮尔逊	12 000	6 019	0.501 6
皮尔逊	24 000	12 019	0.500 8

从表 1-1 可以看出,抛掷一枚硬币的次数 n 较大时,频率 $f_n(A)$ 在 0.5 附近波动,频率呈现出稳定性,即当 n 逐渐增大时,频率 $f_n(A)$ 总是在 0.5 附近摆动,并逐渐稳定于 0.5。

大量试验证实,当重复试验的次数 n 增大时,频率 $f_n(A)$ 呈现出稳定性,逐渐稳定于一个常数。这种"频率稳定性"即通常所说的统计规律性。通过大量重复试验,计算频率 $f_n(A)$,以它来表征事件 A 发生的可能性大小是合适的。

但是,在实际中不可能对每一个事件都做大量的试验,然后求得事件频率,用以表征事件发生的可能性大小。同时,为了理论研究的需要,从频率的稳定性和频率的性质得到启发,给出如下表征事件可能性大小 —— 概率的定义。

二、概率

设事件 A 在 n 次重复试验中发生的次数为 k,当 n 很大时,频率 k/n 在某一数值 p 的附近摆动,而随着试验次数 n 的增加,发生较大摆动的可能性越来越小,则称数 p 为事件 A 发生的概率,记为 $P(A) = p$。

事件 A 的概率,通俗地讲就是刻画事件 A 发生的可能性大小的度量。

需要注意的是,上述定义没有提供确切计算概率的方法,因为我们永远不可能依据它确切地定出任何一个事件的概率。在实际中,我们不可能对每一个事件都做大量的试验,况且我们不知道 n 取多大才满足要求;如果 n 取很大,又不一定能保证每次试验的条件都完全相同。而且也没有理由认为,取试验次数为 $n+1$ 来计算频率,会比取试验次数为 n 来计算频率更准确、更逼近所求的概率。

为了理论研究的需要,我们从频率的稳定性和频率的性质得到启发,给出概率的公理化定义。

此定义是柯尔莫哥罗夫(Kolmogorov)于 20 世纪 30 年代给出的,在此之前许多人将概率论视为伪科学而拒不接受,在柯尔莫哥罗夫给出概率定义之后,概率论才迅速发展成为一门科学,并渗透到各个领域。

定义 1.2(概率的公理化定义)

设 Ω 为样本空间,A 为事件,对于每一个事件 A 赋予一个实数,记作 $P(A)$,如果 $P(A)$ 满足以下条件:

(1) 非负性：$P(A) \geqslant 0$；

(2) 规范性：$P(\Omega) = 1$；

(3) 可列可加性：对于两两互不相容的可列无穷多个事件 $A_1, A_2, \cdots, A_n, \cdots$，有

$$P(\bigcup_{i=1}^{\infty} A_i) = \sum_{i=1}^{\infty} P(A_i)$$

则称实数 $P(A)$ 为事件 A 的概率(Probability)。

在上述定义中的 3 个条件中，第 3 个条件尤为重要，使用次数最多。例如 $\Omega \cap \varnothing = \varnothing$，$\Omega \cup \varnothing = \Omega$，所以 $P(\Omega) = 1$。

本书第五章中将证明，当 $n \rightarrow \infty$ 时频率 $f_n(A)$ 在一定意义下接近于概率 $P(A)$。基于这一事实，我们就有理由用概率 $P(A)$ 来表示事件 A 在一次试验中发生的可能性大小。

由概率公理化定义，可以推出概率的一些性质。

性质 1-1　$P(\varnothing) = 0$。

证明：令 $A_n = \varnothing (n = 1, 2, \cdots)$，则

$$\bigcup_{n=1}^{\infty} A_n = \varnothing，且 A_i A_j = \varnothing (i \neq j; i, j = 1, 2, \cdots)。$$

由概率的可列可加性得

$$P(\varnothing) = P(\bigcup_{n=1}^{\infty} A_n) = \sum_{n=1}^{\infty} P(A_n) = \sum_{n=1}^{\infty} P(\varnothing)，$$

且 $P(\varnothing) \geqslant 0$，则 $P(\varnothing) = 0$。

这个性质说明：不可能事件的概率为 0。但逆命题不一定成立，我们将在第二章加以说明。

性质 1-2 (有限可加性)　若 $A_1, A_2, \cdots, A_n$ 为两两互不相容事件，则有

$$P(\bigcup_{i=1}^{n} A_i) = \sum_{i=1}^{n} P(A_i)$$

证明：令 $A_{n+1} = A_{n+2} = \cdots = \varnothing$，且 $A_i A_j = \varnothing (i \neq j; i, j = 1, 2, \cdots)$。由可列可加性得

$$P(\bigcup_{i=1}^{n} A_i) = P(\bigcup_{i=1}^{\infty} A_i) = \sum_{i=1}^{\infty} P(A_i) = \sum_{i=1}^{n} P(A_i)$$

性质 1-3 (逆事件的概率)　对于任一事件 A，有

$$P(\overline{A}) = 1 - P(A)$$

证明：因为 $\overline{A} \cup A = \Omega$，$\overline{A} \cap A = \varnothing$，由有限可加性，得

$$1 = P(\Omega) = P(A \cup \overline{A}) = P(A) + P(\overline{A})$$

即

$$P(\overline{A}) = 1 - P(A)$$

性质 1-4 (减法公式)　设 A, B 是两个事件，则有

$$P(A - B) = P(A\overline{B}) = P(A) - P(AB)$$

证明：因为 $A = AB \cup A\overline{B}$，且 AB 与 $A\overline{B}$ 互不相容，所以

$$P(A) = P(AB \cup A\overline{B}) = P(AB) + P(A\overline{B})$$

即

$$P(A\bar{B}) = P(A) - P(AB)$$

特殊地,如果 $B \subset A$,则

$$P(A - B) = P(A) - P(B)$$

性质 1-5(加法公式) 设 A, B 是两事件,则有

$$P(A \bigcup B) = P(A) + P(B) - P(AB)$$

证明: 因为 $A \bigcup B = B \bigcup A\bar{B}$,且 B 与 $A\bar{B}$ 互不相容,所以

$$P(A \bigcup B) = P(B \bigcup A\bar{B}) = P(B) + P(A\bar{B}) = P(A) + P(B) - P(AB)$$

加法公式可以推广到多个事件的情形,例如,设 A, B, C 为事件,则有

$$P(A \bigcup B \bigcup C) = P(A) + P(B) + P(C) - P(AB) - P(AC) - P(BC) + P(ABC)$$

证明留给读者。

一般地,设 $A_1, A_2, \cdots, A_n$ 为任意 n 个事件,可由归纳法证得

$$P(A_1 \bigcup A_2 \bigcup \cdots \bigcup A_n)$$

$$= \sum_{i=1}^{n} P(A_i) - \sum_{1 \leqslant i < j \leqslant n} P(A_i A_j) + \sum_{1 \leqslant i < j < k \leqslant n} P(A_i A_j A_k) - \cdots +$$

$$(-1)^{n-1} P(A_1 A_2 \cdots A_n)$$

▶ **例 1-5** 设 A, B 为两事件,$P(A) = 0.5$,$P(B) = 0.3$,$P(AB) = 0.1$,求:

(1) A 发生但 B 不发生的概率;

(2) A 不发生但 B 发生的概率;

(3) 至少有一个事件发生的概率;

(4) A, B 都不发生的概率;

(5) 至少有一个事件不发生的概率。

解: (1) $P(A\bar{B}) = P(A - B) = P(A) - P(AB) = 0.4$;

(2) $P(\bar{A}B) = P(B - A) = P(B) - P(AB) = 0.2$;

(3) $P(A \bigcup B) = P(A) + P(B) - P(AB) = 0.7$;

(4) $P(\bar{A}\bar{B}) = P(\overline{A \bigcup B}) = 1 - P(A \bigcup B) = 0.3$;

(5) $P(\bar{A} \bigcup \bar{B}) = P(\overline{AB}) = 1 - P(AB) = 0.9$。

▶ **例 1-6** 设 A, B 为两事件,$P(A) = 0.5$,$P(B) = 0.3$,$P(A \bigcup B) = 0.7$,求:$P(AB), P(A\bar{B}), P(\bar{A}B), P(\overline{AB})$。

解: 由加法公式 $P(A \bigcup B) = P(A) + P(B) - P(AB)$,可得

$$P(AB) = P(A) + P(B) - P(A \bigcup B) = 0.1$$

$$P(A\bar{B}) = P(A - B) = P(A) - P(AB) = 0.4$$

$$P(\bar{A}B) = P(B - A) = P(B) - P(AB) = 0.2$$

$$P(\overline{AB}) = P(\overline{A \bigcup B}) = 1 - P(A \bigcup B) = 0.3$$

▶ **例 1-7** 已知 $P(A) = \dfrac{1}{2}$,$P(B) = \dfrac{1}{3}$,求下列 3 种情况下 $P(A - B)$ 的值:

(1) $AB = \varnothing$;

(2) $B \subset A$;

(3)$P(AB) = \dfrac{1}{4}$。

解:(1)$P(AB) = 0$,由减法公式,得 $P(A-B) = P(A) - P(AB) = \dfrac{1}{2}$;

(2)$P(AB) = P(B) = \dfrac{1}{3}$,由减法公式,得 $P(A-B) = P(A) - P(AB) = \dfrac{1}{6}$;

(3) 由减法公式,得 $P(A-B) = P(A) - P(AB) = \dfrac{1}{4}$。

▶ **例 1-8**　已知 $P(A) = 0.5, P(B) = 0.4, P(A-B) = 0.3$,求:
(1)$P(\overline{A} \cup \overline{B})$;
(2)$P(A \cup \overline{B})$。

解:由减法公式,得 $P(A-B) = P(A) - P(AB) \Rightarrow P(AB) = 0.2$。
(1)$P(\overline{A} \cup \overline{B}) = P(\overline{AB}) = 1 - P(AB) = 0.8$;
(2)$P(A \cup \overline{B}) = P(\overline{\overline{A}B}) = 1 - P(\overline{A}B) = 1 - P(B-A) = 1 - [P(B) - P(AB)] = 0.8$
或 $P(A \cup \overline{B}) = P(A) + P(\overline{B}) - P(A\overline{B}) = P(A) + [1 - P(B)] - P(A-B) = 0.8$

▶ **例 1-9**　已知 $P(A) = P(B) = P(C) = \dfrac{1}{4}, P(AB) = P(BC) = \dfrac{1}{8}, P(AC) = 0$,
求:A, B, C 都不发生的概率。

解:A, B, C 都不发生可以表示为 $\overline{ABC}$,则
$$P(\overline{ABC}) = 1 - P(A \cup B \cup C)$$
$$= 1 - (P(A) + P(B) + P(C) - P(AB) - P(AC) - P(BC) + P(ABC))$$
$$= 1 - \left(\dfrac{1}{4} + \dfrac{1}{4} + \dfrac{1}{4} - \dfrac{1}{8} - 0 - \dfrac{1}{8} + 0 \right) = \dfrac{1}{2}$$

第三节　　古典概型

第一节中所说的试验 E_1 和 E_4,它们具有两个共同的特点:
(1) 试验的样本空间只包含有限个元素。
(2) 试验中每个基本事件发生的可能性相同。

具有以上两个特点的试验是大量存在的。这种试验称为**等可能概型**。它在概率论发展初期曾是主要的研究对象,所以也称为**古典概型**。等可能概型的一些概念具有直观、容易理解的特点,有着广泛的应用。

下面我们来讨论等可能概型中事件概率的计算公式。

设试验的样本空间为 $\Omega = \{\omega_1, \omega_2, \cdots, \omega_n\}$。由于在试验中每个基本事件发生的可能性相同,即有
$$P(\{\omega_n\}) = P(\{\omega_2\}) = \cdots = P(\{\omega_n\})$$
又由于基本事件是两两互不相容的,于是

$$1 = P(\Omega) = P(\{\omega_1\} \bigcup \{\omega_2\} \bigcup \cdots \bigcup \{\omega_n\})$$
$$= P(\{\omega_1\}) + P(\{\omega_2\}) + \cdots + P(\{\omega_n\})$$

故

$$1 = nP(\{\omega_i\})$$

从而

$$P(\{\omega_i\}) = \frac{1}{n}, i = 1, 2, \cdots, n$$

设事件 A 包含 k 个基本事件

即

$$A = \{\omega_{i1}\} \bigcup \{\omega_{i2}\} \bigcup \cdots \bigcup \{\omega_{ik}\}$$

则有

$$P(A) = P(\{\omega_{i1}\} \bigcup \{\omega_{i2}\} \bigcup \cdots \bigcup \{\omega_{ik}\})$$
$$= P(\{\omega_{i1}\}) + P(\{\omega_{i2}\}) + \cdots + P(\{\omega_{ik}\})$$
$$= \underbrace{\frac{1}{n} + \frac{1}{n} + \cdots + \frac{1}{n}}_{k\uparrow} = \frac{k}{n}$$

由此,得到古典概型中事件 A 的概率计算公式为

$$P(A) = \frac{k}{n} = \frac{\text{所包含的样本点数}}{\Omega \text{ 中样本点总数}} \tag{1.2}$$

称古典概型中事件 A 的概率为古典概率。一般地,可利用排列、组合及乘法原理、加法原理的知识计算 k 和 n,进而求得相应的概率。

▷例 1-10　将一枚硬币抛掷三次,求:

(1) 恰有一次出现正面的概率;

(2) 至少有一次出现正面的概率。

解:设正面为 H,反面为 T,将一枚硬币抛掷三次的样本空间

$$\Omega = \{HHH, HHT, HTH, THH, HTT, THT, TTH, TTT\}$$

Ω 中包含有限个元素,且由对称性知每个基本事件发生的可能性相同。

(1) 设 A 表示"恰有一次出现正面",则

$$A = \{HTT, THT, TTH\}$$

故有

$$P(A) = \frac{3}{8}$$

(2) 设 B 表示"至少有一次出现正面",由 $\overline{B} = \{TTT\}$,得:

$$P(B) = 1 - P(\overline{B}) = 1 - \frac{1}{8} = \frac{7}{8}$$

当样本空间的元素较多时,我们一般不再将 Ω 中的元素一一列出,而只需分别求出 Ω 中与 A 中包含的元素的个数(基本事件的个数),再由式(1.2)求出 A 的概率。

▷例 1-11　从一副除去两张王牌的52张扑克牌中任意抽5张,求"没有 K 字牌"的概率。

解：设事件 $A=$ "没有 K 字牌"，由古典概型，样本点总数为 C_{52}^5，事件 A 包含的样本点个数为 C_{48}^5，则

$$P(A)=\frac{C_{48}^5}{C_{52}^5}$$

▶ 例 1-12 某城市的电话号码由 8 位数字组成，每位数可以是 $0\sim9$ 这 10 个数字中的任意 1 个，求电话号码最后 4 位数全不相同的概率。

解：设事件 $A=$ "电话号码最后 4 位数全不相同"，由古典概型，样本点总数为 10^8，事件 A 包含的样本点个数为 $10^4\cdot A_{10}^4$，则

$$P(A)=\frac{A_{10}^4}{10^4}$$

在古典概型的计算中，排列数与组合数不应混淆，一个简单的方法是，交换次序后看是否是同一个事件。如果交换次序后事件改变，这是排列问题，否则是组合问题。

▶ 例 1-13 箱中有 10 件产品，其中有 1 件次品，在 9 件合格品中有 6 件一等品、3 件二等品，现从箱子中任取 3 件，试求：

（1）取得的 3 件产品都是合格品，但是仅有 1 件是一等品的概率；

（2）取得的 3 件产品中至少有 2 件是一等品的概率。

解：设事件 $A=$ "取得的 3 件产品都是合格品，但是仅有 1 件是一等品"，$B=$ "取得的 3 件产品中至少有 2 件是一等品"。

（1）10 件产品中任取 3 件，所有可能组合数为 C_{10}^3，而取得 3 件都是合格品，但是仅有 1 件是一等品（此时显然二等品为 2 件）的数目为 $C_6^1\cdot C_3^2\cdot C_1^0=C_6^1\cdot C_3^2$。故所求概率为

$$P(A)=\frac{C_6^1\cdot C_3^2}{C_{10}^3}=0.15$$

（2）同（1），基本事件总数为 C_{10}^3，事件 B 的基本事件数为 $C_6^2\cdot C_4^1+C_6^3$（第一项为恰好有 2 件一等品，第二项为有 3 件一等品）。故所求概率为

$$P(B)=\frac{C_6^2\cdot C_4^1+C_6^3}{C_{10}^3}=\frac{2}{3}$$

▶ 例 1-14 一口袋装有 6 只球，其中 4 只白球，2 只红球。从袋中取球两次，每次随机地取一只。考虑两种取球方式：

（a）第一次取一只球，观察其颜色后放回袋中，搅匀后再任取一球。这种取球方式叫作**有放回抽取**。

（b）第一次取一球后不放回袋中，第二次从剩余的球中再取一球。这种取球方式叫作**不放回抽取**。

试分别就上面两种情形求：

（1）取到的两只球都是白球的概率；

（2）取到的两只球颜色相同的概率；

（3）取到的两只球中至少有一只是白球的概率。

解：（a）有放回抽取的情形：

设 A 表示事件"取到的两只球都是白球", B 表示事件"取到的两只球都是红球", C 表示事件"取到的两只球中至少有一只是白球"。则 $A \cup B$ 表示事件"取到的两只球颜色相同",而 $C = \overline{B}$。

在袋中依次取两只球,每一种取法为一个基本事件,显然此时样本空间中仅包含有限个元素,且由对称性知每个基本事件发生的可能性相同,因而可利用式(1.2)来计算事件的概率。

第一次从袋中取球有 6 只球可供抽取,第二次也有 6 只球可供抽取。由乘法原理知共有 6×6 种取法,即基本事件总数为 6×6。对于事件 A 而言,由于第一次有 4 只白球可供抽取,第二次也有 4 只白球可供抽取,由乘法原理知共有 4×4 种取法,即 A 中包含 4×4 个元素。同理, B 中包含 2×2 个元素,于是

$$P(A) = \frac{4 \times 4}{6 \times 6} = \frac{4}{9}$$

$$P(B) = \frac{2 \times 2}{6 \times 6} = \frac{1}{9}$$

由于 $AB = \varnothing$,故

$$P(A \cup B) = P(A) + P(B) = \frac{5}{9}$$

$$P(C) = P(\overline{B}) = 1 - P(B) = \frac{8}{9}$$

(b) 不放回抽取的情形:

第一次从 6 只球中抽取,第二次只能从剩下的 5 只球中抽取,故共有 6×5 种取法,即样本点总数为 6×5。对于事件 A 而言,第一次从 4 只白球中抽取,第二次从剩下的 3 只白球中抽取,故共有 4×3 种取法,即 A 中包含 4×3 个元素,同理 B 中包含 2×1 个元素,于是

$$P(A) = \frac{4 \times 3}{6 \times 5} = \frac{P_4^2}{P_6^2} = \frac{2}{5}$$

$$P(B) = \frac{2 \times 1}{6 \times 5} = \frac{P_2^2}{P_6^2} = \frac{1}{15}$$

由于 $AB = \varnothing$,故

$$P(A \cup B) = P(A) + P(B) = 7/15$$

$$P(C) = P(\overline{B}) = 1 - P(B) = 14/15$$

在不放回抽取中,一次取一个,一共取 m 次也可看作一次取出 m 个,故本例中也可用组合的方法,得

$$P(A) = \frac{C_4^2}{C_6^2} = \frac{2}{5}$$

$$P(B) = \frac{C_2^2}{C_6^2} = \frac{1}{15}$$

▶ 例 1-15 箱中装有 a 只白球, b 只黑球,现做不放回抽取,每次一只。

(1) 任取 $m + n$ 只,恰有 m 只白球, n 只黑球的概率($m \leqslant a$, $n \leqslant b$);

(2) 第 k 次才取到白球的概率($k \leqslant b + 1$);

（3）第 k 次恰取到白球的概率。

解：（1）可看作一次取出 $m+n$ 只球，与次序无关，是组合问题。从 $a+b$ 只球中任取 $m+n$ 只，所有可能的取法共有 C_{a+b}^{m+n} 种，每一种取法为一基本事件，且由对称性知每个基本事件发生的可能性相同。从 a 只白球中取 m 只，共有 C_a^m 种不同的取法，从 b 只黑球中取 n 只，共有 C_b^n 种不同的取法。由乘法原理知，取到 m 只白球，n 只黑球的取法共有 $C_a^m C_b^n$ 种，于是所求概率为

$$p_1 = \frac{C_a^m C_b^n}{C_{a+b}^{m+n}}$$

（2）抽取与次序有关。每次取一只，取后不放回，一共取 k 次，每种取法即是从 $a+b$ 个不同元素中任取 k 个不同元素的一个排列，每种取法是一个基本事件，共有 P_{a+b}^k 个基本事件，且由对称性知每个基本事件发生的可能性相同。前 $k-1$ 次都取到黑球，从 b 只黑球中任取 $k-1$ 只的排法种数有 P_b^{k-1} 种，第 k 次抽取的白球可为 a 只白球中的任一只，有 P_a^1 种不同的取法。由乘法原理，前 $k-1$ 次都取到黑球，第 k 次取到白球的取法共有 $P_b^{k-1}P_a^1$ 种，于是所求概率为

$$p_2 = \frac{P_b^{k-1}P_a^1}{P_{a+b}^k}$$

（3）基本事件总数仍为 P_{a+b}^k。第 k 次必取到白球，可为 a 只白球中的任一只，有 P_a^1 种不同的取法，其余被取的 $k-1$ 只球可以是其余 $a+b-1$ 只球中的任意 $k-1$ 只，共有 P_{a+b-1}^{k-1} 种不同的取法，由乘法原理，第 k 次恰取到白球的取法有 $P_a^1 P_{a+b-1}^{k-1}$ 种，故所求概率为

$$p_3 = \frac{P_a^1 P_{a+b-1}^{k-1}}{P_{a+b}^k} = \frac{a}{a+b}$$

例 1-15（3）中值得注意的是 P_3 与 k 无关，也就是说其中任一次抽球，抽到白球的概率都跟第一次抽到白球的概率相同，为 $\frac{a}{a+b}$，而跟抽球的先后次序无关（例如购买福利彩票时，尽管购买的先后次序不同，但每个人得奖的机会是一样的）。

> **例 1-16** 有 n 个人，每个人都以同样的概率 $1/N$ 被分配在 $N(n<N)$ 间房中的任一间，求恰好有 n 个房间，其中各住一人的概率。

解：每个人都有 N 种分法，这是可重复排列问题，n 个人共有 N^n 种不同分法。因为没有指定是哪几间房，所以首先选出 n 间房，有 C_N^n 种选法。对于其中每一种选法，每间房各住一人共有 $n!$ 种分法，故所求概率为

$$p = \frac{C_N^n n!}{N^n}$$

许多直观背景很不相同的实际问题，都和本例具有相同的数学模型。比如生日问题：假设每人的生日在一年 365 天中的任一天是等可能的，那么随机选取 $n(n \leqslant 365)$ 个人，他们的生日各不相同的概率为

$$p_1 = \frac{C_{365}^n n!}{365^n}$$

因而 n 个人中至少有两个人生日相同的概率为

$$p_2 = 1 - \frac{C_{365}^n \, n!}{365^n}$$

例如 $n = 64$ 时，$p_2 = 0.997$，这表示在仅有 64 人的班级里，"至少有两人生日相同"的概率与 1 相差无几，因此几乎总是会出现的。这个结果也许会让大多数人惊奇，因为"一个班级中至少有两人生日相同"的概率并不如人们直觉中想象的那么小，而是相当大。这也告诉我们，"直觉"并不很可靠，说明研究随机现象统计规律是非常重要的。

▶ 例 1-17 有 10 件产品，其中 3 件次品，从中任意取出 3 件，求至少有 1 件是次品的概率。

解法一：设 $B = \{3$ 件中至少有 1 件是次品$\}$，$A_i = \{3$ 件中恰有 i 件次品$\}$，$i = 1, 2, 3$。

从 10 件产品中任取 3 件有 C_{10}^3 种可能的结果，3 件中恰好有 i 件次品 $(i = 1, 2, 3)$ 的取法有 $C_3^i C_7^{3-i}$，因而

$$P(A_i) = \frac{C_3^i C_7^{3-i}}{C_{10}^3} \quad (i = 1, 2, 3)$$

显然 A_1, A_2, A_3 是两两互不相容的，且 $B = \bigcup_{i=1}^{3} A_i$，故所求概率为

$$P(B) = P(\bigcup_{i=1}^{3} A_i) = \sum_{i=1}^{3} P(A_i) = \sum_{i=1}^{3} \frac{C_3^i C_7^{3-i}}{C_{10}^3} = \frac{17}{24}$$

解法二：如解法一，设 $B = \{3$ 件中至少有 1 件是次品$\}$，则 $\overline{B} = \{3$ 件都是正品$\}$。

$$P(\overline{B}) = \frac{C_7^3}{C_{10}^3} = \frac{7}{24}$$

故所求概率为

$$P(B) = 1 - P(\overline{B}) = \frac{17}{24}$$

可见，有时利用对立事件间的关系求概率更加方便。

上述古典概型的计算，只适用于具有等可能性的有限样本空间，若试验结果无穷多，它显然已不适合。为了克服有限的局限性，可将古典概型的计算加以推广。

设试验具有以下特点：

(1) 样本空间 Ω 是一个几何区域，这个区域大小可以量度（如长度、面积、体积等），并把 Ω 的度量记作 $m(\Omega)$。

(2) 向区域 Ω 内任意投掷一个点，落在区域内任一个点处都是"等可能的"。或者设落在 Ω 中的区域 A 内的可能性与 A 的度量 $m(A)$ 成正比，与 A 的位置和形状无关。

不妨也用 A 表示"掷点落在区域 A 内"的事件，那么事件 A 的概率可用下列公式计算：

$$P(A) = \frac{m(A)}{m(\Omega)}$$

称它为几何概率。

▶ 例 1-18 在区间 $(0, 1)$ 内任取两个数，求这两个数的乘积小于 $\frac{1}{4}$ 的概率。

解：设在$(0,1)$内任取两个数为x，y，则

$$0 < x < 1, 0 < y < 1$$

即样本空间是由点(x,y)构成的边长为1的正方形Ω，其面积为1。

令A表示"两个数乘积小于$\dfrac{1}{4}$"，则

$$A = \left\{ (x,y) \mid 0 < xy < \frac{1}{4}, 0 < x < 1, 0 < y < 1 \right\}$$

故所求概率为

$$P(A) = \frac{1 - \int_{\frac{1}{4}}^{1} \mathrm{d}x \int_{\frac{1}{4x}}^{1} \mathrm{d}y}{1} = \frac{1 - \int_{\frac{1}{4}}^{1} (1 - \frac{1}{4x}) \mathrm{d}x}{1}$$

$$= 1 - \frac{3}{4} + \int_{\frac{1}{4}}^{1} \frac{1}{4x} \mathrm{d}x = \frac{1}{4} + \frac{1}{2} \ln 2$$

第四节　条件概率、全概率公式

一、条件概率

条件概率是概率论中一个重要而实用的概念，所研究的是在事件A已发生的条件下事件B发生的概率。下面举一个例子。

▶ **例 1-19** 将一枚硬币抛掷两次，观察其正面H、反面T出现的情况。设事件A为"至少有一次为H"，事件B为"两次掷出同一面"。求在已知事件A已发生的条件下事件B发生的概率。

解：样本空间$\Omega = \{HH, HT, TH, TT\}$，$A = \{HH, HT, TH\}$，$B = \{HH, TT\}$。

易知，此属于古典概型问题，已知事件A已发生，即TT不可能发生。也就是说，试验所有的可能结果组成的集合就是A。A中共有3个元素，其中$HH \in B$。于是，已知事件A已发生的条件下事件B发生的概率为

$$P(B \mid A) = \frac{1}{3}$$

另外，易知

$$P(A) = \frac{3}{4}, \quad P(AB) = \frac{1}{4}$$

则

$$P(B \mid A) = \frac{1}{3} = \frac{\dfrac{1}{4}}{\dfrac{3}{4}}$$

所以

$$P(B \mid A) = \frac{P(AB)}{P(A)}$$

在一般情况下,将上述的关系式作为条件概率的定义。

定义 1.3 设 A,B 为两个事件,且 $P(B) > 0$,则称 $\dfrac{P(AB)}{P(B)}$ 为事件 B 已发生的条件下事件 A 发生的条件概率,记为 $P(A \mid B)$,即

$$P(A \mid B) = \frac{P(AB)}{P(B)}$$

易验证,$P(A \mid B)$ 符合概率定义的三条公理,即:

(1) 对于任一事件 A,有 $P(A \mid B) \geqslant 0$;

(2) $P(\Omega \mid B) = 1$;

(3) $P(\bigcup\limits_{i=1}^{\infty} A_i \mid B) = \sum\limits_{i=1}^{\infty} P(A_i \mid B)$,

其中 A_1,A_2,$\cdots$,A_n,$\cdots$ 为两两互不相容事件。

这说明条件概率符合定义 1.2 中概率应满足的三个条件,故对概率已证明的结果都适用于条件概率。例如,对于任意事件 A_1,A_2,有

$$P(A_1 \bigcup A_2 \mid B) = P(A_1 \mid B) + P(A_2 \mid B) - P(A_1 A_2 \mid B)$$

又如,对于任意事件 A,有

$$P(\overline{A} \mid B) = 1 - P(A \mid B)$$

▶ **例 1-20** 某电子元件厂有职工 180 人,男职工有 100 人,女职工有 80 人,男女职工中非熟练工人分别有 20 人与 5 人。现从该厂中任选一名职工,

求:(1) 该职工为非熟练工人的概率是多少?

(2) 若已知被选出的是女职工,她是非熟练工人的概率又是多少?

解:题(1)的求解我们已很熟悉,设 A 表示"任选一名职工为非熟练工人"的事件,则

$$P(A) = \frac{25}{180} = \frac{5}{36}$$

而题(2)的条件有所不同,它增加了一个附加的条件,已知被选出的是女职工,记"选出女职工"为事件 B,则题(2)就是要求出"在已知 B 事件发生的条件下 A 事件发生的概率",这就要用到条件概率公式,即

$$P(A \mid B) = \frac{P(AB)}{P(B)} = \frac{\dfrac{5}{180}}{\dfrac{80}{180}} = \frac{1}{16}$$

此题也可考虑用缩小样本空间的方法来做,既然已知选出的是女职工,那么男职工就可排除在考虑范围之外,因此"B 已发生条件下的事件 A"就相当于在全部女职工中任选一人,并选出了非熟练工人。从而样本点总数就不是原样本空间 Ω 的 180 人,而是全体女职工人数 80 人,而上述事件中包含的样本点个数就是女职工中的非熟练工人数 5 人。因此,所求概率为

$$P(A \mid B) = \frac{5}{80} = \frac{1}{16}$$

▶ **例 1-21** 某种动物出生之后活到 20 岁的概率为 0.7,活到 25 岁的概率为 0.56,

求现年为 20 岁的动物活到 25 岁的概率。

解：设 A 表示"活到 20 岁以上"的事件，B 表示"活到 25 岁以上"的事件，则有

$$P(A) = 0.7, P(AB) = P(B) = 0.56$$

得

$$P(B \mid A) = \frac{P(AB)}{P(A)} = \frac{0.56}{0.7} = 0.8$$

▶ 例 1-22 盒子中有 4 只产品，其中 3 只一等品、1 只二等品，在盒子中任取 2 只，每次取 1 只，做不放回抽样。设事件 A 为"第一次取到的是一等品"，事件 B 为"第二次取到的是一等品"。求条件概率 $P(B \mid A)$。

解：由题意可知

$$P(A) = \frac{3}{4}, P(AB) = \frac{3 \times 2}{4 \times 3} = \frac{6}{12}$$

由条件概率的定义，可得

$$P(B \mid A) = \frac{P(AB)}{P(A)} = \frac{\dfrac{6}{12}}{\dfrac{3}{4}} = \frac{2}{3}$$

▶ 例 1-23 数学系二年级 100 名学生中有男生(以 A 表示)80 人，来自北京的(以 B 表示)20 人，这 20 人中男生 12 人，试求 $P(A), P(B), P(B \mid \overline{A}), P(\overline{A} \mid \overline{B})$。

解：由古典概型得

$$P(A) = \frac{80}{100} = 0.8, P(B) = \frac{20}{100} = 0.2$$

$$P(B \mid \overline{A}) = \frac{20 - 12}{100 - 80} = 0.4, P(\overline{A} \mid \overline{B}) = \frac{20 - 8}{100 - 20} = 0.15$$

二、 乘法公式

由条件概率定义，显而易见，在 $P(A) > 0$ 或 $P(B) > 0$ 时，有

$$P(AB) = P(A)P(B \mid A) = P(B)P(A \mid B) \tag{1.3}$$

式(1.3)称为乘法公式。

乘法定理也可推广到三个事件的情况，例如，设 A, B, C 为三个事件，且 $P(AB) > 0$，则有

$$P(ABC) = P(AB)P(C \mid AB) = P(A)P(B \mid A)P(C \mid AB)$$

一般地，设 n 个事件为 $A_1, A_2, \cdots, A_n$，若 $P(A_1 A_2 \cdots A_{n-1}) > 0$，则有

$$P(A_1 A_2 \cdots A_n) = P(A_1)P(A_2 \mid A_1)P(A_3 \mid A_1 A_2)\cdots P(A_n \mid A_1 A_2 \cdots A_{n-1})$$

事实上，由 $A_1 \supset A_1 A_2 \supset \cdots \supset A_1 A_2 \cdots A_{n-1}$，有

$$P(A_1) \geqslant P(A_1 A_2) \geqslant \cdots \geqslant P(A_1 A_2 \cdots A_{n-1}) > 0$$

故公式右边的条件概率每一个都有意义，由条件概率定义可知

$$P(A_1)P(A_2 \mid A_1)P(A_3 \mid A_1 A_2)\cdots P(A_n \mid A_1 A_2 \cdots A_{n-1})$$

$$=P(A_1) \cdot \frac{P(A_1 A_2)}{P(A_1)} \cdot \frac{P(A_1 A_2 A_3)}{P(A_1 A_2)} \cdot \cdots \cdot \frac{P(A_1 A_2 \cdots A_n)}{P(A_1 A_2 \cdots A_{n-1})}$$
$$=P(A_1 A_2 \cdots A_n)$$

例 1-24 一批彩电,共 100 台,其中有 10 台次品,采用不放回抽样依次抽取 3 次,每次抽 1 台,求第 3 次才抽到合格品的概率。

解: 设 $A_i (i = 1, 2, 3)$ 为第 i 次抽到合格品的事件,则有

$$P(\overline{A_1} \overline{A_2} A_3) = P(\overline{A_1}) P(\overline{A_2} \mid \overline{A_1}) P(A_3 \mid \overline{A_1} \overline{A_2}) = \frac{10}{100} \cdot \frac{9}{99} \cdot \frac{90}{98} \approx 0.0083。$$

例 1-25 设盒子中有 10 个球,其中 6 个红球,4 个白球。在盒子中任取 1 只,取后不放回再取 1 只,试问:两次都取得红球的概率。

解: 设"第 1 次取得红球"为事件 A,"第 2 次取得红球"为事件 B。则 $AB =$ "两次都取得红球",显然

$$P(A) = \frac{6}{10}, P(B \mid A) = \frac{5}{9}$$

由乘法公式可得

$$P(AB) = P(A) P(B \mid A) = \frac{6}{10} \times \frac{5}{9} = \frac{1}{3}$$

注意: 若将此例中"取后不放回再取 1 只"改为"取后放回再取 1 只",即把"不放回"变为"有放回",则第 2 次抽取不受第 1 次的影响,此时

$$P(B \mid A) = P(B) = \frac{6}{10}$$

所以

$$P(AB) = P(A) P(B \mid A) = P(A) P(B) = \frac{6}{10} \times \frac{6}{10} = \frac{9}{25}$$

例 1-26 甲袋中有 2 个白球、1 个黑球,乙袋中有 2 个黑球、1 个白球,从甲袋中任取 1 个球放入乙袋,再从乙袋中任取 1 个球放回甲袋,试求:

(1) 甲袋中还是 2 个白球、1 个黑球的概率;

(2) 甲袋中为 3 个白球的概率。

解: 记 $A = \{$从甲袋中取出白球放入乙袋$\}$,$B = \{$从乙袋中取出白球放回甲袋$\}$。由已知

$$P(A) = \frac{2}{3}, P(\overline{A}) = \frac{1}{3}$$

$$P(B \mid A) = \frac{2}{4} = \frac{1}{2}, P(B \mid \overline{A}) = \frac{1}{4}, P(\overline{B} \mid \overline{A}) = 1 - \frac{1}{4} = \frac{3}{4}$$

$$(1) p_1 = P(AB \cup \overline{A}\overline{B}) = P(AB) + P(\overline{A}\overline{B}) = P(A) P(B \mid A) + P(\overline{A}) P(\overline{B} \mid \overline{A}) = \frac{7}{12}$$

$$(2) p_2 = P(\overline{A}B) = P(\overline{A}) P(B \mid \overline{A}) = \frac{1}{3} \times \frac{1}{4} = \frac{1}{12}$$

例 1-27 袋中有 n 个球,其中 $n-1$ 个红球,1 个白球。n 个人依次从袋中各取 1

球,每人取 1 球后不再放回袋中,求第 $i(i=1,2,\cdots,n)$ 人取到白球的概率。

解:设 A_i 表示"第 i 人取到白球"$(i=1,2,\cdots,n)$ 的事件,显然 $P(A_1)=\dfrac{1}{n}$。

由 $\overline{A_1} \supset A_2$,故 $A_2 = \overline{A_1}A_2$,于是

$$P(A_2)=P(\overline{A_1}A_2)=P(\overline{A_1})P(A_2 \mid \overline{A_1})=\frac{n-1}{n} \cdot \frac{1}{n-1}=\frac{1}{n}$$

类似地有

$$P(A_3)=P(\overline{A_1 A_2}A_3)=P(\overline{A_1})P(\overline{A_2} \mid \overline{A_1})P(A_3 \mid \overline{A_1 A_2})=\frac{n-1}{n} \cdot \frac{n-2}{n-1} \cdot \frac{1}{n-2}=\frac{1}{n}$$

$$P(A_n)=P(\overline{A_1 A_2} \cdots \overline{A_{n-1}}A_n)=\frac{n-1}{n} \cdot \frac{n-2}{n-1} \cdot \cdots \cdot \frac{1}{2} \cdot 1=\frac{1}{n}$$

因此,第 i 人$(i=1,2,\cdots,n)$ 取到白球的概率与 i 无关,都是 $\dfrac{1}{n}$。

这个例题与例 1-15(3)实际上是同一个概率模型。

三、 全概率公式和贝叶斯公式

为建立两个用来计算概率的重要公式,我们先引入样本空间 Ω 的划分的定义。

定义 1.4 设 Ω 为样本空间,$A_1,A_2,\cdots,A_n$ 为 Ω 的一组事件,若满足

(1)$A_i A_j = \varnothing (i \neq j; i,j=1,2,\cdots,n)$

(2) $\bigcup\limits_{i=1}^{n} A_i = \Omega$

则称 $A_1,A_2,\cdots,A_n$ 为样本空间 Ω 的一个完备事件组或划分。

例如:$A,\overline{A}$ 就是 Ω 的一个划分。

若 $A_1,A_2,\cdots,A_n$ 是 Ω 的一个划分,那么,对每次试验,事件 $A_1,A_2,\cdots,A_n$ 中必有一个且仅有一个发生。

定理 1.1(全概率公式) 设 B 为样本空间 Ω 中的任一事件,$A_1,A_2,\cdots,A_n$ 为 Ω 的一个划分,且 $P(A_i)>0(i=1,2,\cdots,n)$,则有

$$P(B)=P(A_1)P(B \mid A_1)+P(A_2)P(B \mid A_2)+\cdots+P(A_n)P(B \mid A_n)$$

$$=\sum_{i=1}^{n} P(A_i)P(B \mid A_i) \tag{1.4}$$

称公式(1.4)为**全概率公式**。

全概率公式表明,在许多实际问题中事件 B 的概率不易直接求得,如果容易找到 Ω 的一个划分 $A_1,A_2,\cdots,A_n$,且 $P(A_i)$ 和 $P(B \mid A_i)$ 为已知,或容易求得,那么就可以根据全概率公式求出 $P(B)$。

证明:由于 $A_1,A_2,\cdots,A_n$ 为样本空间 Ω 中的完备事件组(划分),所以

$$B=B \bigcap \Omega = B \bigcap (\bigcup_{i=1}^{n} A_i) = \bigcup_{i=1}^{n} (A_i B)$$

且 $A_1 B,A_2 B,\cdots,A_n B$ 两两互不相容,所以由概率的可加性得

$$P(B)=\sum_{i=1}^{n} P(A_i B)=\sum_{i=1}^{n} P(A_i)P(B \mid A_i)$$

在全概率公式的应用中,划分是最关键的,有了划分,才能应用全概率公式。

另一个重要公式叫作贝叶斯(Bayes)公式。

定理 1.2(贝叶斯公式)　设样本空间为 Ω,B 为 Ω 中的事件,$A_1,A_2,\cdots,A_n$ 为 Ω 的一个划分,且 $P(B)>0,P(A_i)>0(i=1,2,\cdots,n)$,则有

$$P(A_i \mid B) = \frac{P(B \mid A_i)P(A_i)}{\displaystyle\sum_{i=1}^{n} P(B \mid A_i)P(A_i)} \quad (i=1,2,\cdots,n) \tag{1.5}$$

称公式(1.5)为**贝叶斯公式**,也称为**逆概率公式**。

证明:由条件概率公式有

$$P(A_i \mid B) = \frac{P(A_iB)}{P(B)} = \frac{P(A_i)P(B \mid A_i)}{\displaystyle\sum_{i=1}^{n} P(B \mid A_i)P(A_i)} \quad (i=1,2,\cdots,n)$$

▶**例 1-28**　某工厂生产的产品以 100 件为一批,假定每一批产品中的次品数最多不超过 4 件,且具有如下的概率(表 1-1):

表 1-1

一批产品中的次品数	0	1	2	3	4
概率	0.1	0.2	0.4	0.2	0.1

现进行抽样检验,从每批中随机取出 10 件来检验,若发现其中有次品,则认为该批产品不合格,求一批产品通过检验的概率。

解:以 A_i 表示一批产品中有 $i(i=0,1,2,3,4)$ 件次品,B 表示通过检验,则由题意得

$$P(A_0)=0.1,P(A_1)-0.2,P(A_2)=0.4,P(A_3)=0.2,P(A_4)=0.1$$

$$P(B \mid A_0)=1,P(B \mid A_1)=\frac{C_{99}^{10}}{C_{100}^{10}}=0.9,P(B \mid A_2)=\frac{C_{98}^{10}}{C_{100}^{10}}=0.809$$

$$P(B \mid A_3)=\frac{C_{97}^{10}}{C_{100}^{10}}=0.727,P(B \mid A_4)=\frac{C_{96}^{10}}{C_{100}^{10}}=0.652$$

由全概率公式得

$$P(B)=\sum_{i=0}^{4} P(A_i)P(B \mid A_i) \approx 0.814$$

▶**例 1-29**　设某工厂有甲、乙、丙 3 个车间生产同一种产品,产量依次占全厂的 $45\%,35\%,20\%$,且各车间的次品率分别为 $4\%,2\%,5\%$,现在从一批产品中检查出 1 个次品,问该次品是由哪个车间生产的可能性最大?

解:设 A_1,A_2,A_3 表示产品来自甲、乙、丙三个车间,B 表示产品为"次品",易知 A_1,A_2,A_3 是样本空间 Ω 的一个划分,且有

$$P(A_1)=0.45,P(A_2)=0.35,P(A_3)=0.2$$

$$P(B \mid A_1)=0.04,P(B \mid A_2)=0.02,P(B \mid A_3)=0.05$$

由全概率公式得

$$P(B)=P(A_1)P(B \mid A_1)+P(A_2)P(B \mid A_2)+P(A_3)P(B \mid A_3)$$

$$=0.45 \times 0.04 + 0.35 \times 0.02 + 0.2 \times 0.05 = 0.035$$

由贝叶斯公式得

$$P(A_1 \mid B) = \frac{P(A_1)P(B \mid A_1)}{P(B)} = \frac{0.45 \times 0.04}{0.035} = 0.514$$

$$P(A_2 \mid B) = \frac{P(A_2)P(B \mid A_2))}{P(B)} = \frac{0.35 \times 0.02}{0.035} = 0.2$$

$$P(A_3 \mid B) = \frac{P(A_3)P(B \mid A_3)}{P(B)} = \frac{0.2 \times 0.05}{0.035} = 0.286$$

由此可见,该次品由甲车间生产的可能性最大。

▶ 例 1-30 已知 5% 的男人和 0.25% 的女人是色盲。假设男人和女人各占 50%,现在随机挑选 1 人,求此人恰好是色盲患者的概率为多大?

解:设 $A_1 = \{$挑选 1 人是男人$\}$,$A_2 = \{$挑选 1 人是女人$\}$;$B = \{$挑选 1 人是色盲$\}$。
由题意

$$P(A_1) = P(A_2) = 0.5$$

又

$$P(B \mid A_1) = 0.05, P(B \mid A_2) = 0.002\,5$$

由全概率公式得,挑选 1 人是色盲的概率为

$$P(B) = P(A_1)P(B \mid A_1) + P(A_2)P(B \mid A_2)$$
$$= 0.5 \times 0.05 + 0.5 \times 0.002\,5 = 0.026\,25$$

▶ 例 1-31 由以往的临床记录可知,某种诊断癌症的试验具有如下效果:被诊断者有癌症,试验反应为阳性的概率为 0.95;被诊断者没有癌症,试验反应为阴性的概率为 0.95。现对自然人群进行普查,设被试验的人群中患有癌症的概率为 0.005,求:已知试验反应为阳性,该被诊断者确有癌症的概率。

解:设 A 表示"患有癌症",$\overline{A}$ 表示"没有癌症",B 表示"试验反应为阳性",则由条件得

$$P(A) = 0.005, P(\overline{A}) = 0.995$$

$$P(B \mid A) = 0.95, P(\overline{B} \mid \overline{A}) = 0.95$$

由此

$$P(B \mid \overline{A}) = 1 - 0.95 = 0.05$$

由贝叶斯公式得

$$P(A \mid B) = \frac{P(A)P(B \mid A)}{P(A)P(B \mid A) + P(\overline{A})P(B \mid \overline{A})} = 0.087$$

这就是说,根据以往的数据分析可以得到,患有癌症的被诊断者,试验反应为阳性的概率为 95%,没有患癌症的被诊断者,试验反应为阴性的概率为 95%,都叫作先验概率。而在得到试验结果反应为阳性,该被诊断者确有癌症重新加以修正的概率 0.087 叫作后验概率。此项试验也表明,用它作为普查,正确性诊断只有 8.7%(即 1000 个具有阳性反应的人中大约只有 87 人的确患有癌症),由此可看出,若把 $P(B \mid A)$ 和 $P(A \mid B)$ 混淆会造成误诊的不良后果。

▶ 例 1-32 2 台车床加工同样的零件,第 1 台车床出现废品的概率为 0.03,第 2 台

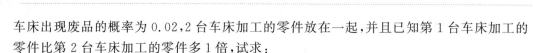

车床出现废品的概率为 0.02，2 台车床加工的零件放在一起，并且已知第 1 台车床加工的零件比第 2 台车床加工的零件多 1 倍，试求：

(1) 任取一个零件是合格品的概率；

(2) 如果取出的零件是废品，求是第 2 台车床加工的概率。

解：设 $A_i=\{$取出的零件是第 i 台车床加工的$\}(i=1,2)$，$B=\{$取得废品$\}$，由已知

$$P(A_1)=\frac{2}{3},P(A_2)=\frac{1}{3},P(\overline{B}\,|A_1)=0.97,P(\overline{B}\,|A_2)=0.98$$

(1) 由全概率公式，任取一个是合格品的概率为

$$P(\overline{B})=\sum_{i=1}^{2}P(A_i)P(\overline{B}\,|A_i)=\frac{2}{3}\times0.97+\frac{1}{3}\times0.98=\frac{292}{300}$$

(2) 由贝叶斯公式，如果取出为废品，它是第 2 台车床加工的概率为

$$P(A_2\,|\,B)=\frac{P(A_2)P(B\,|A_2))}{P(B)}=\frac{\frac{1}{3}\times0.02}{1-\frac{292}{300}}=\frac{1}{4}$$

例 1-33 甲袋中有 2 个白球、3 个红球，乙袋中有 4 个白球、2 个红球。从甲袋任取 2 个球放入乙袋，再从乙袋中任取 1 个球，试求：

(1) 取出白球的概率；

(2) 若已知取到白球，由甲袋放入乙袋的 2 个球都是白球的概率是多少？

解：从甲袋中取 2 个球有 3 种情形：没有白球，恰有 1 个白球，2 个都是白球。设 $A_i=\{$从甲袋任取的 2 个球中有 i 个白球$\}(i=0,1,2)$，$B=\{$从乙袋中取出白球$\}$，由题意，可得

$$P(A_i)=\frac{C_2^i C_3^{2-i}}{C_5^2}(i=0,1,2)$$

即

$$P(A_0)=\frac{3}{10},P(A_1)=\frac{6}{10},P(A_2)=\frac{1}{10}$$

又

$$P(B\,|A_0)=\frac{C_4^1}{C_8^1}=\frac{4}{8},P(B\,|A_1)=\frac{C_5^1}{C_8^1}=\frac{5}{8},P(B\,|A_2)=\frac{C_6^1}{C_8^1}=\frac{6}{8}$$

(1) 由全概率公式，取出白球的概率为

$$P(B)=\sum_{i=0}^{2}P(A_i)P(B\,|A_i)=\frac{3}{10}\times\frac{4}{8}+\frac{6}{10}\times\frac{5}{8}+\frac{1}{10}\times\frac{6}{8}=\frac{3}{5}$$

(2) 由贝叶斯公式，所求概率为

$$P(A_2\,|\,B)=\frac{P(A_2)P(B\,|A_2)}{P(B)}=\frac{\frac{1}{10}\times\frac{6}{8}}{\frac{3}{5}}=\frac{1}{8}$$

概率乘法公式、全概率公式、贝叶斯公式称为条件概率的三个重要公式。它们在解决某些复杂事件的概率问题时起到十分重要的作用。

第五节　独立性

一、事件的独立性

独立性是概率统计中的一个重要概念,在讲独立性的概念之前先介绍一个例题。

例 1-34　某公司有工作人员 100 名,其中 35 岁以下的青年人 40 名,该公司每天在所有工作人员中随机选出一人为当天的值班员,而不论他是否在前一天刚好值过班。求:

(1) 已知第一天选出的是青年人,试求第二天选出青年人的概率;

(2) 已知第一天选出的不是青年人,试求第二天选出青年人的概率;

(3) 第二天选出青年人的概率。

解: 以事件 A_1, A_2 表示第一天、第二天选的青年人,则

$$P(A_1) = \frac{40}{100} = 0.4$$

$$P(A_1 A_2) = \frac{40}{100} \cdot \frac{40}{100} = 0.16$$

故　　(1) $P(A_2 | A_1) = \frac{P(A_1 A_2)}{P(A_1)} = 0.4$

$$(2)\, P(A_2 | \overline{A_1}) = \frac{P(\overline{A_1} A_2)}{P(\overline{A_1})} = \frac{\frac{60}{100} \cdot \frac{40}{100}}{\frac{60}{100}} = 0.4$$

(3) $P(A_2) = P(A_1 A_2) + P(\overline{A_1} A_2) = 0.4 \times 0.4 + 0.6 \times 0.4 = 0.4$

设 A_1, A_2 为两个事件,若 $P(A_1) > 0$,则可定义 $P(A_2 | A_1)$。

一般情形,$P(A_2) \neq P(A_2 | A_1)$,即事件 A_1 的发生对事件 A_2 发生的概率是有影响的。在特殊情况下,一个事件的发生对另一事件发生的概率没有影响,如例 1-34 有

$$P(A_2) = P(A_2 | A_1) = P(A_2 | \overline{A_1})$$

此时乘法公式 $P(A_1 A_2) = P(A_1) P(A_2 | A_1) = P(A_1) P(A_2)$

定义 1.5　若事件 A_1, A_2 满足

$$P(A_1 A_2) = P(A_1) P(A_2) \tag{1.6}$$

则称事件 A_1, A_2 是相互独立的。

易知,若 $P(A) > 0$, $P(B) > 0$,则如果 A, B 相互独立,有 $P(AB) = P(A)P(B) > 0$,故 $AB \neq \varnothing$,即 A, B 相容。反之,如果 A, B 互不相容,即 $AB = \varnothing$,则 $P(AB) = 0$,而 $P(A)P(B) > 0$,所以 $P(AB) \neq P(A)P(B)$,此即 A 与 B 不独立。即当 $P(A) > 0$ 且 $P(B) > 0$ 时,A, B 相互独立与 A, B 互不相容不能同时成立。

定理 1.3　若事件 A 与 B 相互独立,则 A 与 $\overline{B}$, $\overline{A}$ 与 B, $\overline{A}$ 与 $\overline{B}$ 也相互独立。

证明: 因为事件 A 与 B 相互独立,则有

$$P(AB) = P(A)P(B)$$

所以

$$P(\overline{A}B) = P(B) - P(AB) = P(B) - P(A)P(B)$$
$$= P(B)(1 - P(A)) = P(\overline{A})P(B)$$

故 $\overline{A}$ 与 B 相互独立。

A 与 $\overline{B}$, $\overline{A}$ 与 $\overline{B}$ 相互独立留作读者练习。

定理 1.4 若事件 A, B 相互独立,且 $0 < P(A) < 1$,则

$$P(B \mid A) = P(B \mid \overline{A}) = P(B)$$

定理的正确性由乘法公式、相互独立性定义容易推出。

在实际应用中,还经常遇到多个事件之间的相互独立问题,例如,对三个事件的独立性可做如下定义。

定义 1.6 设 A_1, A_2, A_3 是三个事件,如果满足等式

$$P(A_1 A_2) = P(A_1)P(A_2), P(A_1 A_3) = P(A_1)P(A_3), P(A_2 A_3) = P(A_2)P(A_3)$$
$$P(A_1 A_2 A_3) = P(A_1)P(A_2)P(A_3)$$

则称 A_1, A_2, A_3 为相互独立的事件。

▶ **例 1-35** 设一个盒中装有 4 张卡片,4 张卡片上依次标有下列各组字母:

$$XXY, XYX, YXX, YYY,$$

从盒中任取一张卡片,用 A_i 表示"取到的卡片第 i 位上的字母为 X"($i = 1, 2, 3$) 的事件。求证:A_1, A_2, A_3 两两独立,但 A_1, A_2, A_3 并不相互独立。

证明: 易求出

$$P(A_1) = P(A_2) = P(A_3) = \frac{1}{2}$$

$$P(A_1 A_2) = P(A_2 A_3) = P(A_1 A_3) = \frac{1}{4}$$

故 A_1, A_2, A_3 是两两独立的。

但 $P(A_1 A_2 A_3) = 0$,而 $P(A_1)P(A_2)P(A_3) = \frac{1}{8}$,故

$$P(A_1 A_2 A_3) \neq P(A_1)P(A_2)P(A_3)$$

因此,A_1, A_2, A_3 不是相互独立的。

定义 1.7 对 n 个事件 A_1, A_2, $\cdots$, A_n,如果从中任取 k 个事件($2 \leqslant k \leqslant n$),$A_{i_1}$, A_{i_2}, $\cdots$, A_{i_k} 都满足

$$P(A_{i_1} A_{i_2} \cdots A_{i_k}) = P(A_{i_1})P(A_{i_2}) \cdots P(A_{i_k}) \tag{1.7}$$

则称 A_1, A_2, $\cdots$, A_n 是相互独立的事件。

由定义可知,

(1) 若 n 个事件 A_1, A_2, $\cdots$, A_n ($n \geqslant 2$) 相互独立,则其中任意 k ($2 \leqslant k \leqslant n$) 个事件也相互独立。

(2)若n个事件$A_1,A_2,\cdots,A_n(n\geqslant2)$相互独立,则将$A_1,A_2,\cdots,A_n$中任意多个事件换成它们的对立事件,所得的$n$个事件仍相互独立。

在实际应用中,对于事件的相互独立性,我们往往不是根据定义来判断的,而是按实际意义来确定的。

定义 1.8 如果$A_1,A_2,\cdots,A_n$中任意两个事件都是相互独立的,即

$$P(A_iA_j)=P(A_i)P(A_j) \quad (i,j=1,2,\cdots,n;i\neq j) \tag{1.8}$$

则称$A_1,A_2,\cdots,A_n$是相互独立的事件。

例 1-36 生产产品需要3道工序,彼此独立,每道工序生产产品是合格品的概率为0.95、0.9和0.8,求产品合格的概率。

解:设$A_i=\{$第i道工序生产产品是合格品$\}$,$i=1,2,3$;$B=\{$产品合格$\}$,则$B=A_1A_2A_3$,故所求概率为

$$P(B)=P(A_1A_2A_3)=P(A_1)P(A_2)P(A_3)=0.95\times0.9\times0.8=0.684$$

例 1-37 已知A,B,C两两独立,$P(A)=P(B)=P(C)=\dfrac{1}{2}$,$P(ABC)=\dfrac{1}{5}$,求$P(AB\overline{C})$。

解:$P(AB\overline{C})=P(AB-C)=P(AB)-P(ABC)=P(A)P(B)-P(ABC)=\dfrac{1}{20}$

例 1-38 设高射炮每次击中飞机的概率为0.2,问至少需要多少门这种高射炮同时独立发射(每门射一次)才能使击中飞机的概率达到95%以上。

解:设需要n门高射炮,A表示"飞机被击中",A_i表示"第i门高射炮击中飞机"($i=1,2,\cdots,n$)。则

$$P(A)=P(A_1\bigcup A_2\bigcup\cdots\bigcup A_n)=1-P(\overline{A_1\bigcup A_2\bigcup\cdots\bigcup A_n})$$
$$=1-P(\overline{A_1})P(\overline{A_2})\cdots P(\overline{A_n})=1-(1-0.2)^n$$

令$1-(1-0.2)^n\geqslant0.95$,得$0.8^n\leqslant0.05$,即得

$$n\geqslant14$$

即至少需要14门高射炮才能有95%以上的把握击中飞机。

二、 伯努利试验

随机现象的统计规律性只在大量重复试验(在相同条件下)中表现出来。将一个试验重复独立地进行n次,这是一种非常重要的概率模型。

若试验E只有两个可能结果:A及$\overline{A}$,则称E为伯努利(Bernoulli)试验。设$P(A)=p(0<p<1)$,此时$P(\overline{A})=1-p$。将E独立且重复地进行n次,则称这一重复的独立试验为n重伯努利试验。

这里"重复"是指每次试验都是在相同的条件下进行的,在每次试验中$P(A)=p$保持不变;"独立"是指各次试验的结果互不影响,即若以C_i记第i次试验的结果,C_i为A或$\overline{A}$,$i=1,2,\cdots,n$,"独立"是指

$$P(C_1C_2\cdots C_n)=P(C_1)P(C_2)\cdots P(C_n)$$

n 重伯努利试验在实际中有广泛的应用,是研究最多的模型之一。例如,将一枚硬币抛掷一次,观察出现的是正面还是反面,这是一个伯努利试验。若将一枚硬币抛 n 次,就是 n 重伯努利试验。又如,抛掷一颗骰子,若 A 表示得到"6 点",则 $\overline{A}$ 表示得到"非 6 点",这是一个伯努利试验。将骰子抛 n 次,就是 n 重伯努利试验。再如,在 N 件产品中有 M 件次品,现从中任取一件,检测是否是次品,这是一个伯努利试验。如有放回地抽取 n 次,就是 n 重伯努利试验。

对于伯努利概型,我们关心的是 n 重伯努利试验中 A 出现 k 次的概率 $(0 \leqslant k \leqslant n)$ 是多少。我们用 $P_n(k)$ 表示 n 重伯努利试验中 A 出现 k 次的概率。则

$$P_n(k) = C_n^k p^k (1-p)^{n-k} \quad (k = 0, 1, 2, \cdots, n) \tag{1.9}$$

这就是 n 重伯努利试验中 A 出现 k 次的概率计算公式。

▶ **例 1-39** 设某个车间里共有 5 台车床,每台车床使用电力是间歇性的,平均每小时约有 6 分钟使用电力。假设车工们工作是相互独立的,求在同一时刻

(1) 恰有 2 台车床被使用的概率;

(2) 至少有 3 台车床被使用的概率;

(3) 至多有 3 台车床被使用的概率;

(4) 至少有 1 台车床被使用的概率。

解: A 表示"使用电力",即是车床被使用,则有

$$P(A) = p = \frac{6}{60} = 0.1$$

$$P(\overline{A}) = 1 - p = 0.9$$

(1) $p_1 = P_5(2) = C_5^2 (0.1)^2 (0.9)^3 = 0.0729$

(2) $p_2 = P_5(3) + P_5(4) + P_5(5) = C_5^3 (0.1)^3 (0.9)^2 + C_5^4 (0.1)^4 (0.9) + (0.1)^5$
$\qquad = 0.00856$

(3) $p_3 = 1 - P_5(4) - P_5(5) = 1 - C_5^4 (0.1)^4 (0.9) - (0.1)^5 = 0.99954$

(4) $p_4 = 1 - P_5(0) = 1 - (0.9)^5 = 0.40951$

▶ **例 1-40** 一张英语试卷,有 10 道选择题,每题有 4 个答案,且其中只有一个是正确答案。某同学投机取巧,随意选择,试问他至少填对 6 道的概率是多大?

解:设 B＝"他至少填对 6 道"。每答一道题有两个可能的结果: A＝"答对"及 $\overline{A}$＝"答错", $P(A) = \dfrac{1}{4}$,故做 10 道题就是 10 重伯努利试验, $n = 10$,故所求概率为

$$P(B) = \sum_{k=6}^{10} P_{10}(k) = \sum_{k=6}^{10} C_{10}^k \left(\frac{1}{4}\right)^k \left(1-\frac{1}{4}\right)^{10-k} = 0.01973$$

人们在长期实践中总结得出"概率很小的事件在一次试验中实际上几乎是不发生的"(称之为实际推断原理),故如本例所说,该同学随意猜测,能在 10 道题中猜对 6 道以上的概率是很小的,在实际中几乎是不会发生的。

本章课程思政内容

1. 课程起源

2. 频率与概率

3. 贝叶斯公式

本章课程思政目标

1.通过概率论的起源与发展,鼓励学生多观察、勤思考,注重创新性思维的训练,将所学的理论与实际问题相结合,培养学生分析问题和解决实际问题的能力。许宝騄教授(1910—1970)是我国最早在概率论与数理统计方面达到世界先进水平的杰出数学家。1910年出生于北京,1928年考入燕京大学理学院,由于对数学的浓厚兴趣,1929年转入清华大学攻读数学,1936年赴英国伦敦大学留学,在统计系学习数理统计,攻读博士学位。1938—1940年获得哲学博士和科学博士学位。抗日战争爆发后,他决定回到战火纷飞的祖国,为国效劳,终于在1940年回到昆明,执教于西南联合大学。1945—1947年,许先生应邀到美国加州大学等名校任教,1947年,他不顾美国大学的多方挽留,毅然回到祖国,之后一直在北京大学任教,为国家培养新一代数理工作者做出了突出的贡献。通过对他研究成果和生平事迹的了解,学生将学习数学家爱国的赤子之心,增强爱国主义情怀,培养爱国情操。

2.频率与概率体现了偶然性与必然性的对立统一。恩格斯指出:"在表面偶然性起作用的地方,这种偶然性始终是受内部隐蔽的规律支配的,而我们的问题只是在于发现这些规律。"频率是个试验值,具有偶然性,可能取多个不同值。概率是客观存在的,具有必然性,只能取唯一值。这蕴含了确定性和随机性的辩证统一。

3.结合《伊索寓言》中狼来了的故事,以具体数据向学生展示撒谎的后果,从而向学生渗透诚信教育。

练习题

1.写出下列随机试验的样本空间:

(1)将一枚硬币抛掷两次,观察出现正面的次数;

(2)抛两颗骰子,观察出现的点数之和;

(3)在单位圆内任取一点,记录它的坐标;

(4)观察某超市一天内前来购物的人数。

2.设 A,B,C 为三个事件,试用 A,B,C 的运算关系式表示下列事件:

(1) A 发生, B,C 都不发生;

(2) A 与 B 发生, C 不发生;

(3) A,B,C 都发生；

(4) A,B,C 至少有一个发生；

(5) A,B,C 都不发生；

(6) A,B,C 不都发生；

(7) A,B,C 至多有两个发生；

(8) A,B,C 至少有两个发生。

3. 设 $P(A)=a,P(B)=b,P(AB)=c$，用 a,b,c 表示下面事件的概率：
$$P(A\bigcup B),P(\overline{A}\bigcup B),P(\overline{A}\bigcup\overline{B}),P(\overline{AB})。$$

4. 设 A,B 为随机事件，且 $P(A)=0.7,P(A-B)=0.3$，求 $P(\overline{A\bigcup B})$。

5. 设 A,B 为随机事件，$P(A)=0.4,P(B)=0.25,P(A-B)=0.25$，求：
$$P(AB),P(A\bigcup B),P(\overline{AB}),P(\overline{A}\overline{B})。$$

6. 设 A,B 是两事件，且 $P(A)=0.6,P(B)=0.7$，求：

(1) 在什么条件下 $P(AB)$ 取得最大值？

(2) 在什么条件下 $P(AB)$ 取得最小值？

7. 设 A,B,C 为三事件，$P(A)=P(B)=\dfrac{1}{4},P(C)=\dfrac{1}{3}$ 且 $P(AB)=P(BC)=0$，$P(AC)=\dfrac{1}{12}$，求 A,B,C 至少有一事件发生的概率。

8. 对一个五人学习小组考虑生日问题：

(1) 求五个人的生日都在星期日的概率；

(2) 求五个人的生日都不在星期日的概率；

(3) 求五个人的生日不都在星期日的概率。

9. 从一批由 45 件正品、5 件次品组成的产品中任取 3 件，求其中恰有一件次品的概率。

10. 一批产品共 N 件，其中 M 件正品。从中随机地取出 n 件 $(n<N)$。试求其中恰有 m 件 $(m\leqslant M)$ 正品 (记为 A) 的概率。如果：

(1) n 件是同时取出的；

(2) n 件是无放回逐件取出的；

(3) n 件是有放回逐件取出的。

11. 某城市的电话号码由 7 位数字组成，求后面四个数全不相同的概率 (设后面四个数中的每一个数都等可能地取自 $0,1,\cdots,9$)。

12. 在一副扑克 (52 张) 中任取 3 张，求取出的牌中至少有两张花色相同的概率。

13. 一个袋装有大小相同的 7 个球，其中 4 个是白球，3 个是黑球，从中一次抽取 3 个，计算至少有两个是白球的概率。

14. 有甲、乙两批种子，发芽率分别为 0.8 和 0.7，在两批种子中各随机取一粒，求：

(1) 两粒都发芽的概率；

(2) 至少有一粒发芽的概率；

(3) 恰有一粒发芽的概率。

15.12 个球中有 4 只白色的和 8 只黄色的,现从这 12 只球中随机地取出 2 只,求下列事件的概率:

(1) 取到 2 只黄球;

(2) 取到 2 只白球;

(3) 取到 1 只白球、1 只黄球。

16.已知 $P(A)=0.25$,$P(B \mid A)=0.3$,$P(A \mid B)=0.5$,求 $P(A \cup B)$。

17.20 个零件中有 5 个次品,每次从中任取一个,做不放回的抽取,求第 3 次才取得合格品的概率。

18.证明:若 $P(A \mid B) > P(A)$,则 $P(B \mid A) > P(B)$。

19.证明:若 $P(A)=a$,$P(B)=b$,则 $P(A \mid B) \geqslant \dfrac{a+b-1}{b}$。(提示:加法公式)

20.某地某天下雪的概率为 0.3,下雨的概率为 0.5,既下雪又下雨的概率为 0.1,求:

(1) 在下雨条件下,下雪的概率;

(2) 这天下雨或下雪的概率。

21.已知一个家庭有 3 个小孩,且其中一个为女孩,求至少有一个男孩的概率(小孩为男为女是等可能的)。

22.两人约定上午 9:00—10:00 在公园会面,求一人要等另一人半小时以上的概率。

23.设 $P(\overline{A})=0.3$,$P(B)=0.4$,$P(A\overline{B})=0.5$,求 $P(B \mid A \cup \overline{B})$。

24.一个工人照管甲、乙、丙 3 台机床,在一小时内,各机床不需工人照管的概率分别为 0.9、0.8、0.85。求一小时内:

(1) 没有一台机床需要照顾的概率;

(2) 恰有两台机床需要照顾的概率;

(3) 至少有一台机床需要照顾的概率;

(4) 至少有两台机床需要照顾的概率。

25.口袋中有 50 个球,其中有 20 个黄球、30 个白球,今有两人依次随机地从口袋中各取 1 个球,取后不放回,求第 2 个人取得黄球的概率。

26.口袋中有 15 个球,其中有 9 个新球、6 个旧球。第 1 次比赛时从中任取 1 个,比赛完成后仍放回袋中,第 2 次比赛时再从袋中任取 1 个,试求:

(1) 第 1 次恰好取到新球的概率;

(2) 第 2 次恰好取到新球的概率;

(3) 已知第 2 次恰好取到新球,则第 1 次也取到新球的概率是多少?

27.按以往概率论考试结果分析,努力学习的学生有 90% 的可能考试及格,不努力学习的学生有 90% 的可能考试不及格。据调查,学生中有 80% 的人是努力学习的,试问:

(1) 考试及格的学生有多大可能是不努力学习的人?

(2) 考试不及格的学生有多大可能是努力学习的人?

28.将两信息分别编码为“+”和“—”传递出来,接收站收到时,“+”被误收作“—”的概率为 0.2,而“—”被误收作“+”的概率为 0.1。信息“+”与“—”传递的频繁程度之比为

3∶2。若接收站收到的信息是"＋"，试问原发信息是"＋"的概率是多少？

29.某工厂生产的产品中96％是合格品，检查产品时，一个合格品被误认为是次品的概率为0.02，一个次品被误认为是合格品的概率为0.05，求在被检查后认为是合格品的产品确是合格品的概率。

30.加工某一零件需要经过四道工序，设第一、二、三、四道工序的次品率分别为0.02、0.03、0.05、0.03，假定各道工序是相互独立的，求加工出来的零件的次品率。

31.设每次射击的命中率为0.2，问至少必须进行多少次独立射击才能使至少击中一次的概率不小于0.9？

32.证明：若 $P(B \mid A) = P(B \mid \overline{A})$，则 A,B 相互独立。

33.设 A,B 为随机事件，$P(A) = 0.92$，$P(B) = 0.93$，$P(B \mid \overline{A}) = 0.85$，求 $P(A \mid \overline{B})$，$P(A \bigcup B)$。

34.设事件 A,B 相互独立，且 $P(A) = 0.5$，$P(A \bigcup B) = 0.8$，求 $P(A\overline{B})$，$P(\overline{A} \bigcup B)$。

35.设 $P(A) = 0.4$，$P(A \bigcup B) = 0.7$，在下列情况下，求 $P(B)$。

(1) 若 A,B 互不相容；

(2) 若 A,B 相互独立；

(3) 若 $A \subset B$。

36.设 $P(A) = P(B) = P(C) = \dfrac{1}{3}$，$A,B,C$ 相互独立，试求：

(1) A,B,C 至少出现一个的概率；

(2) A,B,C 恰好出现一个的概率；

(3) A,B,C 至多出现一个的概率。

37. 甲、乙、丙三人独立地向同一目标各射击一次，他们击中目标的概率分别为0.7、0.6和0.8，求目标被击中的概率。

38.甲、乙、丙三人独立地向同一飞机射击，设击中的概率分别是0.4,0.5,0.7。若只有一人击中，则飞机被击落的概率为0.2；若有两人击中，则飞机被击落的概率为0.6；若三人都击中，则飞机一定被击落。求飞机被击落的概率。

39.对任意的随机事件 A,B,C，试证：
$$P(AB) + P(AC) - P(BC) \leqslant P(A)$$

40.随机事件 A,B 满足：$0 < P(A) < 1, 0 < P(B) < 1$，且 $P(A \mid B) + P(\overline{A} \mid B) = 1$，证明：事件 A,B 相互独立。

第二章

一维随机变量及其分布

随机变量及其
分布内容

随机变量是概率论的中心内容。对于一个随机试验,我们所关心的往往是与所研究的特定问题有关的某个或某些量,而这些量就是随机变量。也可以说:随机事件是从静态的观点来研究随机现象,而随机变量则是一种动态的观点,一如数学分析中的常量与变量的区分。变量概念是高等数学有别于初等数学的基础概念。同样,概率论能从计算一些孤立事件的概念发展为一个更高的理论体系,其基础概念是随机变量。

本章第一部分介绍随机变量的概念。

第二部分介绍随机变量的分布函数,从本质上讲,随机变量的分布函数决定了随机变量的一切性质。研究随机变量就是研究随机变量的分布函数,在本章中只研究两类随机变量:离散型随机变量和连续型随机变量。

第三部分介绍离散型随机变量及其分布律,离散型随机变量的分布律与该随机变量的分布函数是等价的,离散型随机变量的分布律决定了该随机变量的一切性质,对离散型随机变量来说,研究分布律比研究分布函数要简单。

第四部分介绍连续型随机变量及其概率密度,连续型随机变量的概率密度函数与该随机变量的分布函数是等价的,连续型随机变量的概率密度决定了该随机变量的一切性质,对连续型随机变量来说,研究概率密度函数比研究分布函数要简单。

最后介绍随机变量的函数分布,在实际问题中,往往会遇到一些比较复杂的随机变量,这些复杂的随机变量又可以表示成某个简单随机变量的函数形式,所以如何求随机变量的函数的分布就显得尤为重要。

第一节 随机变量及其分布函数

一、随机变量

在随机试验中,试验的每一种可能结果都可以用一个数来表示,它随试验结果的不同而不同,是随机试验结果的函数。这种带有随机性,但具有概率规律的量就是随机变量。

> **例 2-1** 在含有 3 件次品的 20 件产品中,任意抽取 2 件观察出现的次品数。如果用 X 表示出现的次品数,则 X 可能的取值有 0、1、2,取不同的值代表不同事件的发生。

"$X=0$" 表示事件"没有次品"

"$X=1$" 表示事件"有一件次品"

"$X=2$" 表示事件"有两件次品"

有些试验结果并不直接表现为数量,但可以数量化。

> **例 2-2** 抛掷一枚硬币,观察出现正面还是反面。我们规定:变量 X 取值如下

"$X=0$" 表示事件"出现反面"

"$X=1$" 表示事件"出现正面"

这样便把试验结果数量化了。

无论哪一种情形,都体现出这样的共同点:对随机试验的每一个可能结果,有唯一一个实数与它对应。这种对应关系实际上定义了样本空间 Ω 上的函数,通常记作 $X=X(\omega),\omega\in\Omega$。

定义 2.1 设随机试验的样本空间为 $\Omega=\{\omega\}$,$X=X(\omega)$ 是定义在样本空间 Ω 上的实单值函数,称 $X=X(\omega)$ 为**一维随机变量**,通常用大写字母 $X,Y,Z,\cdots$ 表示。

随机变量的取值随试验的结果而定,在试验前不能预知它取什么值,即随机变量的取值是随机的,具有偶然性;但随机变量取某一值或某一范围内值的概率是确定的,具有必然性。如,例 2-1 中 $P($"有一件次品"$)=P\{X=1\}=C_3^1C_{17}^1/C_{20}^2=0.268$;例 2-2 中 $P($"出现正面"$)=P\{X=1\}=\dfrac{1}{2}$。这显示了随机变量与普通函数有着本质的差异。

引入随机变量,可以将对随机事件的研究转化为对随机变量的研究,进一步可用数学分析的方法对随机试验的结果进行深入的研究。

根据随机变量取值情况的不同,最常见的随机变量有离散型随机变量和连续型随机变量两种。

二、随机变量的分布

一般情况下,人们只对某个区间内的概率感兴趣,即研究下列四种可能的区间的概率

$$P\{x_1 < X \leqslant x_2\} \text{ 或 } P\{x_1 \leqslant X \leqslant x_2\} \text{ 或 } P\{x_1 \leqslant X < x_2\} \text{ 或 } P\{x_1 < X < x_2\}$$

所以,我们只需定义一个 $P\{X \leqslant x\}$ 形式就可以了,其他区间形式都可以用它表示出来。

定义 2.2   设 X 是随机变量,x 是任意实数,函数

$$F(x) = P\{X \leqslant x\}$$

称为 X 的**分布函数**。

分布函数是一个普通的函数,其定义域是整个实数轴。在几何上,它表示随机变量 X 的取值落在实数 x 左边(含 x 点)的概率。本质上是一个累积函数,对于离散点,采用叠加,对于连续点,使用一元积分。关于随机变量 X 的概率计算都可以借助分布函数来完成,例如:

$$P\{x_1 < X \leqslant x_2\} = P\{X \leqslant x_2\} - P\{X \leqslant x_1\} = F(x_2) - F(x_1)$$

即等于其分布函数在该区间上的该变量。

分布函数具有以下性质:

性质 2.1 $0 \leqslant F(x) \leqslant 1$。

性质 2.2 $F(x)$ 是 x 的非负、单值不减函数,即对任意 $x_1 < x_2$,有 $F(x_1) \leqslant F(x_2)$。

证明:设 $x_1 < x_2$,$F(x_2) - F(x_1) = P\{x_1 < X \leqslant x_2\} \geqslant 0$,

所以

$$F(x_1) \leqslant F(x_2)。$$

性质 2.3 $F(-\infty) = \lim\limits_{x \to -\infty} F(x) = 0, F(+\infty) = \lim\limits_{x \to +\infty} F(x) = 1$。

证明:$F(-\infty) = \lim\limits_{x \to -\infty} F(x) = 0 = \lim\limits_{x \to -\infty} P\{X \leqslant x\} = P\{X \leqslant -\infty\} = 0$

$F(+\infty) = \lim\limits_{x \to +\infty} F(x) = 1 = \lim\limits_{x \to +\infty} P\{X \leqslant x\} = P\{X \leqslant +\infty\} = 1$

性质 2.4 $F(x+0) = F(x)$,即 $F(x)$ 是右连续的。

分布函数可以描述任何类型的随机变量,不仅可以描述连续型,还可以描述离散型及其他非连续型,但不同的随机变量可以有相同的分布函数。对连续型任一点的概率等于零,而对非连续型任一点的概率不一定等于零。我们要重点掌握离散和连续两类随机变量的分布规律。

▶ 例 2-3   设 X 的分布函数为 $F(x) = P\{X \leqslant x\} = \begin{cases} 0, & x < -1 \\ 0.4, & -1 \leqslant x < 1 \\ 0.8, & 1 \leqslant x < 3 \\ 1, & x \geqslant 3 \end{cases}$,求 X 的概率分布。

解:由于 $F(x)$ 要求右连续,故等号必须加在 $>$ 号上。又由于每一区间的 $F(x)$ 为常数,故 X 具有离散型特征。$F(x)$ 在 $x = -1, 1, 3$ 处有第一类跳跃间断点,即 X 在这些点的概率不为零。计算如下

$$P\{X = -1\} = F(-1) - F(-1-0) = 0.4 - 0 = 0.4$$

$$P\{X = 1\} = F(1) - F(1-0) = 0.8 - 0.4 = 0.4$$

$$P\{X = 3\} = F(3) - F(3-0) = 1 - 0.8 = 0.2$$

故 X 的概率分布(即离散型分布律,见表 2-1)为

表 2-1

X	−1	1	3
P	0.4	0.4	0.2

第二节　离散型随机变量

一、离散型随机变量的概率分布

定义 2.3　如果随机变量的全部可能取值是有限个或可列无限多个,则称这种随机变量为**离散型随机变量**。

例如,"掷骰子出现的点数","某班数学的及格人数"只能取有限个值,"命中目标前的射击次数"可取可列无穷多个值,它们都是离散型随机变量。

对于离散型随机变量,除了要知道它可能取哪些值外,更重要的是要知道它取这些值的概率。

定义 2.4　设离散型随机变量 X 所有可能取的值为 $x_1, x_2, \cdots, x_k, \cdots$,$X$ 取这些值的概率依次为 $p_1, p_2, \cdots, p_k, \cdots$,则称 $P\{X = x_k\} = p_k (k = 1, 2, \cdots)$ 为**离散型随机变量 X 的概率分布或分布律**。

由概率的定义,概率分布具有以下两个性质:

$1°$ $p_k \geqslant 0, k = 1, 2, \cdots$;

$2°$ $\sum_{k=1}^{\infty} p_k = 1$。

概率分布也可以用如下表格的形式(表 2-2)表示:

表 2-2

X	x_1	x_2	$\cdots$	x_k	$\cdots$
P	p_1	p_2	$\cdots$	p_k	$\cdots$

这可以直观地表示随机变量 X 取各个值的概率规律,X 取的值各占一些概率,这些概率合起来为 1。可以认为:概率 1 以一定的规律分布在各个值上。

分布律与分布函数可以相互唯一确定,并都能对随机变量进行完整描述。

(1) 离散型随机变量 X 分布律为

$$P\{X = x_k\} = p_k \quad (k = 1, 2, \cdots)$$

则分布函数为

$$F(x) = P\{X \leqslant x\} = \sum_{x_k \leqslant x} P\{X = x_k\} = \sum_{x_k \leqslant x} p_k \quad (-\infty < x < +\infty)$$

(2) 随机变量 X 的分布函数为 $F(x)$,则 $F(x)$ 的各跳跃点(间断点)就是 X 的可能值

$$p_k = P\{X = x_k\} = F(x_k) - F(x_k - 0)$$

▶ 例 2-4　若离散型随机变量 X 的概率分布为

$$P\{X=k\}=3a\left(\frac{1}{2}\right)^k \quad (k=1,2,\cdots)$$

求常数 a 的值。

解：由概率分布的性质，有

$$\sum_{k=1}^{\infty}3a\left(\frac{1}{2}\right)^k=3a\sum_{k=1}^{\infty}\left(\frac{1}{2}\right)^k=3a\frac{1/2}{1-1/2}=3a=1$$

所以

$$a=\frac{1}{3}$$

▶ 例 2-5　设随机变量 X 的分布函数为

$$F(x)=\begin{cases}0, & x<-1\\ 0.2, & -1\leqslant x<0\\ 0.7, & 0\leqslant x<2\\ 1, & x\geqslant 2\end{cases}$$

试求：

(1) 求 X 的概率分布；

(2) 计算 $P\left\{-\dfrac{1}{2}<X\leqslant\dfrac{3}{2}\right\},P\{X\leqslant-1\},P\{0\leqslant X<3\}$。

解：(1) 对于离散型随机变量，有 $P(X=k)=F(k)-F(k-0)$，因此，随机变量 X 的概率分布（表 2-3）为

表 2-3

X	-1	0	2
P	0.2	0.5	0.3

(2) 由分布函数计算概率，得

$$P\left\{-\frac{1}{2}<X\leqslant\frac{3}{2}\right\}=F\left(\frac{3}{2}\right)-F\left(-\frac{1}{2}\right)=0.5$$

$$P\{X\leqslant-1\}=F(-1)=0.2$$

$$P\{0\leqslant X<3\}=F(3-0)-F(0-0)=1-0.2=0.8$$

二、三种常见离散型随机变量的分布

1. (0-1) 分布 (或两点分布)

定义 2.5　设随机变量 X 只可能取 0、1 两个值，它的概率分布为

$$P\{X=1\}=p,P\{X=0\}=1-p \quad (0<p<1)$$

即

$$P\{X=k\}=p^k(1-p)^{1-k} \quad (k=0,1;0<p<1)$$

或见表 2-4

表 2-4

X	0	1
P	$1-p$	p

则称随机变量 X 服从参数为 p 的(0-1)分布或两点分布。

只有两种可能结果的随机试验的概率分布都可用两点分布表示,如产品的"合格"与"不合格";新生儿性别的"男"与"女";射击目标的"命中"与"没命中";以及掷硬币的"出现正面"与"出现反面",等等。

例如,"抛硬币"试验观察正、反面情况。

$$X = X(e) = \begin{cases} 0, & \text{当 } e \text{ 为反面} \\ 1, & \text{当 } e \text{ 为正面} \end{cases}$$

随机变量 X 服从参数(0-1)分布(表 2-5)

表 2-5

X	0	1
P	$\dfrac{1}{2}$	$\dfrac{1}{2}$

例 2-6 已知随机变量 X 服从 0-1 分布,并且 $P\{X \leqslant 0\} = 0.2$,求 X 的概率分布。

解: X 只取 0 与 1 两个值,$P\{X=0\} = P\{X \leqslant 0\} - P\{X < 0\} = 0.2$,

$$P\{X=1\} = 1 - P\{X=0\} = 0.8$$

2. 二项分布

定义 2.6 设随机试验 E 只有两种可能的结果:A 或 $\overline{A}$,在相同条件下将 E 重复进行 n 次,各次试验结果互不影响,则称该 n 次试验为 n 重独立试验,又称为 n **重伯努利试验**。

若试验 E 中,事件 A 发生的概率 $P(A) = p(0 < p < 1)$,可以证明在 n 重伯努利试验中,事件 A 恰好发生 k 次的概率为 $C_n^k p^k (1-p)^{n-k}$。

定义 2.7 若随机变量 X 的概率分布为

$$P(X=k) = C_n^k p^k (1-p)^{n-k} \quad (k=0,1,\cdots,n)$$

其中 $0 < p < 1$,则称 X 服从参数为 n, p 的二项分布,记为 $X \sim B(n,p)$。可以证明它满足分布律的两个条件。

特别地,当 $n=1$ 时,二项分布化为

$$P\{X=k\} = p^k (1-p)^{1-k} \quad (k=0,1)$$

即为(0-1)分布或两点分布。

所谓二项分布 $B(n,p)$ 就是事件 A 在 n 重伯努利试验中发生的次数,p 为事件 A 在每次试验中发生的概率。

例 2-7 某人进行射击,假设每次射击的命中率为 0.02,独立射击 400 次,试求:

(1)X 的分布律;

(2)至少击中两次的概率。

解:(1)将一次射击看成是一次试验,400 次射击就是进行 400 次试验,设击中的次数

为 X，则 $X \sim B(400,0.02)$。

X 的分布律为 $P\{X=k\}=C_{400}^{k}(0.02)^{k}(0.98)^{400-k}$ （$k=0,1,\cdots,400$）。

(2) $P\{X \geqslant 2\}=1-P\{X=0\}-P\{X=1\}$

$$=1-(0.98)^{400}-400(0.02)(0.98)^{399}=0.997\ 2。$$

这个概率很接近于 1，它的实际意义为：其一，虽然每次射击的命中率很小，但如果射击次数很大，则击中目标至少两次是几乎肯定的，说明一个事件尽管在一次试验中发生的概率很小，但只要试验次数很多，而且试验是独立进行的，那么这一事件的发生几乎是肯定的，这也告诉人们不能轻视小概率事件；其二，如果射手在 400 次试验中，击中目标的次数不到 2 次，由于很小，根据实际推理，我们将怀疑"每次击中的命中率为 0.02"这一假设，即认为该射手击中的命中率不到 0.02。

▶ **例 2-8** 一本 300 页的书中共有 240 个印刷错误。若每个印刷错误等可能地出现在任意 1 页中，求此书首页有印刷错误的概率。

解：根据题意，可将问题看作是一个 240 重伯努利试验，每一个错误以概率 $p=\dfrac{1}{300}$ 出现在指定的一页上，以概率 $q=\dfrac{299}{300}$ 不出现在这一页上。以 X 表示出现在首页上的错误数，则 $X \sim B\left(240,\dfrac{1}{300}\right)$，而所求概率为

$$P\{X \geqslant 1\}=1-P\{X=0\}=1-C_{240}^{0}\left(\frac{299}{300}\right)^{240} \approx 0.551\ 3$$

3. 泊松分布

定义 2.8 设随机变量 X 所有可能取的值为 $0,1,2,\cdots$，而取各个值的概率为

$$P(X=k)=\frac{\lambda^{k} \mathrm{e}^{-\lambda}}{k!} \quad (k=0,1,2,\cdots)$$

其中 $\lambda>0$ 是常数，则称 X 服从参数为 λ 的泊松分布，记为 $X \sim P(\lambda)$。可以证明它满足分布律的两个条件。

一般地，泊松分布可以作为描述大量重复试验中稀有事件出现的频数的概率分布情况的数学模型，即当 n 很大（$n \geqslant 20$），p 很小（$p \leqslant 0.05$），而乘积 $\lambda=np$ 大小适中时，二项分布 $B(n,p)$ 可以用泊松分布做近似

$$C_{n}^{k} p^{k}(1-p)^{n-k} \approx \frac{(np)^{k}}{k!} \mathrm{e}^{-np} \quad (k=0,1,2,\cdots)$$

▶ **例 2-9** 电话交换台每分钟的呼唤次数服从参数为 4 的泊松分布，求

(1) 每分钟恰有 8 次呼唤的概率；

(2) 每分钟的呼唤次数大于 10 的概率。

解：(1) 法一：$P\{X=8\}=\dfrac{4^{8}}{8!} \mathrm{e}^{-4}=0.029\ 770$ （直接计算）

法二：$P\{X=8\}=P(X \geqslant 8)-P(X \geqslant 9)$ （查 $\lambda=4$ 泊松分布表）

$$=0.051\ 134 - 0.021\ 363=0.029\ 771$$

（2）$P\{X > 10\} = P\{X \geqslant 11\} = 0.002\ 840$（查表计算）

> **例 2-10**　某传呼台有客户 3 000 人。已知每个客户在任意时刻打传呼的概率为千分之二，问传呼台至少应安排多少名传呼员才能以不低于 0.9 的概率保证客户打入电话时立刻接听？

解：设在任意时刻打传呼的客户数为 X，由题意可知，$X \sim B\left(3\ 000, \dfrac{2}{1\ 000}\right)$。又设安排 n 名传呼员，则由题意有

$$P\{X \leqslant n\} \geqslant 0.9$$

由泊松定理，X 近似服从 $\lambda = np = 6$ 的泊松分布，即

$$P\{X \leqslant n\} = \sum_{k=0}^{n} \frac{6^k}{k\,!} \mathrm{e}^{-6} \geqslant 0.9$$

查 $\lambda = 6$ 的泊松分布表，可得 $n = 9$。

第三节　连续性随机变量及其概率密度

一、连续性随机变量及其概率密度

定义 2.9　对随机变量 X 的分布函数 $F(x)$，如果存在非负函数 $f(x)$，使对任意实数 x，有

$$F(x) = \int_{-\infty}^{x} f(x)\mathrm{d}x$$

则 X 称为**连续型随机变量**，其中 $f(x)$ 称为 X 的**概率密度函数**，简称**概率密度**。

连续型随机变量 X 可取某个有限区间 $[a, b]$ 或无限区间 $(-\infty, +\infty)$ 内的一切值。

显然，改变概率密度 $f(x)$ 在个别点的函数值不影响分布函数 $F(x)$ 的取值。显然，在 $f(x)$ 的连续点 x 处，有 $F'(x) = f(x)$，这就是概率密度函数与分布函数的关系。

由定义知，概率密度 $f(x)$ 具有性质：

$1°$　$f(x) \geqslant 0$；

$2°$　$\displaystyle\int_{-\infty}^{+\infty} f(x)\mathrm{d}x = 1$；

$3°$　对于任意实数 $x_1, x_2, x_1 \leqslant x_2$，有

$$P\{x_1 < X \leqslant x_2\} = F(x_2) - F(x_1) = \int_{x_1}^{x_2} f(x)\mathrm{d}x;$$

$4°$　若 $f(x)$ 在点 x 连续，则有 $F'(x) = f(x)$。

连续型随机变量 X 的分布函数 $F(x)$ 是 x 的连续函数；X 取任一实数值 a 的概率为 0，即 $P\{X = a\} = 0$，因此有

$$P\{a < X \leqslant b\} = P\{a \leqslant X < b\} = P\{a \leqslant X \leqslant b\} = P\{a < X < b\}$$

注意：$P\{X = a\} = 0$，但 $X = a$ 不一定是不可能事件；同样 $P(A) = 1$，但 A 不一定是

必然事件。

概率密度 $f(x)$ 表示的不是随机变量 X 取值 x 的概率，而是 X 在 x 处概率分布的密度，$f(x)$ 的大小能反映出 X 在 x 邻域内取值概率的大小，$P\{x < X \leqslant x + \Delta x\} \approx f(x)\Delta x$。

> 例 2-11 设随机变量 X 的概率密度为

$$f(x) = \begin{cases} ax + 1, & 0 \leqslant x \leqslant 2, \\ 0, & \text{其他} \end{cases}。$$

求：(1) 常数 a；

(2) X 的分布函数 $F(x)$；

(3) $P(1 < X < 3)$。

解：(1) $1 = \int_{-\infty}^{+\infty} f(x)\mathrm{d}x = \int_0^2 (ax + 1)\mathrm{d}x = \left(\dfrac{a}{2}x^2 + x\right)\Big|_0^2 = 2a + 2$

所以，$a = -\dfrac{1}{2}$。

(2) X 的分布函数为

$$F(x) = \int_{-\infty}^x f(u)\mathrm{d}u = \begin{cases} 0, & x < 0 \\ \int_0^x \left(1 - \dfrac{u}{2}\right)\mathrm{d}u, & 0 \leqslant x \leqslant 2 \\ 1, & x > 2 \end{cases} = \begin{cases} 0, & x < 0 \\ x - \dfrac{x^2}{4}, & 0 \leqslant x \leqslant 2 \\ 1, & x > 2 \end{cases}$$

(3) $P(1 < x < 3) = \int_1^3 f(x)\mathrm{d}x = \int_1^2 \left(1 - \dfrac{x}{2}\right)\mathrm{d}x = \dfrac{1}{4}$。

> 例 2-12 设连续型随机变量 X 的分布函数为

$$F(x) = \begin{cases} 0, & x < -1 \\ a + b\arcsin x, & -1 \leqslant x \leqslant 1 \\ 1, & x > 1 \end{cases}$$

试确定 a, b 并求 $P\left\{-1 < X < \dfrac{1}{2}\right\}$。

解：因 X 为连续型随机变量，故其分布函数 $F(x)$ 在 $(-\infty, +\infty)$ 上连续，从而

$$0 = F(-1 - 0) = F(-1) = a - \dfrac{\pi}{2}b$$

$$1 = F(1 + 0) = F(1) = a + \dfrac{\pi}{2}b$$

解得：$a = \dfrac{1}{2}, b = \dfrac{1}{\pi}$。于是

$$F(x) = \begin{cases} 0, & x < -1 \\ \dfrac{1}{2} + \dfrac{1}{\pi}\arcsin x, & -1 \leqslant x \leqslant 1 \\ 1, & x > 1 \end{cases}$$

$$P\left\{-1<X<\frac{1}{2}\right\}=F\left(\frac{1}{2}\right)-F(-1)=\frac{1}{2}+\frac{1}{\pi}\arcsin\frac{1}{2}-0$$

$$=\frac{1}{2}+\frac{1}{\pi}\times\frac{\pi}{6}=\frac{1}{2}+\frac{1}{6}=\frac{2}{3}$$

二、 三种常见连续型随机变量

1. 均匀分布

定义 2.10　设连续型随机变量 X 的概率密度为

$$f(x)=\begin{cases}\dfrac{1}{b-a}, & a<x<b\\[2mm]0, & 其他\end{cases}$$

则称 X 在区间 (a,b) 服从**均匀分布**,记为 $X\sim U(a,b)$。可以证明它满足概率密度的两个最基本性质。

它的分布函数为

$$F(x)=\begin{cases}0, & x<a\\[2mm]\dfrac{x-a}{b-a}, & a\leqslant x<b\\[2mm]1, & x\geqslant b\end{cases}$$

例 2-13　设随机变量 X 在 $[2,5]$ 上服从均匀分布。现对 X 进行 3 次独立观测,求至少有两次的观测值大于 3 的概率。

解:因为随机变量 X 服从均匀分布,故其概率密度函数为

$$p(x)=\begin{cases}\dfrac{1}{3}, & x\in[2,5]\\[2mm]0, & 其他\end{cases}$$

易得

$$P\{X>3\}=\frac{2}{3}$$

设 A 表示"对 X 进行 3 次独立观测,至少有两次的观测值大于 3"的事件,则

$$P(A)=1-\left(\frac{1}{3}\right)^{3}-C_{3}^{1}\left(\frac{2}{3}\right)\left(\frac{1}{3}\right)^{2}=\frac{20}{27}$$

2. 指数分布

定义 2.11　设连续型随机变量 X 的概率密度为

$$f(x)=\begin{cases}\lambda e^{-\lambda x}, & x>0\\0, & x\leqslant 0\end{cases}$$

其中 $\lambda>0$ 为常数,则称 X 服从参数为 λ 的**指数分布**,记为 $X\sim E(\lambda)$。可以证明它满足概率密度的两个最基本性质。

它的分布函数为

$$F(x)=\begin{cases}1-e^{-\lambda x}, & x>0\\0, & x\leqslant 0\end{cases}$$

> **例 2-14** 某种电脑显示器的使用寿命(单位:千小时)X 服从参数为 $\lambda = \dfrac{1}{50}$ 的指数分布。生产厂家承诺:购买者使用 1 年内显示器损坏,将免费予以更换。

(1) 假设用户一般每年使用电脑 2 000 小时,求厂家需免费为其更换显示器的概率;

(2) 显示器至少可以使用 10 000 小时的概率。

解:(1) 因为 X 服从参数为 $\lambda = \dfrac{1}{50}$ 的指数分布,所以 X 的概率密度函数为

$$p(x) = \begin{cases} \dfrac{1}{50} e^{-\frac{x}{50}}, & x > 0 \\ 0, & x \leqslant 0 \end{cases}$$

$$P\{X < 2\} = \int_0^2 \frac{1}{50} e^{-\frac{x}{50}} \, dx = -e^{-\frac{x}{50}} \Big|_0^2 = 1 - e^{-\frac{2}{50}} \approx 0.039\ 2$$

$$(2)\, P\{X > 10\} = \int_{10}^{+\infty} \frac{1}{50} e^{-\frac{x}{50}} \, dx = -e^{-\frac{x}{50}} \Big|_{10}^{+\infty} = e^{-\frac{10}{50}} \approx 0.818\ 7$$

3. 正态分布

定义 2.12 设连续型随机变量 X 的概率密度为

$$f(x) = \frac{1}{\sqrt{2\pi}\,\sigma} e^{-\frac{(x-\mu)^2}{2\sigma^2}}, \quad -\infty < x < +\infty$$

其中 $\mu, \sigma(\sigma > 0)$ 为常数,则称 X 服从参数为 μ, σ 的正态分布,记为 $X \sim N(\mu, \sigma^2)$。可以证明它满足概率密度的两个最基本性质。

它的分布函数为

$$F(x) = \frac{1}{\sqrt{2\pi}\,\sigma} \int_{-\infty}^x e^{-\frac{(t-\mu)^2}{2\sigma^2}} \, dt, \quad -\infty < x < +\infty$$

当 $\mu = 0, \sigma = 1$ 时,称 X 服从标准正态分布,记为 $X \sim N(0,1)$,其概率密度和分布函数分别为

$$\varphi(x) = \frac{1}{\sqrt{2\pi}} e^{-\frac{x^2}{2}}, \quad -\infty < x < +\infty$$

$$\Phi(x) = \frac{1}{\sqrt{2\pi}} \int_{-\infty}^x e^{-\frac{t^2}{2}} \, dt, \quad -\infty < x < +\infty$$

易知 $\Phi(-x) = 1 - \Phi(x)$。

对于一般正态分布和标准正态分布,有以下关系:

定理 2.1 若 $X \sim N(\mu, \sigma^2)$,则 $Z = \dfrac{X - \mu}{\sigma} \sim N(0,1)$。

定理 2.1 表明了一般正态分布与标准正态分布的关系,由定理 2.1 知

若 $X \sim N(\mu, \sigma^2)$,

$$F(x) = P\{X \leqslant x\} = P\left\{\frac{X - \mu}{\sigma} \leqslant \frac{x - \mu}{\sigma}\right\} = \Phi\left\{\frac{x - \mu}{\sigma}\right\}$$

$$P\{x_1 < X \leqslant x_2\} = P\left\{\frac{x_1 - \mu}{\sigma} < \frac{X - \mu}{\sigma} \leqslant \frac{x_2 - \mu}{\sigma}\right\} = \Phi\left(\frac{x_2 - \mu}{\sigma}\right) - \Phi\left(\frac{x_1 - \mu}{\sigma}\right)$$

$$P\{X>x_1\}=1-P\{X\leqslant x_1\}=1-\Phi\left(\frac{x_1-\mu}{\sigma}\right)$$

定义 2.13 设 $X\sim N(0,1)$，对于给定的 $\alpha(0<\alpha<1)$，如果 u_α 满足条件

$$P\{X\geqslant u_\alpha\}=\frac{1}{\sqrt{2\pi}}\int_{u_\alpha}^{+\infty}e^{-\frac{x^2}{2}}dx=\alpha$$

则称点 u_α 为标准正态分布的上 α 分位点。

显然有 $\Phi(u_\alpha)=1-\alpha$，$u_{1-\alpha}=-u_\alpha$。

常见的 u_α 的值见表 2-6：

表 2-6

α	0.001	0.005	0.01	0.025	0.05	0.10
u_α	3.090	2.576	2.327	1.960	1.645	1.282

▶例 2-15 设 $X\sim N(0.5,4)$，求：

(1) $P\{-0.5<X<1.5\}$，$P\{|X+0.5|<2\}$，$P\{X\geqslant 0\}$；

(2) 常数 a，使 $P\{X>a\}=0.8944$。

解：(1) 因为 $X\sim N(0.5,4)$，故有

$$P\{-0.5<X<1.5\}=\Phi\left(\frac{1.5-0.5}{2}\right)-\Phi\left(\frac{-0.5-0.5}{2}\right)$$
$$=2\Phi(0.5)-1=2\times 0.6915-1=0.383$$

$$P\{|X+0.5|<2\}=P\{-2<X+0.5<2\}=P\{-2.5<X<1.5\}$$
$$=\Phi\left(\frac{1.5-0.5}{2}\right)-\Phi\left(\frac{-2.5-0.5}{2}\right)=\Phi\left(\frac{1}{2}\right)-\left(1-\Phi\left(\frac{3}{2}\right)\right)$$
$$=0.6915-1+0.9332=0.6247$$

$$P\{X\geqslant 0\}=1-\Phi\left(\frac{0-0.5}{2}\right)=1-1+\Phi\left(\frac{1}{4}\right)=0.5987$$

(2) 由 $P\{X>a\}=0.8944$，得

$$1-P\{X\leqslant a\}=0.8944$$
$$P\{X\leqslant a\}=0.1056$$

即

$$\Phi\left(\frac{a-0.5}{2}\right)=0.1056=\Phi(-1.25)$$

于是

$$\frac{a-0.5}{2}=-1.25\Rightarrow a=-2$$

▶例 2-16 某种电池的使用寿命 X（单位：小时）是一个随机变量，$X\sim N(300,35^2)$。

(1) 求其寿命在 250 小时以上的概率；

(2) 求一允许限 X，使 X 落入区间 $(300-x,300+x)$ 内的概率不小于 0.9。

解：(1) 由 $X\sim N(300,35^2)$，可得

$$P\{X > 250\} = P\left\{\frac{X-300}{35} > \frac{250-300}{35}\right\}$$

$$= 1 - \Phi\left(-\frac{10}{7}\right) = \Phi\left(\frac{10}{7}\right) \approx \Phi(1.43) = 0.923\ 6$$

（2）由题意，知

$$P\{300 - x < X < 300 + x\} \geqslant 0.9$$

即

$$P\left\{\frac{-x}{35} < \frac{X-300}{35} < \frac{x}{35}\right\} \geqslant 0.9$$

$$\Phi\left(\frac{x}{35}\right) - \Phi\left(-\frac{x}{35}\right) = 2\Phi\left(\frac{x}{35}\right) - 1 \geqslant 0.9$$

$$\Phi\left(\frac{x}{35}\right) \geqslant \frac{1.9}{2} = 0.95$$

查表得

$$\Phi(1.645) = 0.95$$

则

$$\frac{x}{35} \geqslant 1.645$$

即

$$x \geqslant 57.575$$

▶ 例 2-17 某高校一年级学生的数学成绩 X 近似地服从正态分布 $N(72, \sigma^2)$，其中 90 分以上的占学生总数的 4%，求：

（1）数学不及格的学生的百分比；

（2）数学成绩在 65 ~ 80 分的学生的百分比。

解： 先求方差 σ^2。因为 90 分以上的占学生总数的 4%，所以有

$$P\{X \geqslant 90\} = 0.04$$

即

$$P\left\{\frac{X-\mu}{\sigma} \geqslant \frac{90-72}{\sigma}\right\} = 0.04$$

$$1 - P\left\{\frac{X-\mu}{\sigma} < \frac{18}{\sigma}\right\} = 0.04$$

从而

$$\Phi\left(\frac{18}{\sigma}\right) = 0.96$$

查表可知 $\frac{18}{\sigma} = 1.75$，则 $\sigma = 10.29$。于是 $X \sim N(72, 10.29^2)$。

（1）数学不及格的学生的百分比为

$$P\{X < 60\} = P\left\{\frac{X-72}{10.29} < \frac{60-72}{10.29}\right\}$$

$$\approx \Phi(-1.17) = 0.121 = 12.1\%$$

（2）数学成绩在 $65 \sim 80$ 分的学生的百分比为

$$P\{65 \leqslant X \leqslant 80\} = P\left\{\frac{65-72}{10.29} \leqslant \frac{X-72}{10.29} \leqslant \frac{80-72}{10.29}\right\}$$

$$\approx \Phi(0.78) - \Phi(-0.68) = 0.534 = 53.4\%$$

第四节 随机变量函数的分布

在实际问题中，不仅需要研究随机变量，往往还要研究随机变量的函数，即已知随机变量 X 的概率分布，求其函数 $Y = g(X)$ 的概率分布。

一、离散型随机变量函数的分布

设离散型随机变量 X 的分布律为

$$P\{X = x_k\} = p_k \quad (k = 1, 2, \cdots, n)$$

其函数 $Y = g(X)$ 的分布律可按如下步骤计算：

（1）计算 Y 全部可能取的值：$g(x_1), g(x_2), \cdots, g(x_n)$，有相同的只取其中之一，然后将它从小到大排列，记为 $y_1, y_2, \cdots, y_k$；

（2）计算 Y 取 $y_1, y_2, \cdots, y_k$ 各个值的概率：如果 y_1 只与 $g(x_1)$ 相同，则 $P(Y = y_1) = p_1$；如果 y_1 与 $g(x_1), g(x_2)$ 都相同，则 $P(Y = y_1) = p_1 + p_2$。对每个 $y_i(i = 1, 2, \cdots, k)$ 都做同样处理，就可确定 Y 取 $y_1, y_2, \cdots, y_k$ 各个值的概率。

> **例 2-18** 设 X 的分布列为表 2-7：

表 2-7

X	-2	-1	0	1
P	$\frac{1}{6}$	$\frac{1}{3}$	$\frac{1}{6}$	$\frac{1}{3}$

求 $Y = 2X - 3$ 及 $Z = X^2 + 1$ 的概率分布。

解： 列表 2-8：

表 2-8

X	-2	-1	0	1
P	$\frac{1}{6}$	$\frac{1}{3}$	$\frac{1}{6}$	$\frac{1}{3}$
$Y = 2X - 3$	-7	-5	-3	-1
$Z = X^2 + 1$	5	2	1	2

$Y = 2X - 3$ 的分布律见表 2-9：

表 2-9

$Y = 2X - 3$	-7	-5	-3	-1
P	$\dfrac{1}{6}$	$\dfrac{1}{3}$	$\dfrac{1}{6}$	$\dfrac{1}{3}$

$Z = X^2 + 1$ 的分布律见表 2-10：

表 2-10

$Z = X^2 + 1$	1	2	5
P	$\dfrac{1}{6}$	$\dfrac{2}{3}$	$\dfrac{1}{6}$

二、 连续型随机变量函数的分布

设连续型随机变量 X 的概率密度为 $f_X(x)$，$-\infty < x < +\infty$，如何计算其函数 $Y = g(X)$ 的概率密度 $f_Y(y)$？

一般地，可先求 Y 的分布函数 $F_Y(y) = P\{Y \leqslant y\} = P\{g(X) \leqslant y\}$，由"$g(X) \leqslant y$"解出 X，得到一个与"$g(X) \leqslant y$"等价的 X 的不等式，并以后者代替"$g(X) \leqslant y$"（这一步是关键），然后将 $F_Y(y)$ 对 y 求导得到概率密度 $f_Y(y)$。

▶ **例 2-19** 已知随机变量 X 服从 $[0, \pi]$ 上的均匀分布，求 $Y = \sin X$ 的概率密度。

解：分布函数定义法

X 的概率密度为：

$$f_X(x) = \begin{cases} \dfrac{1}{\pi}, & x \in [0, \pi] \\ 0, & \text{其他} \end{cases}$$

先确定 Y 的值域为 $Y \in [0, 1]$。故 $y < 0 \Rightarrow F_Y(y) = 0$；$y \geqslant 1 \Rightarrow F_Y(y) = 1$；

当 $0 \leqslant y < 1$ 时，

x 的单调区域 D 有两个，即 $D = \{x \mid 0 \leqslant x \leqslant \arcsin y\} \bigcup \{x \mid \pi - \arcsin y \leqslant x \leqslant \pi\}$，根据反函数的定义，$D$ 的两个单调区域存在反函数。使用一般法，得

$$F(y) = P(\sin X \leqslant y) = \int_0^{\arcsin y} \dfrac{1}{\pi} \mathrm{d}x + \int_{\pi - \arcsin y}^{\pi} \dfrac{1}{\pi} \mathrm{d}x, \ 0 < y < 1$$

当 $y \leqslant 0 \Rightarrow F(y) = 0$；

当 $y \geqslant 1 \Rightarrow F(y) = 1$；

当 $0 < y < 1 \Rightarrow f_Y(y) = F'(y) = \begin{cases} \dfrac{2}{\pi \sqrt{1 - y^2}}, & 0 \leqslant y < 1 \\ 0, & \text{其他} \end{cases}$。

▶ **例 2-20** X 服从 $N(0, 1)$，求 $Y = \mathrm{e}^X$，$Y = 2X^2 + 1$，$Y = |X|$ 的概率密度。

解：(1) $X \sim N(0, 1) \Rightarrow f(x) = \dfrac{1}{\sqrt{2\pi}} \mathrm{e}^{-\frac{x^2}{2}}$，$-\infty < x < +\infty$。

一般解法：由 $Y = e^X > 0$ 恒成立，故当 $y \leqslant 0 \Rightarrow F_Y(y) = P\{Y \leqslant y\} = 0$

当 $y > 0$ 时，

$$F_Y(y) = P\{Y \leqslant y\} = P\{e^X \leqslant y\} = P\{X \leqslant \ln y\} = \int_{-\infty}^{\ln y} \frac{1}{\sqrt{2\pi}} e^{-\frac{x^2}{2}} dx$$

故 Y 的概率密度 $f_Y(y) = F_Y'(y) = \begin{cases} \dfrac{1}{y\sqrt{2\pi}} e^{-\frac{(\ln y)^2}{2}}, & y > 0 \\ 0, & y \leqslant 0 \end{cases}$

(2) 由 $Y = 2X^2 + 1$ 知 $X = \pm\sqrt{\dfrac{Y-1}{2}}$，当 $y \leqslant 1$ 时，$F_Y(y) = P\{Y \leqslant y\} = 0$；

当 $y > 1$ 时，因为不存在反函数，故使用一般解法：

$$F_Y(y) = P\{Y \leqslant y\} = P\{2X^2 + 1 \leqslant y\} = P\left\{|X| \leqslant \sqrt{\frac{y-1}{2}}\right\}$$

$$= P\left\{-\sqrt{\frac{y-1}{2}} \leqslant X \leqslant \sqrt{\frac{y-1}{2}}\right\}$$

$$= \frac{1}{\sqrt{2\pi}} \int_{-\sqrt{\frac{y-1}{2}}}^{\sqrt{\frac{y-1}{2}}} e^{-\frac{x^2}{2}} dx$$

$$f_Y(y) = F_Y'(y)$$

$$= \begin{cases} \dfrac{1}{\sqrt{2\pi}} \left(e^{-\frac{(y-1)/2}{2}} \times \dfrac{1}{4\sqrt{(y-1)/2}} - e^{-\frac{-(y-1)/2}{2}} \times \dfrac{-1}{4\sqrt{(y-1)/2}} \right), & y > 1 \\ 0, & y \leqslant 1 \end{cases}$$

$$= \begin{cases} \dfrac{1}{2\sqrt{\pi(y-1)}} e^{-\frac{y-1}{4}}, & y > 1 \\ 0, & y \leqslant 1 \end{cases}$$

(3) 由 $Y = |X|$ 知，当 $y \leqslant 0$ 时，$F_Y(y) = P\{Y \leqslant y\} = 0$，

当 $y > 0$ 时，

$$F_Y(y) = P\{Y \leqslant y\} = P\{|X| \leqslant y\} = P\{-y \leqslant X \leqslant y\} = \int_{-y}^{y} \frac{1}{\sqrt{2\pi}} e^{-\frac{x^2}{2}} dx$$

$$f_Y(y) = F_Y'(y) = \begin{cases} \dfrac{1}{\sqrt{2\pi}} \left(e^{-\frac{y^2}{2}} - e^{-\frac{(-y)^2}{2}} \cdot (-1) \right), & y > 0 \\ 0, & y \leqslant 0 \end{cases}$$

$$= \begin{cases} \sqrt{\dfrac{2}{\pi}} e^{-\frac{y^2}{2}}, & y > 0 \\ 0, & y \leqslant 0 \end{cases}$$

本章课程思政内容

1. 射击试验中的"小概率事件"原理；
2. 连续型随机变量的正态分布。

本章课程思政目标

1. 让学生了解小概率原理具有两面性。一个事件如果发生的概率很小的话,那么它在一次试验中是几乎不可能发生的,但在多次重复试验中几乎是必然发生的,数学上称之为小概率原理。"常在河边走,哪有不湿鞋"是我们常说的一句话,其对应的数学理论就是小概率原理,这也警示我们不可忽视小概率事件的影响。以"敬畏"的态度对待坏的小概率事件,以积极向上的心态对待好的小概率事件。另一方面,虽然水滴击穿石头是个小概率事件,但只要水滴的次数足够多,总有一天石头会被击穿,无论遇到的问题有多难,只要日复一日地勇敢面对,总有一天问题会得到解决。

2. 通过正态分布曲线,理解并应用概率特征。学生需要记忆一般正态分布的特殊区间与特殊概率的对应关系,也可以从整体和重要局部看待正态分布。从整体看,可以获得全局情况,从中看到有高有低,有个体分布较多的位置,也有个体分布较少的位置。从局部看,可以看到正态分布中心部分包括 68.3% 的部分,可以从这个重点部分下手对总体进行预测和估计。我们在解决问题的时候,要抓住重点,纲举目张,有的放矢,才能事半功倍。

正态分布的发现使人们有了一个全新的视角去审视以往无序的现象,也有了更多机会去看清以往难以解决的问题。正态分布的发现得益于创新的思维与视角,棣莫弗、拉普拉斯、高斯从不同的角度,采用不同的方法,得到了相同的统计结论,这与当下国家发展的要求是一致的。

练习题

1. 设随机变量 X 的分布函数 $F(x) = \begin{cases} 0, & x < -1 \\ 0.4, & -1 \leqslant x < 1 \\ 0.8, & 1 \leqslant x < 3 \\ 1, & x \geqslant 3 \end{cases}$,求 X 的分布律。

2. 设 X 的分布列为

X	-1	0	1
P	0.15	0.20	0.65

求 X 的分布函数 $F(x)$。

3. 设随机变量 X 的分布律为

X	1	2	3
P	$\dfrac{1}{4}$	$\dfrac{1}{2}$	$\dfrac{1}{4}$

求:(1) X 的分布函数;

(2) $P\left\{X\leqslant\dfrac{1}{2}\right\}$, $P\left\{\dfrac{1}{2}<X\leqslant\dfrac{3}{2}\right\}$, $P\{2\leqslant X\leqslant 3\}$ 。

4. 20 件产品中有 4 件为次品,从中抽 6 件,以 X 表示次品的个数,分别在有放回和不放回两种情况下,求:(1) 随机变量 X 的分布律;(2) X 的分布函数。

5. 一袋中有 5 只球,编号为 1,2,3,4,5;在袋中同时取出 3 只球,以 X 表示取出 3 只球中的最大号码,求:(1) 随机变量 X 的分布律;(2) X 的分布函数。

6. 设随机变量 X 服从参数为 λ 的泊松分布,且 $P\{X=1\}=P\{X=2\}$,求 λ 。

7. 设随机变量 $X\sim B(2,p)$, $Y\sim B(3,p)$,若 $P\{X\geqslant 1\}=\dfrac{5}{9}$,求 $P\{Y\geqslant 1\}$ 。

8. 设 $f(x)=\begin{cases}\dfrac{c}{1+x^2}, & 0\leqslant x\leqslant 1 \\ 0, & \text{其他}\end{cases}$ 是随机变量 X 的概率密度函数,求 c 。

9. 连续型随机变量 X 的分布函数为 $F(x)=\begin{cases}a+be^{-\lambda x}, & x>0 \\ 0, & x\leqslant 0\end{cases}$,其中 $\lambda>0$ 为常数,

求:(1) a 和 b ;(2) $P\{X<2\}$ 。

10. 设随机变量 X 服从参数 $\lambda=2$ 的指数分布,证明: $Y=1-e^{-2X}$ 在区间 $(0,1)$ 上服从均匀分布。

11. 设随机变量 X 的概率密度函数为 $f(x)=\begin{cases}k\sqrt{x}, & 0\leqslant x\leqslant 1 \\ 0, & \text{其他}\end{cases}$,

求:(1) 常数 k ;(2) X 的分布函数 $F(x)$;(3) $P\left\{X>\dfrac{1}{4}\right\}$ 。

12. 设随机变量 X 的概率密度函数为 $p(x)=\begin{cases}A\sin x, & x\in[0,\pi] \\ 0, & \text{其他}\end{cases}$,

求:(1) 常数 A ;(2) 分布函数 $F(x)$;(3) $P\left\{\dfrac{\pi}{2}<X<\dfrac{3\pi}{4}\right\}$ 。

13. 设随机变量 X 的概率密度函数为 $f(x)=\begin{cases}3x^2, & 0<x\leqslant 1 \\ 0, & \text{其他}\end{cases}$,用 Y 表示 X 的 3 次

独立重复观察中事件 $X\leqslant\dfrac{1}{2}$ 出现的次数,求 $P\{Y=2\}$ 。

14. 某型号灯泡的寿命 X(单位:小时)的概率密度函数为

$$f(x)=\begin{cases}\dfrac{1\,000}{x^2}, & x>1\,000 \\ 0, & \text{其他}\end{cases},$$

现有一大批这种灯泡,任取 5 只,求其中至少有 2 只寿命大于 1 500 小时的概率。

15. 设 X 是 $[0,1]$ 上的连续型随机变量, $P\{X\leqslant 0.29\}=0.75$, $Y=1-X$,试确定 y ,使 $P\{Y\leqslant y\}=0.25$ 。

16. 设随机变量 $X\sim U(0,5)$,求方程 $4t^2+4Xt+X+2=0$ 有实根的概率。

17. 假设测量误差 $X\sim N(0,10^2)$,试求在 100 次独立测量中,至少有 3 次测量误差的

绝对值大于 19.6 的概率 α，并利用泊松分布求出 α 的近似值。

18. 若 $X \sim N(1,9)$，求 $P\{X \leqslant 2\}$，$P\{1 < X \leqslant 5\}$。

19. 设 $X \sim N(3,2^2)$，求：

(1)$P\{2 < X \leqslant 5\}$，$P\{-4 < X \leqslant 10\}$，$P\{X > 3\}$，$P\{|X| > 2\}$；

(2) 确定 b，使 $P\{X > b\} = P\{X \leqslant b\}$；

(3) 设 a 满足 $P\{X > a\} \geqslant 0.9$，问 a 至多为多少？

20. 若 $X \sim N(\mu, \sigma^2)$，其中 $\mu = 25$，$\sigma = 5$，试求 $P\{X > 20\}$。

21. 设 $X \sim N(110, 12^2)$，求：

(1)$P\{X \leqslant 105\}$，$P\{100 < X \leqslant 120\}$；

(2) 确定最小的 b，使 $P\{X > b\} \leqslant 0.05$。

22. 设随机变量 X 的分布律为

X	-1	0	3
P	0.2	0.3	0.5

求 $Y = 2X^2 + 1$ 及 $Z = 3X + 1$ 的分布律。

23. 设随机变量 X 具有概率密度函数 $f_X(x) = 2x\mathrm{e}^{-x^2}$ $(x > 0)$，试求 $Y = -\ln(1 - \mathrm{e}^{-X^2})$ 的概率密度函数。

24. 设随机变量 $X \sim U\left(-\dfrac{\pi}{2}, \dfrac{\pi}{2}\right)$，试求 $Y = A\sin X$（A 是常数）的概率密度函数。

25. 设随机变量 $X \sim U(0,1)$，试求：(1)$Y = \mathrm{e}^{2X}$ 的概率密度函数；(2)$Y = -\ln X$ 的概率密度函数。

第三章

多维随机变量及其分布

多维随机变量
及其分布

在实际生产与理论研究中,常常会遇到需要同时用两个或两个以上随机变量才能较好地描述某一试验或现象的问题,例如研究某一地区初中学生的身体发育情况,需要同时抽查该地区初中学生的身高 X、体重 Y, X 和 Y 是定义在同一样本空间 $S = \{$某地区的全部初中生$\}$ 上的两个随机变量。又如对工厂生产的某种零件,需要考虑零件的直径和长度;研究某地的天气情况,需要观察该地的最低气温和最高气温、风力、空气的湿度等因素。在这种情况下,我们不仅要研究多个变量的各自统计规律,而且还要研究各随机变量之间的相互依存关系,即多维随机变量的分布。由于二维与 n 维随机变量的研究无原则性的区别,本章主要研究二维的情形,相关的内容可推广到多于二维的情形。

第一节　二维随机变量及其分布

一、二维随机变量

定义 3.1　如果一个随机试验的样本空间为 Ω, $\omega \in \Omega$ 为样本点,而 $X = X(\omega)$, $Y = Y(\omega)$ 是定义在 Ω 上的两个随机变量,则称 (X, Y) 为定义在 Ω 上的**二维随机变量**或**二维随机向量**。

二维随机变量 (X, Y) 的问题,不仅与 X 及 Y 有关,而且还依赖于这两个随机变量的相互关系,因此,单独研究 X 或 Y 是不够的,还需将 (X, Y) 作为一个整体进行研究。

一般地,称 n 个随机变量的整体 $X = (X_1, X_2, \cdots, X_n)$ 为 n 维随机变量或 n 维随机向量。

二、 二维随机变量的分布函数

定义 3.2 设 (X,Y) 是一个二维随机变量,对于任意实数 x,y,二元函数

$$F(x,y)=P\{X\leqslant x,Y\leqslant y\}$$

称为二维随机变量 X 与 Y 的**联合分布函数**或称为 (X,Y) 的**分布函数**。

若将随机变量 (X,Y) 视为平面上随机点的坐标,则分布函数 $F(x,y)$ 的值表示 (X,Y) 取图 3-1 所示区域内的概率。

注:由概率的加法法则,随机变量 (X,Y) 落在矩形区域 $\{x_1<X\leqslant x_2,y_1<Y\leqslant y_2\}$(图 3-2)的概率为

$$P\{x_1<X\leqslant x_2,y_1<Y\leqslant y_2\}=F(x_2,y_2)-F(x_2,y_1)-F(x_1,y_2)+F(x_1,y_1)$$

联合分布函数的基本性质:

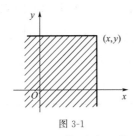

图 3-1

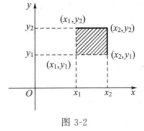

图 3-2

(1)$F(x,y)$ 是 x 和 y 的不减函数,即

对于任意固定的 y,当 $x_1<x_2$ 时,$F(x_1,y)\leqslant F(x_2,y)$;

对于任意固定的 x,当 $y_1<y_2$ 时,$F(x,y_1)\leqslant F(x,y_2)$。

(2)$0\leqslant F(x,y)\leqslant 1$,且 $F(-\infty,y)=0$,$F(x,-\infty)=0$,$F(-\infty,-\infty)=0$,$F(+\infty,+\infty)=1$。

(3)$F(x+0,y)=F(x,y)$,$F(x,y+0)=F(x,y)$,即 $F(x,y)$ 关于 x 右连续,关于 y 也右连续。

三、 二维离散型随机变量

定义 3.3 设 (X,Y) 是二维随机变量,如果它所有可能取到的值是有限对(向量)或可列对(向量),则称 (X,Y) 是**二维离散型随机变量**。

定义 3.4 设 (X,Y) 可能取到的值为 (x_i,y_j),$i,j=1,2,\cdots$,则

$$P\{X=x_i,Y=y_j\}=p_{ij},i,j=1,2,\cdots$$

称为二维离散型随机变量 (X,Y) 的**分布律**或称为随机变量 X 和 Y 的**联合分布律**。

二维离散型随机变量 (X,Y) 具有下列性质:

$1°$ $p_{ij}\geqslant 0$ $(i,j=1,2,\cdots)$;

$2°$ $\sum\limits_{i}\sum\limits_{j}p_{ij}=1$。

与一维随机变量类似,二维随机变量的分布律可用表格形式来表示,见表 3-1。

表 3-1

X \\ Y	y_1	y_2	$\cdots$	y_j	$\cdots$
x_1	p_{11}	p_{21}	$\cdots$	p_{i1}	$\cdots$
x_2	p_{12}	p_{22}	$\cdots$	p_{i2}	$\cdots$
$\vdots$	$\cdots$	$\cdots$	$\cdots$	$\cdots$	$\cdots$
x_i	p_{1j}	p_{2j}	$\cdots$	p_{ij}	$\cdots$
$\vdots$	$\cdots$	$\cdots$	$\cdots$	$\cdots$	$\cdots$

例 3-1 设随机变量 X 在 $1,2,3,4$ 四个整数中等可能地取一个值,另一个随机变量 Y 在 $1 \sim X$ 中等可能地取一个值,试求 (X,Y) 的分布律。

解:X 的可能取值为 $i=1,2,3,4$,Y 的可能取值 j 为不大于 i 的正整数,且由乘法公式

$$P\{X=i,Y=j\}=P\{X=i\} \cdot P\{Y=j \mid X=i\}=\frac{1}{4} \cdot \frac{1}{i}$$

于是 (X,Y) 的分布律为表 3-2:

表 3-2

Y \\ X	1	2	3	4
1	$\dfrac{1}{4}$	$\dfrac{1}{8}$	$\dfrac{1}{12}$	$\dfrac{1}{16}$
2	0	$\dfrac{1}{8}$	$\dfrac{1}{12}$	$\dfrac{1}{16}$
3	0	0	$\dfrac{1}{12}$	$\dfrac{1}{16}$
4	0	0	0	$\dfrac{1}{16}$

例 3-2 设随机变量 (X,Y) 的分布函数为 $F(x,y)$,分布律见表 3-3。

表 3-3

X \\ Y	1	2	3	4
1	$\dfrac{1}{4}$	0	0	$\dfrac{1}{16}$
2	$\dfrac{1}{16}$	$\dfrac{1}{4}$	0	$\dfrac{1}{4}$
3	0	$\dfrac{1}{16}$	$\dfrac{1}{16}$	0

试求:$(1)P\{\dfrac{1}{2}<X<\dfrac{3}{2},0<Y<4\}$,$(2)P\{1 \leqslant X \leqslant 2,3 \leqslant Y \leqslant 4\}$,$(3)F(2,3)$。

解:$(1)P\{\dfrac{1}{2}<X<\dfrac{3}{2},0<Y<4\}=P\{X=1,Y=1\}+P\{X=1,Y=2\}+P\{X$

$=1,Y=3\}=\dfrac{1}{4}$;

$(2)P\{1\leqslant X\leqslant 2,3\leqslant Y\leqslant 4\}=P\{X=1,Y=3\}+P\{X=1,Y=4\}+P\{X=2,Y=3\}+P\{X=2,Y=4\}=\dfrac{1}{4}+\dfrac{1}{16}=\dfrac{5}{16}$;

$(3)F(2,3)=P\{X\leqslant 2,Y\leqslant 3\}=P\{X=1,Y=1\}+P\{X=1,Y=2\}+P\{X=1,Y=3\}+P\{X=2,Y=1\}+P\{X=2,Y=2\}+P\{X=2,Y=3\}=\dfrac{1}{4}+\dfrac{1}{16}+\dfrac{1}{4}=\dfrac{9}{16}$。

四、二维连续型随机变量

定义 3.5　设二维随机变量(X,Y)的分布函数为$F(x,y)$,若存在一个非负可积的二元函数$f(x,y)$,使对任意实数x,y,有

$$F(x,y)=\int_{-\infty}^{y}\int_{-\infty}^{x}f(u,v)\mathrm{d}u\mathrm{d}v$$

则称(X,Y)是二维连续型随机变量,$f(x,y)$称为(X,Y)的**概率密度(函数)**或X与Y的**联合概率密度(函数)**。

二维连续型概率密度(函数)$f(x,y)$具有下列性质:

$1°$ $f(x,y)\geqslant 0$;

$2°$ $\displaystyle\int_{-\infty}^{+\infty}\int_{-\infty}^{+\infty}f(x,y)\mathrm{d}x\mathrm{d}y=F(+\infty,+\infty)=1$;

$3°$ 如果已知(X,Y)的概率密度$f(x,y)$,则(X,Y)落在平面区域D上的概率为

$$P\{(X,Y)\in D\}=\iint\limits_{D}f(x,y)\mathrm{d}x\mathrm{d}y$$

$4°$ 当$f(x,y)$连续时,有$\dfrac{\partial^2 F(x,y)}{\partial x\partial y}=f(x,y)$。

▶ **例 3-3**　设二维随机变量(X,Y)具有概率密度

$$f(x,y)=\begin{cases}2\mathrm{e}^{-(2x+y)}, & x>0,y>0\\0, & 其他\end{cases}$$

(1) 求分布函数$F(x,y)$;(2) 求概率$P\{Y\leqslant X\}$。

解:(1)$F(x,y)=\displaystyle\int_{-\infty}^{y}\int_{-\infty}^{x}f(u,v)\mathrm{d}u\mathrm{d}v$,

当$x\leqslant 0$或$y\leqslant 0$时,$F(x,y)=0$;

当$x>0,y>0$时,$F(x,y)=\displaystyle\int_{0}^{y}\int_{0}^{x}2\mathrm{e}^{-(2u+v)}\mathrm{d}u\mathrm{d}v=(1-\mathrm{e}^{-2x})(1-\mathrm{e}^{-y})$。

因此,

$$F(x,y)=\begin{cases}\displaystyle\int_{0}^{y}\int_{0}^{x}2\mathrm{e}^{-(2u+v)}\mathrm{d}u\mathrm{d}v=(1-\mathrm{e}^{-2x})(1-\mathrm{e}^{-y}), & x>0,y>0\\0, & 其他\end{cases}$$

(2) 事件$\{Y\leqslant X\}=\{(X,Y)\in D\}$,其中$D$为直线$y=x$及其下方的部分(图 3-3)

$$P\{Y \leqslant X\} = \iint\limits_{D} f(x,y) \mathrm{d}x \, \mathrm{d}y = \int_0^{+\infty} \mathrm{d}x \int_0^x 2\mathrm{e}^{-(2x+y)} \mathrm{d}y$$

$$= \int_0^{+\infty} 2\mathrm{e}^{-2x} \left[-\mathrm{e}^{-y}\right]_0^x \mathrm{d}x$$

$$= 2\int_0^{+\infty} (\mathrm{e}^{-2x} - \mathrm{e}^{-3x}) \mathrm{d}x = \frac{1}{3}$$

例 3-4 设二维随机变量(X,Y)具有概率密度

$$f(x,y) = \begin{cases} kx^2 y, & 0 < x < y < 1 \\ 0, & \text{其他} \end{cases}$$

(1) 求常数k；(2) 求概率$P\{Y+X \leqslant 1\}$。

解：(1) 由$\int_{-\infty}^{+\infty} \int_{-\infty}^{+\infty} f(x,y) \mathrm{d}x \, \mathrm{d}y = 1$，则

$$1 = \int_0^1 \mathrm{d}x \int_x^1 kx^2 y \mathrm{d}y = \int_0^1 kx^2 \left[\frac{1}{2}y^2\right]_x^1 \mathrm{d}x$$

$$= \frac{1}{2}k\int_0^1 x^2 \left[1 - x^2\right] \mathrm{d}x$$

$$= \frac{1}{2}k\left[\frac{1}{3} - \frac{1}{5}\right] = \frac{1}{15}k$$

所以$k = 15$；

(2) 事件$\{Y+X \leqslant 1\} = \{(X,Y) \in D\}$，其中$D$为直线$y=x$的上部与直线$x+y=1$下部所围的区域（图 3-4），则

$$P\{Y+X \leqslant 1\} = \int_0^{\frac{1}{2}} \mathrm{d}x \int_x^{1-x} 15x^2 y \mathrm{d}y = \frac{5}{64}$$

以上关于二维随机变量的讨论，不难推广到$n(n > 2)$维随机变量的情形。

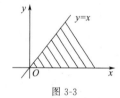

图 3-3   图 3-4

五、 两个重要的二维连续分布

如果二维随机变量(X,Y)的联合密度函数为

$$f(x,y) = \frac{1}{2\pi\sigma_1\sigma_2\sqrt{1-\rho^2}} \mathrm{e}^{-\frac{1}{2(1-\rho^2)}\left(\frac{(x-\mu_1)^2}{\sigma_1^2} - \frac{2\rho(x-\mu_1)(y-\mu_2)}{\sigma_1\sigma_2} + \frac{(y-\mu_2)^2}{\sigma_2^2}\right)}$$

其中$\mu_1, \mu_2, \sigma_1, \sigma_2, \rho$为常数，且$\sigma_1 > 0, \sigma_2 > 0, |\rho| < 1$，则称$(X,Y)$服从参数为$\mu_1, \mu_2, \sigma_1, \sigma_2, \rho$的二维正态分布，记作$(X,Y) \sim N(\mu_1, \mu_2, \sigma_1^2, \sigma_2^2, \rho)$，图 3-5 为服从二维正态分布的概率密度函数的典型图形。

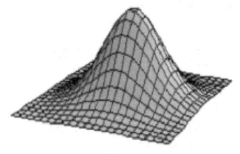

图 3-5

如果 D 为一平面上的有界区域,其面积为 S,如果二维随机变量(X,Y)的联合密度函数为

$$f(x,y)=\begin{cases} \dfrac{1}{S}, & (x,y)\in D \\ 0, & \text{其他} \end{cases}$$

则称(X,Y)在 D 上服从均匀分布,记$(X,Y)\sim U_D$。

第二节　边缘分布

上节讨论的联合分布研究的是二维随机变量(X,Y)作为一个整体的性质,若其中一个变量趋于无穷,则其极限函数恰好为一维分布函数,因此我们引入边缘分布的概念。

一、边缘分布

定义 3.6 (X,Y)的两个分量 X 与 Y 各自的分布函数分别称为二维随机变量(X,Y)关于 X 与关于 Y 的**边缘分布函数**,记为$F_X(x)$与$F_Y(y)$。

注:边缘分布函数可由联合分布函数求得。

设(X,Y)的联合分布函数为 $F(x,y)$,则关于 X 与关于 Y 的边缘分布函数$F_X(x)$,$F_Y(y)$分别为

$$F_X(x)=P\{X\leqslant x\}=P\{X\leqslant x,Y<+\infty\}=F(x,+\infty)$$
$$F_Y(y)=P\{Y\leqslant y\}=P\{X<+\infty,Y\leqslant y\}=F(+\infty,y)$$

上两式表示,只要在联合分布函数 $F(x,y)$ 中,固定 x,令 $y\to+\infty$ 就可以得到关于 X 的边缘分布函数;固定 y,令 $x\to+\infty$ 就可以得到关于 Y 的边缘分布函数。

二、离散型随机变量的边缘分布

定义 3.7 设(X,Y)为二维离散型随机变量,其分布律为

$$P\{X=x_i,Y=y_j\}=p_{ij} \quad i,j=1,2,\cdots$$

则

$$P\{X=x_i\}=\sum_{j=1}^{+\infty}P(X=x_i,Y=y_j)=\sum_{j=1}^{+\infty}p_{ij}, \quad i=1,2,\cdots$$

称为关于随机变量 X 的**边缘分布律**，记为 $p_i.$。

同理

$$P\{Y=y_j\} = \sum_{i=1}^{+\infty} P(X=x_i, Y=y_j) = \sum_{i=1}^{+\infty} p_{ij}, \quad j=1,2,\cdots$$

称为关于随机变量 Y 的**边缘分布律**，记为 $p_{\cdot j}$。

若将 X 和 Y 的联合分布律 $P\{X=x_i, Y=y_j\}=p_{ij}, i,j=1,2,\cdots$ 用表格形式表示的话，则 $p_i.$ 就是表格上第 i 行元素的和，$p_{\cdot j}$ 就是表格上第 j 列元素的和，我们分别将其记在表格的边上，这也是边缘分布名称的由来。见表 3-4。

表 3-4

X ＼ Y	y_1	y_2	$\cdots$	y_j	$\cdots$	X 的分布律
x_1	p_{11}	p_{12}	$\cdots$	p_{1j}	$\cdots$	$p_1.$
x_2	p_{21}	p_{22}	$\cdots$	p_{2j}	$\cdots$	$p_2.$
$\vdots$	$\vdots$	$\vdots$		$\vdots$		$\vdots$
x_i	p_{i1}	p_{i2}	$\cdots$	p_{ij}	$\cdots$	$p_i.$
$\vdots$	$\vdots$	$\vdots$		$\vdots$		$\vdots$
Y 的分布律	$p_{\cdot 1}$	$p_{\cdot 2}$	$\cdots$	$p_{\cdot j}$	$\cdots$	

三、 连续型随机变量的边缘分布

定义 3.8 对连续型随机变量 (X,Y)，概率密度为 $f(x,y)$，则其边缘分布函数

$$F_X(x) = P\{X \leqslant x\} = P\{X \leqslant x, y \leqslant +\infty\}$$

$$= \int_{-\infty}^{x} \int_{-\infty}^{+\infty} f(x,y)\mathrm{d}x\,\mathrm{d}y = \int_{-\infty}^{x} \left[\int_{-\infty}^{+\infty} f(x,y)\mathrm{d}y \right] \mathrm{d}x$$

上式表示 X 为连续型随机变量，其密度函数为

$$f_X(x) = \int_{-\infty}^{+\infty} f(x,y)\mathrm{d}y, x \in (-\infty, +\infty)$$

称为二维随机变量 (X,Y) 关于 X 的**边缘概率密度**；

同理 Y 为连续型随机变量，其密度函数为

$$f_Y(y) = \int_{-\infty}^{+\infty} f(x,y)\mathrm{d}x, y \in (-\infty, +\infty)$$

称为二维随机变量 (X,Y) **关于 Y 的边缘概率密度**。

边缘概率密度可由联合概率密度求得。

▶ **例 3-5** 把一枚硬币均匀抛掷三次，设 X 为三次抛掷中正面出现的次数，而 Y 为正面次数与反面次数之差的绝对值，求 (X,Y) 的概率分布及关于 X,Y 的边缘分布。

解：(X,Y) 的可能取值为 $(0,3),(1,1),(2,1),(3,3)$。

$$P(X=0,Y=3) = \left(\frac{1}{2}\right)^3 = \frac{1}{8}; P(X=1,Y=1) = C_3^1 \left(\frac{1}{2}\right)^3 = \frac{3}{8}$$

$$P(X=2,Y=1) = C_3^2 \left(\frac{1}{2}\right)^3 = \frac{3}{8}; P(X=3,Y=3) = \left(\frac{1}{2}\right)^3 = \frac{1}{8}$$

由 (X,Y) 的概率分布可得 X,Y 的边缘分布

$$P(X=0)=\frac{1}{8};P(X=1)=\frac{3}{8};P(X=2)=\frac{3}{8};P(X=3)=\frac{1}{8}$$

$$P(Y=1)=\frac{3}{8}+\frac{3}{8}=\frac{3}{4};P(Y=3)=\frac{1}{8}+\frac{1}{8}=\frac{1}{4}$$

▶ **例 3-6** 设随机变量 X 和 Y 具有联合概率密度

$$f(x,y)=\begin{cases} cy(2-x), & 0\leqslant x\leqslant 1,0\leqslant y\leqslant x \\ 0, & 其他 \end{cases}$$

求：(1)c 的值；(2) 边缘概率密度 $f_X(x)$，$f_Y(y)$。

解：(1) 由 $\int_{-\infty}^{+\infty}\int_{-\infty}^{+\infty}f(x,y)\mathrm{d}x\mathrm{d}y=1$，则

$$1=\int_0^1\mathrm{d}x\int_0^x cy(2-x)\mathrm{d}y=c\int_0^1(2-x)\left[\frac{1}{2}y^2\right]_0^x\mathrm{d}x$$

$$=\frac{1}{2}c\int_0^1(2-x)x^2\mathrm{d}x=\frac{5}{24}c$$

所以 $c=\frac{24}{5}$。

(2) 由已知条件，当 $0\leqslant x\leqslant 1$ 时，

$$f_X(x)=\int_{-\infty}^{+\infty}f(x,y)\mathrm{d}y=\int_0^x\frac{24}{5}y(2-x)\mathrm{d}y=\frac{12}{5}x^2(2-x)$$

当 $x<0$ 或 $x>1$ 时，$f_X(x)=0$，故 X 的边缘概率密度为

$$f_X(x)=\begin{cases} \frac{12}{5}x^2(2-x), & 0\leqslant x\leqslant 1 \\ 0, & 其他 \end{cases}$$

同理当 $0\leqslant y\leqslant 1$ 时，

$$f_Y(y)=\int_{-\infty}^{+\infty}f(x,y)\mathrm{d}x=\int_y^1\frac{24}{5}y(2-x)\mathrm{d}x=\frac{24}{5}y\left(\frac{3}{2}-2y+\frac{y^2}{2}\right)$$

当 $y<0$ 或 $y>1$ 时，$f_Y(y)=0$，故 Y 的边缘概率密度为

$$f_Y(y)=\begin{cases} \frac{24}{5}y\left(\frac{3}{2}-2y+\frac{y^2}{2}\right), & 0\leqslant y\leqslant 1 \\ 0, & 其他 \end{cases}$$

▶ **例 3-7** 若二维随机变量 $(X,Y)\sim N(\mu_1,\mu_2,\sigma_1^2,\sigma_2^2,\rho)$，试求二维正态随机变量的边缘概率密度。

解：$f(x,y)=\frac{1}{2\pi\sigma_1\sigma_2\sqrt{1-\rho^2}}e^{-\frac{1}{2(1-\rho^2)}\left(\frac{(x-\mu_1)^2}{\sigma_1^2}-\frac{2\rho(x-\mu_1)(y-\mu_2)}{\sigma_1\sigma_2}+\frac{(y-\mu_2)^2}{\sigma_2^2}\right)}$

由于 $\frac{(y-\mu_2)^2}{\sigma_2^2}-\frac{2\rho(x-\mu_1)(y-\mu_2)}{\sigma_1\sigma_2}=\left(\frac{y-\mu_2}{\sigma_2}-\rho\frac{x-\mu_1}{\sigma_1}\right)^2-\rho^2\frac{(x-\mu_1)^2}{\sigma_1^2}$，于是

$$f_X(x) = \int_{-\infty}^{+\infty} f(x,y)\mathrm{d}y = \frac{1}{2\pi\sigma_1\sigma_2\sqrt{1-\rho^2}} e^{-\frac{(x-\mu_1)^2}{2\sigma_1^2}} \int_{-\infty}^{+\infty} e^{-\frac{1}{2(1-\rho^2)}\left(\frac{y-\mu_2}{\sigma_2}-\rho\frac{x-\mu_1}{\sigma_1}\right)^2} \mathrm{d}y$$

令 $t = \frac{1}{\sqrt{1-\rho^2}}\left(\frac{y-\mu_2}{\sigma_2} - \rho\frac{x-\mu_1}{\sigma_1}\right)$，则有

$$f_X(x) = \frac{1}{2\pi\sigma_1} e^{-\frac{(x-\mu_1)^2}{2\sigma_1^2}} \int_{-\infty}^{+\infty} e^{-\frac{t^2}{2}} \mathrm{d}t = \frac{1}{\sqrt{2\pi}\sigma_1} e^{-\frac{(x-\mu_1)^2}{2\sigma_1^2}}$$

同理 $f_Y(y) = \frac{1}{\sqrt{2\pi}\sigma_2} e^{-\frac{(y-\mu_2)^2}{2\sigma_2^2}}$。

注：(1) (X,Y) 服从参数为 $\mu_1,\mu_2,\sigma_1,\sigma_2,\rho$ 的二维正态分布，则

$$X \sim N(\mu_1, \sigma_1^2), Y \sim N(\mu_2, \sigma_2^2)$$

即二维正态分布的两个随机变量的边缘分布都是一维正态分布，且与参数 ρ 无关。但反之不成立，即两个一维正态分布无法确定二维正态分布。

（2）联合分布可唯一确定边缘分布，但由边缘分布却不能唯一地确定联合分布，其中的关键在于两个分量 X 与 Y 之间的联系。

第三节　　条件分布 *

在第一章中，曾经出现了条件概率的概念，那是相对于随机事件而言的，本节将通过随机事件的条件概率引入随机变量的条件概率分布的概念。

一、离散型随机变量的条件分布

定义 3.9　设 (X,Y) 是二维离散型随机变量，其分布律为

$$P\{X=x_i, Y=y_j\} = p_{ij}, \quad i,j = 1,2,\cdots$$

对于固定的 j，若 $P\{Y=y_j\} > 0$，则称

$$P\{X=x_i \mid Y=y_j\} = \frac{P\{X=x_i, Y=y_j\}}{P\{Y=y_j\}} = \frac{p_{ij}}{p_{\cdot j}}, \quad i = 1,2,\cdots$$

为在 $Y=y_j$ 条件下随机变量 X 的条件分布律。

类似的，对于固定的 i，若 $P\{X=x_i\} > 0$，则称

$$P\{Y=y_j \mid X=x_i\} = \frac{P\{X=x_i, Y=y_j\}}{P\{X=x_i\}} = \frac{p_{ij}}{p_{i\cdot}}, \quad j = 1,2,\cdots$$

为在 $X=x_i$ 条件下随机变量 Y 的条件分布律。

> 例 3-8　在某汽车工厂中，一辆汽车有两道工序是由机器人完成的，其一是紧固 3 只螺栓，其二是焊接 2 处焊点。以 X 表示由机器人紧固的螺栓紧固得不良的数目，以

Y 表示由机器人焊接的不良焊点的数目。据积累的资料知(X,Y)具有分布律(表 3-5):

表 3-5

X Y	0	1	2	3
0	0.84	0.03	0.02	0.01
1	0.06	0.01	0.008	0.002
2	0.01	0.005	0.004	0.001

求:(1)在 $X=1$ 的条件下,Y 的条件分布律;(2)在 $Y=0$ 的条件下,X 的条件分布律。

解:(1)$P\{X=1\}=0.03+0.01+0.005=0.045$,于是在 $X=1$ 的条件下,随机变量 Y 的条件分布律为

$$P\{Y=0 \mid X=1\}=\frac{P\{X=1,Y=0\}}{P\{X=1\}}=\frac{0.03}{0.045}=\frac{2}{3}$$

$$P\{Y=1 \mid X=1\}=\frac{P\{X=1,Y=1\}}{P\{X=1\}}=\frac{0.01}{0.045}=\frac{2}{9}$$

$$P\{Y=2 \mid X=1\}=\frac{P\{X=1,Y=2\}}{P\{X=1\}}=\frac{0.005}{0.045}=\frac{1}{9}$$

(2)$P\{Y=0\}=0.84+0.03+0.02+0.01=0.9$,于是在 $Y=0$ 的条件下,X 的条件分布律为

$$P\{X=0 \mid Y=0\}=\frac{P\{X=0,Y=0\}}{P\{Y=0\}}=\frac{0.84}{0.9}=\frac{14}{15}$$

$$P\{X=1 \mid Y=0\}=\frac{P\{X=1,Y=0\}}{P\{Y=0\}}=\frac{0.03}{0.9}=\frac{1}{30}$$

$$P\{X=2 \mid Y=0\}=\frac{P\{X=2,Y=0\}}{P\{Y=0\}}=\frac{0.02}{0.9}=\frac{1}{45}$$

$$P\{X=3 \mid Y=0\}=\frac{P\{X=3,Y=0\}}{P\{Y=0\}}=\frac{0.01}{0.9}=\frac{1}{90}$$

二、 连续型随机变量的条件分布

定义 3.10 设二维连续型随机变量(X,Y)的概率密度为 $f(x,y)$,则其边缘密度函数为$f_X(x)$,$f_Y(y)$,对于任意 y,若$f_Y(y)>0$,则称

$$f_{X|Y}(x \mid y)=\frac{f(x,y)}{f_Y(y)}$$

为在 $Y=y$ 条件下 X 的条件概率密度。

对于任意 x,若$f_X(x)>0$,则称

$$f_{Y|X}(y \mid x)=\frac{f(x,y)}{f_X(x)}$$

为在 $X=x$ 条件下 Y 的条件概率密度。

说明:设(X,Y)的概率密度为 $f(x,y)$,关于 Y 的边缘概率密度为$f_Y(y)$,y 是给定的

实数,如果对于任意给定的正数 ε,设 $P\{y < Y \leqslant y+\varepsilon\} > 0$,对于任意 x,则

$$P\{X \leqslant x \mid y < Y \leqslant y+\varepsilon\} = \frac{P\{X \leqslant x, y < Y \leqslant y+\varepsilon\}}{P\{y < Y \leqslant y+\varepsilon\}}$$

$$= \frac{\int_{-\infty}^{x}\left[\int_{y}^{y+\varepsilon} f(x,y)\mathrm{d}y\right]\mathrm{d}x}{\int_{y}^{y+\varepsilon} f_Y(y)\mathrm{d}y}$$

在某些条件下,当 ε 很小时,上式右端分子、分母分别近似于 $\varepsilon\int_{-\infty}^{x} f(x,y)\mathrm{d}x$ 和 $\varepsilon f_Y(y)$,于是当 ε 很小时,有

$$P\{X \leqslant x \mid y < Y \leqslant y+\varepsilon\} \approx \frac{\varepsilon\int_{-\infty}^{x} f(x,y)\mathrm{d}x}{\varepsilon f_Y(y)}$$

$$= \frac{\int_{-\infty}^{x} f(x,y)\mathrm{d}x}{f_Y(y)} = \int_{-\infty}^{x} \frac{f(x,y)}{f_Y(y)}\mathrm{d}x$$

故 $f_{X|Y}(x \mid y) = \dfrac{f(x,y)}{f_Y(y)}$。

注:不管是离散型还是连续型随机变量,条件分布也是一种概率分布,它具有概率分布的一切性质。

▶ **例 3-9** 设二维随机变量 (X,Y) 在圆域 $x^2+y^2 \leqslant 1$ 上服从均匀分布,求:(1) 关于 X 与 Y 的边缘密度函数;(2) 条件概率密度 $f_{X|Y}(x \mid y)$。

解:(1) 依题设,概率密度函数为 $f(x,y) = \begin{cases} \dfrac{1}{\pi}, & x^2+y^2 \leqslant 1, \\ 0, & \text{其他} \end{cases}$

当 $x \leqslant -1$ 或 $x \geqslant 1$ 时,由于 $f(x,y)=0$,则 $f_X(x)=0$,

当 $-1 < x < 1$ 时,

$$f_X(x) = \int_{-\infty}^{+\infty} f(x,y)\mathrm{d}y = \int_{-\sqrt{1-x^2}}^{\sqrt{1-x^2}} \frac{1}{\pi}\mathrm{d}y = \frac{2}{\pi}\sqrt{1-x^2}$$

故 X 的边缘概率密度为

$$f_X(x) = \begin{cases} \dfrac{2}{\pi}\sqrt{1-x^2}, & -1 < x < 1 \\ 0, & \text{其他} \end{cases}$$

同理,由 X 和 Y 的对称性,Y 的边缘概率密度为

$$f_Y(y) = \begin{cases} \dfrac{2}{\pi}\sqrt{1-y^2}, & -1 < y < 1 \\ 0, & \text{其他} \end{cases}$$

(2) 当 $-1 < y < 1$ 时,$f_Y(y) > 0$,所以在条件 $Y=y$ 下 X 的条件概率密度为

$$f_{X|Y}(x \mid y) = \frac{f(x,y)}{f_Y(y)} = \begin{cases} \dfrac{1}{2\sqrt{1-y^2}}, & -\sqrt{1-y^2} \leqslant x \leqslant \sqrt{1-y^2} \\ 0, & \text{其他} \end{cases}$$

> **例 3-10** 设二维随机向量 (X,Y) 的联合概率密度为

$$f(x,y) = \begin{cases} 1, & 0 \leqslant x \leqslant 1, |y| < x \\ 0, & \text{其他} \end{cases}$$

求条件概率密度 $f_{X|Y}(x \mid y)$ 和 $f_{Y|X}(y \mid x)$。

解：首先求边缘密度函数，当 $x \leqslant 0$ 或 $x \geqslant 1$ 时，由于 $f(x,y) = 0$，则 $f_X(x) = 0$，

当 $0 < x < 1$ 时，

$$f_X(x) = \int_{-\infty}^{+\infty} f(x,y)\mathrm{d}y = \int_{-x}^{x} \mathrm{d}y = 2x$$

故 X 的边缘概率密度为 $f_X(x) = \begin{cases} 2x, & 0 \leqslant x \leqslant 1 \\ 0, & \text{其他} \end{cases}$

同理当 $y \leqslant -1$ 或 $y \geqslant 1$ 时，$f_Y(y) = 0$，

当 $0 < y < 1$ 时，

$$f_Y(y) = \int_{-\infty}^{+\infty} f(x,y)\mathrm{d}x = \int_{y}^{1} \mathrm{d}x = 1 - y$$

当 $-1 < y \leqslant 0$ 时，

$$f_Y(y) = \int_{-\infty}^{+\infty} f(x,y)\mathrm{d}x = \int_{-y}^{1} \mathrm{d}x = 1 + y$$

故 Y 的边缘概率密度为 $f_Y(y) = \begin{cases} 1-y, & 0 < y < 1 \\ 1+y, & -1 < y \leqslant 0 \\ 0, & \text{其他} \end{cases}$

因此，当 $0 \leqslant y < 1$ 或 $-1 < y \leqslant 0$ 时，$f_Y(y) > 0$，所以

$$f_{X|Y}(x \mid y) = \frac{f(x,y)}{f_Y(y)} = \begin{cases} \dfrac{1}{1-y}, & 0 \leqslant y < 1 \\ \dfrac{1}{1+y}, & -1 < y \leqslant 0 \\ 0, & \text{其他} \end{cases}$$

当 $0 < x < 1$ 时，$f_X(x) > 0$，所以，

$$f_{Y|X}(y \mid x) = \frac{f(x,y)}{f_X(x)} = \begin{cases} \dfrac{1}{2x}, & 0 < x \leqslant 1 \\ 0, & \text{其他} \end{cases}$$

第四节 相互独立的随机变量

随机变量的独立性是一个非常重要的概念，我们利用事件相互独立的概念引出随机变量独立性的概念。

一、随机变量的独立性

定义 3.11 设 $F(x,y)$ 是二维随机变量 (X,Y) 的分布函数，$F_X(x)$，$F_Y(y)$ 分别为

关于 X 与 Y 的边缘分布函数,若对任意实数 x,y,均有

$$P\{X \leqslant x, Y \leqslant y\} = P\{X \leqslant x\}P\{Y \leqslant y\},$$

即

$$F(x,y) = F_X(x)F_Y(y)$$

则称随机变量 X 与 Y 是**相互独立的**。

注:(1) 当 X 与 Y 相互独立时,(X,Y) 的联合分布可由它的两个边缘分布完全确定;

(2) 两个随机变量的独立性的概念和性质可推广到 n 个变量的情形;

(3) 随机变量 X 与 Y 相互独立,即当且仅当对任意实数 x,y,事件 $\{X \leqslant x\}$ 与事件 $\{Y \leqslant y\}$ 相互独立。

二、 离散型随机变量的独立性

当 (X,Y) 是二维离散型随机变量时,X 和 Y 相互独立的充要条件是对于 (X,Y) 的所有可能取的值 (x_i,y_j),有 $P\{X = x_i, Y = y_j\} = P\{X = x_i\} \cdot P\{Y = y_j\}$。

例 3-11 (X,Y) 的分布律见表 3-6。

表 3-6

X \ Y	-1	0	1
-1	$\frac{1}{6}$	$\frac{1}{12}$	$\frac{1}{6}$
1	$\frac{1}{8}$	$\frac{1}{3}$	$\frac{1}{8}$

判断 X 与 Y 是否相互独立?

解: $P\{X=-1\} = \frac{1}{6} + \frac{1}{8} = \frac{7}{24}, P\{X=0\} = \frac{1}{12} + \frac{1}{3} = \frac{5}{12}, P\{X=1\} = \frac{1}{6} + \frac{1}{8} = \frac{7}{24}$;

$$P\{Y=-1\} = \frac{1}{6} + \frac{1}{12} + \frac{1}{6} = \frac{5}{12}, P\{Y=1\} = \frac{1}{8} + \frac{1}{3} + \frac{1}{8} = \frac{7}{12}$$

因为 $P\{X=-1\}P\{Y=-1\} = \frac{7}{24} \cdot \frac{5}{12} \neq P\{X=-1,Y=-1\} = \frac{1}{6}$,所以 X 与 Y 不相互独立。

三、 连续型随机变量的独立性

当 (X,Y) 是二维连续型随机变量时,若 $f(x,y), f_X(x), f_Y(y)$ 分别是 (X,Y) 的概率密度和边缘概率密度,则 X 和 Y 相互独立的充要条件是 $f(x,y) = f_X(x)f_Y(y)$ 在平面上几乎处处成立。

"几乎处处成立"的含义是:在平面上除去"面积为零"的集合外,处处成立。

例 3-12 设二维随机变量 (X,Y) 具有概率密度

$$f(x,y) = \begin{cases} a\mathrm{e}^{-(3x+y)}, & x > 0, y > 0 \\ 0, & \text{其他} \end{cases},$$

求:(1) a 的值;(2) 边缘概率密度 $f_X(x), f_Y(y)$;(3) 判断 X, Y 是否独立?

解:(1) $\int_{-\infty}^{+\infty}\int_{-\infty}^{+\infty} f(x,y)\mathrm{d}x\mathrm{d}y = 1 \Rightarrow \int_0^{+\infty}\int_0^{+\infty} a\mathrm{e}^{-(3x+y)}\mathrm{d}x\mathrm{d}y = 1 \Rightarrow a = 3$

(2) X 的边缘概率密度

$$f_X(x) = \int_{-\infty}^{+\infty} f(x,y)\mathrm{d}y = \begin{cases} \int_0^{+\infty} 3\mathrm{e}^{-(3x+y)}\mathrm{d}y, & x > 0 \\ 0, & x \leqslant 0 \end{cases} = \begin{cases} 3\mathrm{e}^{-3x}, & x > 0 \\ 0, & x \leqslant 0 \end{cases}$$

Y 的边缘概率密度

$$f_Y(y) = \int_{-\infty}^{+\infty} f(x,y)\mathrm{d}y = \begin{cases} \mathrm{e}^{-y}, & y > 0 \\ 0, & y \leqslant 0 \end{cases}$$

(3) 因为 $f(x,y) = f_X(x)f_Y(y)$,所以 X,Y 相互独立。

▶ **例 3-13** 设二维随机变量 (X,Y) 的概率密度为 $f(x,y) = \begin{cases} \mathrm{e}^{-x}, & 0 < y < x \\ 0, & \text{其他} \end{cases}$,

(1) 求 X,Y 的边缘概率密度;(2) 判断 X,Y 是否相互独立?

解:(1) 先求边缘密度函数

$$f_X(x) = \int_{-\infty}^{+\infty} f(x,y)\mathrm{d}y = \begin{cases} \int_0^x \mathrm{e}^{-x}\mathrm{d}y, & x > 0 \\ 0, & \text{其他} \end{cases} = \begin{cases} x\mathrm{e}^{-x}, & x > 0 \\ 0, & \text{其他} \end{cases}$$

$$f_Y(y) = \int_{-\infty}^{+\infty} f(x,y)\mathrm{d}x = \begin{cases} \int_y^{+\infty} \mathrm{e}^{-x}\mathrm{d}x, & y > 0 \\ 0, & \text{其他} \end{cases} = \begin{cases} \mathrm{e}^{-y}, & y > 0 \\ 0, & \text{其他} \end{cases}$$

(2) 因为当 $0 < y < x$ 时,$f(x,y) \neq f_X(x)f_Y(y)$,所以 X,Y 不相互独立。

定理 3.1 若 (X,Y) 服从二元正态分布,即 $(X,Y) \sim N(\mu_1,\mu_2,\sigma_1^2,\sigma_2^2,\rho)$,则 X 和 Y 相互独立的充要条件是 $\rho = 0$。

证明:

$$f(x,y) = \frac{1}{2\pi\sigma_1\sigma_2\sqrt{1-\rho^2}}\exp\left\{-\frac{1}{2(1-\rho^2)}\left[\frac{(x-\mu_1)^2}{\sigma_1^2} - \frac{2\rho(x-\mu_1)(y-\mu_2)}{\sigma_1\sigma_2} + \frac{(y-\mu_2)^2}{\sigma_2^2}\right]\right\}$$

充分性:若 $\rho = 0$,则

$$f(x,y) = \frac{1}{2\pi\sigma_1\sigma_2}\exp\left\{-\frac{1}{2}\left[\frac{(x-\mu_1)^2}{\sigma_1^2} + \frac{(y-\mu_2)^2}{\sigma_2^2}\right]\right\}$$

$$= \frac{1}{\sqrt{2\pi}\sigma_1}\mathrm{e}^{-\frac{(x-\mu_1)^2}{2\sigma_1^2}} \cdot \frac{1}{\sqrt{2\pi}\sigma_2}\mathrm{e}^{-\frac{(y-\mu_2)^2}{2\sigma_2^2}} = f_X(x)f_Y(y),$$

从而 X 和 Y 相互独立。

必要性:若 X 和 Y 相互独立,则对任意的 x,y 有 $f(x,y) = f_X(x)f_Y(y)$,令 $x = \mu_1$,$y = \mu_2$,则有 $\frac{1}{2\pi\sigma_1\sigma_2\sqrt{1-\rho^2}} = \frac{1}{\sqrt{2\pi}\sigma_1} \cdot \frac{1}{\sqrt{2\pi}\sigma_2}$,从而 $\sqrt{1-\rho^2} = 1$,即 $\rho = 0$。

注:(1) 如果随机变量 X 与 Y 相互独立,f,g 是连续函数,则 $f(X)$ 与 $g(Y)$ 也相互独立。例如,X 与 Y 相互独立,则 $2X+1$ 与 Y^2 也相互独立,$\sqrt{X}$ 与 Y 也相互独立。

(2) 更一般的,设 $(X_1,X_2,\cdots,X_m)$ 和 $(Y_1,Y_2,\cdots,Y_n)$ 相互独立,则 $X_i(i=1,2,\cdots,m)$ 和 $Y_j(j=1,2,\cdots,n)$ 相互独立。若 f,g 是连续函数,则 $f(X_1,X_2,\cdots,X_m)$ 和 $g(Y_1,Y_2,\cdots,Y_n)$ 相互独立。

第五节　两个随机变量函数的分布

上一章中,曾经讨论了单个随机变量函数的分布,在实际问题中,往往需要讨论两个或两个以上随机变量函数的分布,本节给出几个较为重要的随机变量函数的分布,例如,和的分布、最大值及最小值的分布等,并由此可得出求函数分布的一般方法,因将两个随机变量函数的分布的问题推广到 n 个随机变量函数的分布的问题只是表述和计算的复杂程度提高,并无本质的差异,因此,我们只讨论两个随机变量函数的分布的问题。

一、离散型随机变量的函数分布

设 (X,Y) 是二维离散型随机变量,$g(x,y)$ 为二元函数,$P\{X=x_i,Y=y_j\}=p_{ij}$,随机变量 $Z=g(X,Y)$ 的所有可能取值为 z_k,

$$P\{Z=z_k\}=P\{g(X,Y)=z_k\}=\sum_{g(x_i,y_j)=z_k}P\{X=x_i,Y=y_j\}=\sum_{g(x_i,y_j)=z_k}p_{ij}$$

例 3-14 设随机变量 X 与 Y 相互独立同分布,且均服从

$$P\{X=0\}=P\{X=1\}=P\{Y=0\}=P\{Y=1\}=\frac{1}{2}$$

求:(1)(X,Y) 的联合分布;(2)$Z=\max(X,Y)$ 的概率分布;

(3)$Z=X+Y$ 的概率分布;(4)$Z=XY$ 的概率分布。

解:(1) 由于 X 与 Y 相互独立,则

$$P\{X=0,Y=0\}=P\{X=1,Y=0\}=P\{X=0,Y=1\}=P\{X=1,Y=1\}=\frac{1}{4}$$

由 (X,Y) 的概率分布可得表 3-7。

表 3-7

p_{ij}	$\frac{1}{4}$	$\frac{1}{4}$	$\frac{1}{4}$	$\frac{1}{4}$
(X,Y)	$(0,0)$	$(0,1)$	$(1,0)$	$(1,1)$
$\max(X,Y)$	0	1	1	1
$X+Y$	0	1	1	2
XY	0	0	0	1

(2)$Z=\max(X,Y)$ 的概率分布见表 3-8。

表 3-8

$Z=\max(X,Y)$	0	1
P_k	$\frac{1}{4}$	$\frac{3}{4}$

(3)$Z = X + Y$ 的概率分布见表 3-9。

表 3-9

$Z = X + Y$	0	1	2
P_k	$\dfrac{1}{4}$	$\dfrac{1}{2}$	$\dfrac{1}{4}$

(4)$Z = XY$ 的概率分布见表 3-10。

表 3-10

$Z = XY$	0	1
P_k	$\dfrac{3}{4}$	$\dfrac{1}{4}$

二、连续型随机变量的函数分布

设 (X, Y) 是二维随机变量,其概率密度为 $f(x, y)$,令 $g(x, y)$ 为二元函数,则随机变量 $Z = g(X, Y)$ 的求法与一元随机变量函数分布的方法相类似:

(1) 先求分布函数

$$F_Z(z) = P\{Z \leqslant z\} = P\{g(X, Y) \leqslant z\} = P\{(X, Y) \in D_z\} = \iint\limits_{D_z} f(x, y)\mathrm{d}x\,\mathrm{d}y$$

其中 $D_z = \{(x, y) \mid g(x, y) \leqslant z\}$。

(2) 求其概率密度函数 $f_Z(z)$,对几乎所有的 z,有

$$f_Z(z) = F'_Z(z)$$

求随机变量 (X, Y) 的函数 $Z = g(X, Y)$ 的分布时,关键是设法将其转化为 (X, Y) 在一定范围内取值的形式,利用 (X, Y) 的分布求出 $F_Z(z)$。实际计算中,要真的把分布函数 $F_Z(z)$ 的解析表达式求出来,却往往并不容易,原因在于 D 的形式往往很复杂,下面仅讨论几种重要的特殊形式

1. $Z = X + Y$ 的分布

若二维随机变量 (X, Y) 的概率密度为 $f(x, y)$,则 $Z = X + Y$ 的概率密度

$$f_Z(z) = \int_{-\infty}^{+\infty} f(z - y, y)\mathrm{d}y = \int_{-\infty}^{+\infty} f(x, z - x)\mathrm{d}x$$

特别地,当 X 和 Y 相互独立时,(X, Y) 关于 X, Y 的边缘概率密度分别为 $f_X(x), f_Y(y)$,则

$$f_Z(z) = \int_{-\infty}^{+\infty} f_X(z - y)f_Y(y)\mathrm{d}y = \int_{-\infty}^{+\infty} f_X(x)f_Y(z - x)\mathrm{d}x \quad \text{(卷积公式)}$$

证明: 由于

$$F_Z(z) = P\{Z \leqslant z\} = P\{X + Y \leqslant z\} = \iint\limits_{x+y \leqslant z} f(x, y)\mathrm{d}x\,\mathrm{d}y$$

$$= \int_{-\infty}^{+\infty} \left[\int_{-\infty}^{z-y} f(x, y)\mathrm{d}x \right] \mathrm{d}y$$

令 $x = u - y$,得 $\displaystyle\int_{-\infty}^{z-y} f(x, y)\mathrm{d}x = \int_{-\infty}^{z} f(u - y, y)\mathrm{d}u$,于是

$$F_Z(z) = \int_{-\infty}^{+\infty} \left[\int_{-\infty}^{z} f(u-y,y) du \right] dy = \int_{-\infty}^{z} \left[\int_{-\infty}^{+\infty} f(u-y,y) dy \right] du$$

因此，$f_Z(z) = \int_{-\infty}^{+\infty} f(z-y,y) dy$。同理，$f_Z(z) = \int_{-\infty}^{+\infty} f(x,z-x) dx$。

当 X 和 Y 相互独立时，由于 $f(x,y) = f_X(x) f_Y(y)$，故

$$f_Z(z) = \int_{-\infty}^{+\infty} f_X(z-y) f_Y(y) dy = \int_{-\infty}^{+\infty} f_X(x) f_Y(z-x) dx$$

▶ 例 3-15　设 X,Y 相互独立，且 $X \sim N(0,1)$，$Y \sim N(0,1)$，证明 $X+Y \sim N(0,2)$。

证明：$X \sim N(0,1)$，$Y \sim N(0,1)$，则 $f_X(x) = \dfrac{1}{\sqrt{2\pi}} e^{-\frac{x^2}{2}}$，$f_Y(y) = \dfrac{1}{\sqrt{2\pi}} e^{-\frac{y^2}{2}}$，又 X,Y 相互独立，设 $Z = X+Y$，

$$f_Z(z) = \int_{-\infty}^{+\infty} f_X(x) f_Y(z-x) dx = \frac{1}{2\pi} \int_{-\infty}^{+\infty} e^{-\frac{x^2}{2}} e^{-\frac{(z-x)^2}{2}} dx = \frac{1}{2\pi} e^{-\frac{z^2}{4}} \int_{-\infty}^{+\infty} e^{-\left(x-\frac{z}{2}\right)^2} dx$$

令 $t = x - \dfrac{z}{2} \Rightarrow f_Z(z) = \dfrac{1}{2\pi} e^{-\frac{z^2}{4}} \int_{-\infty}^{+\infty} e^{-t^2} dt = \dfrac{1}{2\pi} e^{-\frac{z^2}{4}} \sqrt{\pi} = \dfrac{1}{2\sqrt{\pi}} e^{-\frac{z^2}{4}} \Rightarrow Z \sim N(0,2)$，

即 $X+Y \sim N(0,2)$。

注：(1) 设 X,Y 相互独立，且 $X \sim N(\mu_1,\sigma_1^2)$，$Y \sim N(\mu_2,\sigma_2^2)$，则 $X+Y \sim N(\mu_1 + \mu_2,\sigma_1^2 + \sigma_2^2)$。

(2) 若 $X \sim N(\mu_1,\sigma_1^2)$，$Y \sim N(\mu_2,\sigma_2^2)$，且 X 与 Y 相互独立，则 $aX + bY \sim N(a\mu_1 + b\mu_2, a^2\sigma_1^2 + b^2\sigma_2^2)$。

更一般地，有限个相互独立的正态随机变量的线性组合仍然服从正态分布。例如，若 $X \sim N(1,2)$，$Y \sim N(0,3)$，$Z \sim N(2,1)$，且 X,Y,Z 相互独立，则 $2X + 3Y - Z \sim N(0,36)$。

2. $Z = \max\{X,Y\}$ 及 $Z = \min\{X,Y\}$ 的分布

若 X,Y 是两个相互独立的随机变量，它们的分布函数分别为 $F_X(x)$ 和 $F_Y(y)$。如果 $Z = \max\{X,Y\}$，则

$$F_Z(z) = P\{Z \leqslant z\} = P\{X \leqslant z, Y \leqslant z\} = P\{X \leqslant z\} P\{Y \leqslant z\} = F_X(z) F_Y(z)$$

如果 $Z = \min\{X,Y\}$，则

$$F_Z(z) = P\{Z \leqslant z\} = 1 - P\{Z > z\} = 1 - P\{X > z, Y > z\}$$
$$= 1 - P\{X > z\} P\{Y > z\} = 1 - [1 - F_X(z)][1 - F_Y(z)]$$

上述结果可推广到 n 个相互独立的随机变量的情形。

▶ 例 3-16　设系统 L 由两个相互独立的子系统 L_1,L_2 连接而成，连接的方式分别为（ⅰ）串联，（ⅱ）并联，（ⅲ）备用（当系统 L_1 损坏时，系统 L_2 开始工作），设 L_1,L_2 的寿命分别为 X,Y，已知它们的概率密度分别为

$$f_X(x) = \begin{cases} \alpha e^{-\alpha x}, & x > 0 \\ 0, & x \leqslant 0 \end{cases}, \quad f_Y(y) = \begin{cases} \beta e^{-\beta y}, & y > 0 \\ 0, & y \leqslant 0 \end{cases},$$

其中 $\alpha > 0$，$\beta > 0$ 且 $\alpha \neq \beta$，试分别就以上三种连接方式写出 L 的寿命 Z 的概率密度。

解：由已知条件，X,Y 的分布函数为

$$F_X(x) = \begin{cases} 1-e^{\alpha x}, & x > 0 \\ 0, & x \leqslant 0 \end{cases}, F_Y(y) = \begin{cases} 1-e^{\beta y}, & y > 0 \\ 0, & y \leqslant 0 \end{cases}$$

（ⅰ）串联：当 L_1,L_2 有一个损坏时，系统停止工作，所以 L 的寿命 $Z=\min\{X,Y\}$，

$$F_Z(z) = 1 - [1-F_X(z)][1-F_Y(z)] = \begin{cases} 1-e^{-(\alpha+\beta)z}, & z > 0 \\ 0, & z \leqslant 0 \end{cases}$$

Z 的概率密度为 $f_Z(z) = \begin{cases} (\alpha+\beta)e^{-(\alpha+\beta)z}, & z > 0 \\ 0, & z \leqslant 0 \end{cases}$。

（ⅱ）并联：当 L_1,L_2 全都损坏时，系统停止工作，所以 L 的寿命 $Z=\max\{X,Y\}$，

$$F_Z(z) = F_X(z)F_Y(z) = \begin{cases} (1-e^{-\alpha z})(1-e^{\beta z}), & z > 0 \\ 0, & z \leqslant 0 \end{cases}$$

Z 的概率密度为 $f_Z(z) = \begin{cases} \alpha e^{-\alpha z} + \beta e^{-\beta z} - (\alpha+\beta)e^{-(\alpha+\beta)z}, & y > 0 \\ 0, & y \leqslant 0 \end{cases}$。

（ⅲ）当系统 L_1 损坏时，系统 L_2 开始工作，因此整个系统 L 的寿命 $Z=X+Y$，

$$f_Z(z) = \int_{-\infty}^{+\infty} f(x,z-x)\mathrm{d}x = \begin{cases} \int_0^z \alpha e^{-\alpha x}\beta e^{-(z-x)}\mathrm{d}x, & z > 0 \\ 0, & z \leqslant 0 \end{cases} = \begin{cases} \dfrac{\alpha\beta}{\alpha-\beta}(e^{-\beta z} - e^{-\alpha z}), & z > 0 \\ 0, & z \leqslant 0 \end{cases}$$

练习题

1. 设有一个装有 4 个红球、1 个白球的袋子，现每次从中随机抽取一个，取后不放回，连续抽取两次，令：

$$X = \begin{cases} 1, & \text{若第 1 次取到红球} \\ 0, & \text{若第 1 次取到白球} \end{cases}, Y = \begin{cases} 1, & \text{若第 2 次取到红球} \\ 0, & \text{若第 2 次取到白球} \end{cases}$$

试求：(1) (X,Y) 的联合分布律；(2) $P(X \geqslant Y)$。

2. 设二维随机变量 (X,Y) 的联合分布函数为

$$F(x,y) = A\left(B + \arctan\frac{x}{2}\right)\left(C + \arctan\frac{y}{3}\right)$$

试求：(1) 常数 A,B,C；(2) $P\{X \leqslant 2, Y \leqslant 3\}$；(3) $P\{X > 2, Y > 3\}$。

3. 设随机变量 (X,Y) 的概率密度为

$$f(x,y) = \begin{cases} k(6-x-y), & 0 < x < 2, 2 < y < 4 \\ 0, & \text{其他} \end{cases}$$

试求：(1) 常数 k；(2) $P\{X < 1, Y < 3\}$；(3) $P\{X+Y \leqslant 4\}$。

4. 设随机变量 $X \sim \begin{pmatrix} -1 & 0 & 1 \\ \dfrac{1}{3} & \dfrac{1}{3} & \dfrac{1}{3} \end{pmatrix}$，$Y \sim \begin{pmatrix} 0 & 1 \\ \dfrac{1}{3} & \dfrac{2}{3} \end{pmatrix}$，且满足 $P\{X^2=Y^2\}=1$，求：(1) X 与 Y 的联合分布律；(2) $P\{X+Y=0\}$。

5. 设随机变量 (X,Y) 的概率密度为 $f(x,y) = \begin{cases} kxy, & 0 < y < x < 1 \\ 0, & \text{其他} \end{cases}$，试求：

(1)常数 k;(2)X 的边缘概率密度;(3)Y 的边缘概率密度;(4)$P\{X+Y\leqslant1\}$。

6*.设 (X,Y) 的分布律为

Y \ X	−1	0	1
−1	$\dfrac{1}{6}$	$\dfrac{1}{12}$	$\dfrac{1}{6}$
1	$\dfrac{1}{8}$	$\dfrac{1}{3}$	$\dfrac{1}{8}$

试求在 $Y=-1$ 下 X 的条件分布律。

7*.设数 X 在区间 $(0,1)$ 上随机地取值,当观察到 $X=x(0<x<1)$ 时,数 Y 在区间 $(x,1)$ 上随机地取值,求 Y 的密度函数 $f_Y(y)$。

8*.设 (X,Y) 是二维随机变量,X 的边缘概率密度为 $f_X(x)=\begin{cases}3x^2, & 0<x<1 \\ 0, & 其他\end{cases}$,在

给定 $X=x(0<x<1)$ 的条件下,Y 的条件概率密度 $f_{Y|X}(y\mid x)=\begin{cases}\dfrac{3y^2}{x^3}, & 0<y<x \\ 0, & 其他\end{cases}$。

(1)求 (X,Y) 的概率密度 $f(x,y)$;(2)求 Y 的边缘概率密度 $f_Y(y)$;(3)求 $P(X>2Y)$。

9.甲乙两人独立地各进行两次射击,假设甲的命中率为 0.2,乙的命中率为 0.5。以 X 和 Y 分别表示甲和乙的命中次数,试求 X 和 Y 的联合概率分布。

10.设离散随机变量 (X,Y) 的分布列为

Y \ X	1	2	3
1	$\dfrac{1}{6}$	$\dfrac{1}{18}$	$\dfrac{1}{9}$
2	$\dfrac{1}{3}$	β	α

又设 X,Y 相互独立,求 α,β 的值。

11.设随机变量 (X,Y) 的概率密度为 $f(x,y)=\begin{cases}kx^2\mathrm{e}^{-y}, & -1<x<1,y>0 \\ 0, & 其他\end{cases}$,试求:(1)常数 k;(2)X 和 Y 的边缘概率密度 $f_X(x),f_Y(y)$;(3)判断 X 与 Y 是否相互独立。

12.设随机变量 X 与 Y 相互独立,X 在区域 $0<x<1$ 上服从均匀分布,Y 的概率密度为

$$f_Y(y)=\begin{cases}\dfrac{1}{2}\mathrm{e}^{\frac{-y}{2}}, & y>0 \\ 0, & 其他\end{cases}$$

(1)求 X 和 Y 的联合概率密度;(2)设含有 a 的二次方程为 $a^2+2Xa+YX=0$,求 a 有实根的概率。

13.设 X 和 Y 为两个随机变量,且 $P\{X\geqslant0,Y\geqslant0\}=\dfrac{3}{7}$,$P\{X\geqslant0\}=P\{Y\geqslant0\}=$

$\dfrac{4}{7}$，求 $P\{\max(X,Y)\geqslant 0\}$，$P\{\min(X,Y)<0\}$。

14. 设随机变量 X 和 Y 相互独立，且 X 和 Y 的分布律分别为

X	0	1	2	3
P	$\dfrac{1}{2}$	$\dfrac{1}{4}$	$\dfrac{1}{8}$	$\dfrac{1}{8}$

Y	-1	0	1
P	$\dfrac{1}{3}$	$\dfrac{1}{3}$	$\dfrac{1}{3}$

试求：(1) X 和 Y 的联合分布律；(2) $Z=\max(X,Y)$ 的概率分布；(3) $Z=X+Y$ 的概率分布。

15. 设随机变量 X 和 Y 相互独立，且它们的概率密度分别为

$$f_X(x)=\begin{cases}1, & 0\leqslant x\leqslant 1\\0, & 其他\end{cases},\ f_Y(y)=\begin{cases}e^{-y}, & y>0\\0, & 其他\end{cases}$$

试求 $Z=X+Y$ 的概率密度函数 $f_Z(z)$。

16. 设二维随机变量 (X,Y) 的概率密度为 $f(x,y)=\begin{cases}1, & 0<x<1,0<y<1\\0, & 其他\end{cases}$，求 $Z=X+Y$ 的概率密度函数。

17. 随机变量 X 与 Y 相互独立，且 $X\sim N(1,2)$，$Y\sim N(0,1)$，试求 $Z=2X-Y+3$ 的概率分布。

18. 随机变量 $X\sim N(0,1)$，$Y\sim N(0,1)$，且 X 与 Y 相互独立，试求 $Z=\sqrt{X^2+Y^2}$ 的概率密度函数。

第四章

随机变量的数字特征

随机变量的
数字特征

前面讨论了随机变量的分布函数,我们知道分布函数全面地描述了随机变量的统计特性。但是在实际问题中,一方面由于求分布函数并非易事;另一方面,往往不需要去全面考察随机变量的变化情况而只需知道随机变量的某些特征就够了。

例如,在评价某地区粮食产量的水平时,通常只要知道该地区粮食的平均产量。

又如,在评价一批棉花的质量时,既要注意纤维的平均长度,又要注意纤维长度与平均长度之间的偏离程度,平均长度较大,偏离程度小,则质量就较好,等等。

这样的平均值及表示分散程度的数字虽然不能完整地描述随机变量,但能更突出地描述随机变量在某些方面的重要特征,我们称它们为随机变量的数字特征。本章将介绍随机变量的常用数字特征:数学期望、方差、相关系数和矩。

第一节 数学期望

一、数学期望的定义

粗略地说,数学期望就是随机变量的平均值。在给出数学期望的概念之前,先看一个例子。

要评判一个射手的射击水平,需要知道射手平均命中环数。设射手 A 在同样条件下进行射击,命中的环数 X 是一随机变量,其分布律见表 4-1。

表 4-1

X	10	9	8	7	6	5	0
P	0.1	0.1	0.2	0.3	0.1	0.1	0.1

由 X 的分布律可知,若射手 A 共射击 N 次,根据频率的稳定性,在 N 次射击中,大约有 $0.1 \times N$ 次击中10环,$0.1 \times N$ 次击中9环,$0.2 \times N$ 次击中8环,$0.3 \times N$ 次击中7环,$0.1 \times N$ 次击中6环,$0.1 \times N$ 次击中5环,$0.1 \times N$ 次脱靶。于是在 N 次射击中,射手 A 击中的环数之和约为

$$10 \times 0.1N + 9 \times 0.1N + 8 \times 0.2N + 7 \times 0.3N + 6 \times 0.1N + 5 \times 0.1N + 0 \times 0.1N$$

平均每次击中的平均环数为

$$\frac{1}{N}(10 \times 0.1N + 9 \times 0.1N + 8 \times 0.2N + 7 \times 0.3N + 6 \times 0.1N + 5 \times 0.1N + 0 \times 0.1N)$$

$$= 10 \times 0.1 + 9 \times 0.1 + 8 \times 0.2 + 7 \times 0.3 + 6 \times 0.1 + 5 \times 0.1 + 0 \times 0.1$$

$$= 6.7$$

由这样一个问题的启发,得到一般随机变量的"平均数",应是随机变量所有可能取值与其相应的概率乘积之和,也就是以概率为权数的加权平均值,这就是所谓的"数学期望的概念"。一般地,有如下定义:

定义 4.1 设离散型随机变量 X 的分布律为

$$P\{X = x_k\} = p_k, \quad k = 1, 2, \cdots$$

若级数 $\sum_{k=1}^{\infty} x_k p_k$ 绝对收敛,则称级数 $\sum_{k=1}^{\infty} x_k p_k$ 为随机变量 X 的**数学期望**(Mathematical expectation),记为 $E(X)$。即

$$E(X) = \sum_{k=1}^{\infty} x_k p_k \tag{4.1}$$

若级数 $\sum_{k=1}^{\infty} |x_k p_k|$ 发散,则称随机变量 X 的数学期望不存在。

定义 4.2 设连续型随机变量 X 的概率密度为 $f(x)$,若积分 $\int_{-\infty}^{+\infty} x f(x) \mathrm{d}x$ 绝对收敛,则称积分 $\int_{-\infty}^{+\infty} x f(x) \mathrm{d}x$ 的值为随机变量 X 的**数学期望**,记为 $E(X)$。即

$$E(X) = \int_{-\infty}^{+\infty} x f(x) \mathrm{d}x \tag{4.2}$$

若积分 $\int_{-\infty}^{+\infty} |x| f(x) \mathrm{d}x$ 发散,则称随机变量 X 的数学期望不存在。

数学期望简称**期望**,又称为**均值**。

▶ **例 4-1** 设甲、乙两人打靶,击中的环数分别记为 X、Y,且分布律如表 4-2、表 4-3 所示。

表 4-2

X	8	9	10
P	0.3	0.4	0.3

表 4-3

Y	8	9	10
P	0.4	0.5	0.1

试比较他们的射击水平。

解：显然，平均的环数可以作为衡量他们射击水平的一个重要指标。因此，

$$E(X) = 8 \times 0.3 + 9 \times 0.4 + 10 \times 0.3 = 9$$
$$E(Y) = 8 \times 0.4 + 9 \times 0.5 + 10 \times 0.1 = 8.7$$

显然，甲的射击水平优于乙的射击水平。

▶ **例 4-2** 设连续型随机变量 X 的概率密度是 $f(x) = \begin{cases} 2x, & 0 < x < 1 \\ 0, & \text{其他} \end{cases}$，求随机变量 X 的数学期望 $E(X)$。

解：$E(X) = \int_{-\infty}^{+\infty} x f(x) \mathrm{d}x = \int_{-\infty}^{0} 0 \mathrm{d}x + \int_{0}^{1} 2x^2 \mathrm{d}x + \int_{1}^{+\infty} 0 \mathrm{d}x = \dfrac{2}{3}$。

▶ **例 4-3** 设随机变量 X 服从柯西（Cauchy）分布，其概率密度为

$$f(x) = \frac{1}{\pi(1 + x^2)}, \quad -\infty < x < +\infty$$

试证 $E(X)$ 不存在。

证明：由于

$$\int_{-\infty}^{+\infty} |x| f(x) \mathrm{d}x = \int_{-\infty}^{+\infty} |x| \frac{1}{\pi(1 + x^2)} \mathrm{d}x = \infty$$

故 $E(X)$ 不存在。

二、常用分布的数学期望

（1）两点分布

设 X 的分布律如表 4-4 所示，

表 4-4

X	0	1
P	$1-p$	p

则 X 的数学期望为

$$E(X) = 0 \times (1 - p) + 1 \times p$$

（2）二项分布

设 X 服从二项分布，其分布律为

$$P\{X = k\} = C_n^k p^k (1 - p)^{n-k}, \quad k = 0, 1, \cdots, n; 0 < p < 1$$

则 X 的数学期望为

$$E(X) = \sum_{k=0}^{n} k C_n^k p^k (1 - p)^{n-k} = \sum_{k=0}^{n} k \frac{n!}{k!(n-k)!} p^k (1 - p)^{n-k}$$
$$= np \sum_{k=0}^{n} \frac{(n-1)!}{(k-1)![(n-1)-(k-1)]!} p^{k-1} (1 - p)^{[(n-1)-(k-1)]}$$

令 $t = k - 1$,则

$$E(X) = np \sum_{t=0}^{n-1} \frac{(n-1)!}{t! \, [(n-1)-t]!} p^t (1-p)^{[(n-1)-t]}$$
$$= np [p + (1-p)]^{n-1} = np$$

（3）泊松分布

设 X 服从泊松分布,其分布律为

$$P\{X = k\} = \frac{\lambda^k}{k!} e^{-\lambda}, \quad k = 0, 1, 2, \cdots; \lambda > 0$$

则 X 的数学期望为

$$E(X) = \sum_{k=0}^{\infty} k \frac{\lambda^k}{k!} e^{-\lambda} = \lambda e^{-\lambda} \sum_{k=1}^{\infty} \frac{\lambda^{k-1}}{(k-1)!}$$

令 $t = k - 1$,则有

$$E(X) = \lambda e^{-\lambda} \sum_{k=0}^{\infty} \frac{\lambda^t}{t!} = \lambda e^{-\lambda} \cdot e^{\lambda} = \lambda$$

（4）均匀分布

设 X 服从 $[a, b]$ 上的均匀分布,其概率密度为

$$f(x) = \begin{cases} \dfrac{1}{b-a}, & a \leqslant x \leqslant b \\ 0, & \text{其他} \end{cases}$$

则 X 的数学期望为

$$E(X) = \int_{-\infty}^{+\infty} x f(x) \mathrm{d}x = \int_a^b \frac{x}{b-a} \mathrm{d}x = \frac{a+b}{2}$$

（5）指数分布

设 X 服从参数为 $\lambda (\lambda > 0)$ 的指数分布,其概率密度为

$$f(x) = \begin{cases} \lambda e^{-\lambda x}, & x \geqslant 0 \\ 0, & x < 0 \end{cases}$$

则 X 的数学期望为

$$E(X) = \int_{-\infty}^{+\infty} x f(x) \mathrm{d}x = \int_{-\infty}^{+\infty} x \lambda e^{-\lambda x} \mathrm{d}x = \frac{1}{\lambda}$$

（6）正态分布

设 $X \sim N(\mu, \sigma^2)$,其概率密度为 $f(x) = \dfrac{1}{\sqrt{2\pi}\sigma} e^{-\frac{(x-\mu)^2}{2\sigma^2}}$,则 X 的数学期望为

$$E(X) = \int_{-\infty}^{+\infty} x f(x) \mathrm{d}x = \frac{1}{\sqrt{2\pi}\sigma} \int_{-\infty}^{+\infty} x e^{-\frac{(x-\mu)^2}{2\sigma^2}} \mathrm{d}x$$

令 $t = \dfrac{x - \mu}{\sigma}$,则

$$E(X) = \frac{1}{\sqrt{2\pi}} \int_{-\infty}^{+\infty} (\mu + \sigma t) e^{-\frac{t^2}{2}} \mathrm{d}t$$

注意到

$$\frac{\mu}{\sqrt{2\pi}} \int_{-\infty}^{+\infty} e^{-\frac{t^2}{2}} dt = \mu, \quad \frac{1}{\sqrt{2\pi}} \int_{-\infty}^{+\infty} \sigma t e^{-\frac{t^2}{2}} dt = 0$$

故有 $E(X) = \mu$。

三、随机变量函数的数学期望

在许多实际问题中,我们经常需要计算随机变量函数的数学期望,例如,飞机机翼受到压力 $W = kv^2$ 的作用,其中 v 为风速是随机变量,我们需要知道机翼受到的平均压力。为此,下面给出随机变量函数数学期望的计算公式。

定理 4.1 设 Y 是随机变量 X 的函数,$Y = g(X)$(g 是连续函数)。

(1)X 是离散型随机变量,它的分布律为

$$P\{X = x_k\} = p_k, \quad k = 1, 2, \cdots,$$

若 $\sum\limits_{k=1}^{\infty} g(x_k)p_k$ 绝对收敛,则有

$$E(Y) = E[g(X)] = \sum_{k=1}^{\infty} g(x_k)p_k \tag{4.3}$$

(2)X 是连续型随机变量,它的概率密度为 $f(x)$,若 $\int_{-\infty}^{+\infty} g(x)f(x)dx$ 绝对收敛,则有

$$E(Y) = E[g(X)] = \int_{-\infty}^{+\infty} g(x)f(x)dx \tag{4.4}$$

定理 4.1 的重要意义在于当我们求 $E(Y)$ 时,不必知道 Y 的分布而只需知道 X 的分布就可以了。当然,我们也可以由已知的 X 的分布,先求出其函数 $g(X)$ 的分布,再根据数学期望的定义去求 $E[g(X)]$,然而,求 $Y = g(X)$ 的分布是不容易的,所以一般不采用后一种方法。

定理 4.1 的证明超出了本书的范围,这里不证。

▷ **例 4-4** 设随机变量 X 的分布律如表 4-5 所示。

求 $E(X^2), E(-2X+1)$。

表 4-5

X	-1	0	2	3
P	$\frac{1}{8}$	$\frac{1}{4}$	$\frac{3}{8}$	$\frac{1}{4}$

解:由式(4.3)得

$$E(X^2) = (-1)^2 \times \frac{1}{8} + 0^2 \times \frac{1}{4} + 2^2 \times \frac{3}{8} + 3^2 \times \frac{1}{4} = \frac{31}{8}$$

$$E(-2X+1) = [-2 \times (-1) + 1] \times \frac{1}{8} + [-2 \times 0 + 1] \times \frac{1}{4} + [-2 \times 2 + 1] \times \frac{3}{8}$$

$$+ [-2 \times 3 + 1] \times \frac{1}{4} = -\frac{7}{4}$$

▷ **例 4-5** 对球的直径做近似测量,设其值均匀分布在区间 $[a, b]$ 内,求球体积的数学期望。

解：设随机变量 X 表示球的直径，Y 表示球的体积，依题意，X 的概率密度为

$$f(x) = \begin{cases} \dfrac{1}{b-a}, & a \leqslant x \leqslant b \\ 0, & \text{其他} \end{cases}$$

球体积 $Y = \dfrac{1}{6}\pi X^3$，由式（4.4）得

$$E(Y) = E\left(\frac{1}{6}\pi X^3\right) = \int_a^b \frac{1}{6}\pi x^3 \frac{1}{b-a}\mathrm{d}x$$

$$= \frac{\pi}{6(b-a)}\int_a^b x^3 \mathrm{d}x = \frac{\pi}{24}(a+b)(a^2+b^2)$$

定理 4.1 还可以推广到二个或二个以上随机变量的函数情形。

定理 4.2 设 Z 是随机变量 (X,Y) 的连续函数，$Z = g(X,Y)$，

（1）(X,Y) 是二维离散型随机变量，联合分布律为

$$p_{ij} = P(X=x_i, Y=y_j), \quad i,j = 1,2,\cdots$$

若 $\sum\limits_i \sum\limits_j g(x_i, y_j)p_{ij}$ 绝对收敛，则有

$$E(Z) = E[g(X,Y)] = \sum_i \sum_j g(x_i, y_j)p_{ij} \tag{4.5}$$

（2）(X,Y) 是二维连续型随机变量，其概率密度为 $f(x,y)$ 时，若 $\displaystyle\int_{-\infty}^{+\infty}\int_{-\infty}^{+\infty} g(x, y)f(x,y)\mathrm{d}x\mathrm{d}y$ 绝对收敛，则有

$$E(Z) = E[g(X,Y)] = \int_{-\infty}^{+\infty}\int_{-\infty}^{+\infty} g(x,y)f(x,y)\mathrm{d}x\mathrm{d}y \tag{4.6}$$

特别地有

$$E(X) = \int_{-\infty}^{+\infty}\int_{-\infty}^{+\infty} xf(x,y)\mathrm{d}x\mathrm{d}y = \int_{-\infty}^{+\infty} xf_X(x)\mathrm{d}x$$

$$E(Y) = \int_{-\infty}^{+\infty}\int_{-\infty}^{+\infty} yf(x,y)\mathrm{d}x\mathrm{d}y = \int_{-\infty}^{+\infty} yf_Y(y)\mathrm{d}y$$

例 4-6 设二元随机变量 (X,Y) 的联合分布律如表 4-6 所示。

表 4-6

X \ Y	0	1	2
0	0.1	0.25	0.15
1	0.15	0.2	0.15

求随机变量 $Z = \sin\dfrac{\pi(X+Y)}{2}$ 的数学期望。

解：$E(Z) = E\left[\sin\dfrac{\pi(X+Y)}{2}\right] = \sin\dfrac{\pi(0+0)}{2} \times 0.1 + \sin\dfrac{\pi(1+0)}{2} \times 0.15$

$$+ \sin\frac{\pi(0+1)}{2} \times 0.25 + \sin\frac{\pi(1+1)}{2} \times 0.2 + \sin\frac{\pi(0+2)}{2} \times 0.15$$

$$+ \sin\frac{\pi(1+2)}{2} \times 0.15 = 0.25$$

▶ **例 4-7** 设 (X,Y) 的概率密度为

$$f(x,y) = \begin{cases} \dfrac{x+y}{3}, & 0 \leqslant x \leqslant 2, 0 \leqslant y \leqslant 1 \\ 0, & \text{其他} \end{cases}$$

求 $E(X), E(XY), E(X^2+Y^2)$。

解：由定理 4.2，$D: 0 \leqslant x \leqslant 2, 0 \leqslant y \leqslant 1$，

$$E(X) = \iint\limits_{D} x f(x,y) \mathrm{d}x\,\mathrm{d}y = \int_0^2 x\,\mathrm{d}x \int_0^1 \frac{x+y}{3}\mathrm{d}y = \frac{1}{6}\int_0^2 x(2x+1)\mathrm{d}x = \frac{11}{9}$$

$$E(XY) = \iint\limits_{D} xy f(x,y) \mathrm{d}x\,\mathrm{d}y = \int_0^2 \int_0^1 xy \frac{x+y}{3}\mathrm{d}y\,\mathrm{d}x = \int_0^2 \left(\frac{1}{6}x^2 + \frac{1}{9}x\right)\mathrm{d}x = \frac{8}{9}$$

$$E(X^2+Y^2) = \iint\limits_{D} (x^2+y^2) f(x,y) \mathrm{d}x\,\mathrm{d}y$$

$$= \int_0^2 x^2\,\mathrm{d}x \int_0^1 \frac{x+y}{3}\mathrm{d}y + \int_0^2 \mathrm{d}x \int_0^1 \frac{xy^2+y^3}{3}\mathrm{d}y = \frac{13}{6}$$

思考：$E(X) = \displaystyle\int_{-\infty}^{+\infty} x f_X(x)\mathrm{d}x$ 的结果与上面结果一样吗？

四、数学期望的性质

定理 4.3 设随机变量 X,Y 的数学期望 $E(X), E(Y)$ 存在，则下列性质成立：

1° 设 c 是常数，则有 $E(c) = c$；

2° 设 c 是常数，则有 $E(cX) = cE(X)$；

3° $E(X+Y) = E(X) + E(Y)$；

4° 设 X 与 Y 是相互独立的随机变量，则有

$$E(XY) = E(X)E(Y)$$

证明：1°、2° 由读者自己证明，我们来证明 3° 和 4°。我们仅就连续型情形给出证明，离散型情形类似可证。

性质 3° 设二维随机变量 (X,Y) 的概率密度为 $f(x,y)$，其边缘概率密度为 $f_X(x), f_Y(y)$，则

$$E(X+Y) = \int_{-\infty}^{+\infty}\int_{-\infty}^{+\infty} (x+y) f(x,y)\mathrm{d}x\,\mathrm{d}y$$

$$= \int_{-\infty}^{+\infty}\int_{-\infty}^{+\infty} x f(x,y)\mathrm{d}x\,\mathrm{d}y + \int_{-\infty}^{+\infty}\int_{-\infty}^{+\infty} y f(x,y)\mathrm{d}x\,\mathrm{d}y$$

$$= \int_{-\infty}^{+\infty} x f_X(x)\mathrm{d}x + \int_{-\infty}^{+\infty} y f_Y(y)\mathrm{d}y = E(X) + E(Y)$$

性质 4° 又若 X 与 Y 相互独立，此时

$$f(x,y) = f_X(x) \cdot f_Y(y)$$

故

$$E(XY) = \int_{-\infty}^{+\infty}\int_{-\infty}^{+\infty} xy f(x,y)\mathrm{d}x\,\mathrm{d}y = \int_{-\infty}^{+\infty}\int_{-\infty}^{+\infty} xy f_X(x) f_Y(y)\mathrm{d}x\,\mathrm{d}y$$

$$=\int_{-\infty}^{+\infty} x f_X(x) \mathrm{d}x \cdot \int_{-\infty}^{+\infty} y f_Y(y) \mathrm{d}y = E(X)E(Y)$$

性质 3° 可推广到任意有限个随机变量之和的情形;性质 4° 可推广到任意有限个相互独立的随机变量之积的情形。

> **例 4-8** 设 $(X,Y) \sim N(a, \sigma_1^2; b, \sigma_2^2; \rho)$,求 $E(2X-3Y+1)$。

解:因为 $(X,Y) \sim N(a, \sigma_1^2; b, \sigma_2^2; \rho)$,所以 $X \sim N(a, \sigma_1^2)$,$Y \sim N(b, \sigma_2^2)$,因此,由数学期望的性质 3°,得

$$E(2X-3Y+1) = 2E(X) - 3E(Y) + 1 = 2a - 3b + 1$$

> **例 4-9** 一小班有 n 个同学,编号为 $1 \sim n$,每人准备一件礼物,对应编号为 $1 \sim n$,现每个同学随机选一个礼物,X 表示取到的礼物号与自己编号相同的个数,求 $E(X)$。

解:X 是离散型随机变量,取值为 $0,1,2,\cdots,n-1,n$,$P\{X=n-1\}=0$,但其他的概率值很难算。这里考虑将 X 分解,令

$$X_i = \begin{cases} 1, & \text{第 } i \text{ 个同学取到 } i \text{ 物} \\ 0, & \text{第 } i \text{ 个同学未取到 } i \text{ 物} \end{cases}$$

$i = 1,2,\cdots,n$,则

$$E(X_i) = P\{X_i = 1\} = \frac{1}{n}, \quad i = 1,2,\cdots,n$$

$X = X_1 + X_2 + \cdots + X_n$,所以

$$E(X) = E(X_1) + E(X_2) + \cdots + E(X_n) = 1$$

这种将复杂的离散型随机变量分解成若干简单随机变量和的方法有一定的实用性。

> **例 4-10** 设某种商品的价格(单位:元)$X \sim U(80,140)$,某单位要购买该种商品 Y 件,$P\{Y=100\}=0.6$,$P\{Y=120\}=0.4$,假设 X 与 Y 相互独立,求总价 Z 的数学期望。

解:由题意可知 $Z = XY$,因为 X 与 Y 相互独立,所以由性质 4°,有

$$E(Z) = E(X)E(Y) = 110 \times 108 = 11\,880(\text{元})$$

第二节　　方　差

数学期望描述了随机变量取值的"平均"。有时仅知道这个平均值还不够。例如,设甲、乙两人打靶,击中的环数分别记为 X,Y,分布见表 4-7、表 4-8。

表 4-7

X	8	9	10
P	0.4	0.2	0.4

表 4-8

Y	8	9	10
P	0.1	0.8	0.1

由于 $E(X)=E(Y)=9$(环),可见从均值的角度是分不出谁的射击技术更高的,故还需考虑其他的因素。通常的想法是:在射击的平均环数相等的条件下进一步衡量谁的射击技术更稳定些。也就是看谁命中的环数比较集中于平均值的附近,通常人们会采用命中的环数 X 与它的平均值 $E(X)$ 之间的离差 $|X-E(X)|$ 的均值 $E(|X-E(X)|)$ 来度

量,$E(|X-E(X)|)$愈小,表明 X 的值愈集中于 $E(X)$ 的附近,即技术愈稳定;$E(|X-E(X)|)$ 愈大,表明 X 的值很分散,技术不稳定。但由于 $E(|X-E(X)|)$ 带有绝对值,运算不便,故通常采用 X 与 $E(X)$ 的离差 $|X-E(X)|$ 的平方的平均值 $E\{[X-E(X)]^2\}$ 来度量随机变量 X 取值的分散程度。此例中,由于

$$E\{[X-E(X)]^2\}=0.4\times(8-9)^2+0.2\times(9-9)^2+0.4\times(10-9)^2=0.8$$
$$E\{[Y-E(Y)]^2\}=0.1\times(8-9)^2+0.8\times(9-9)^2+0.1\times(10-9)^2=0.2$$

由此可见乙的技术更稳定些。

一、方差的定义

定义 4.3　设 X 是随机变量,$E\{[X-E(X)]^2\}$ 存在,就称它为 X 的**方差**(Variance),记为 $D(X)$(或 $\mathrm{Var}(X)$),即

$$D(X)=E\{[X-E(X)]^2\} \tag{4.7}$$

称 $\sqrt{D(X)}$ 为随机变量 X 的**标准差**(Standard deviation)或**均方差**(Mean square deviation),记为 $\sigma(X)$。

根据定义可知,随机变量 X 的方差反映了随机变量的取值与其数学期望的偏离程度。若 X 取值比较集中,则 $D(X)$ 较小,反之,若 X 取值比较分散,则 $D(X)$ 较大。

由于方差是随机变量 X 的函数 $g(X)=[X-E(X)]^2$ 的数学期望。若离散型随机变量 X 的分布律为 $P\{X=x_k\}=p_k,k=1,2,\cdots,$则

$$D(X)=\sum_{k=1}^{\infty}[x_k-E(X)]^2 p_k \tag{4.8}$$

若连续型随机变量 X 的概率密度为 $f(x)$,则

$$D(X)=\int_{-\infty}^{+\infty}[x-E(X)]^2 f(x)\mathrm{d}x \tag{4.9}$$

由此可见,方差 $D(X)$ 是一个常数,它由随机变量的分布唯一确定。

根据数学期望的性质可得:

$$D(X)=E\{[X-E(X)]^2\}=E\{X^2-2XE(X)+[E(X)]^2\}$$
$$=E(X^2)-2E(X)E(X)+[E(X)]^2=E(X^2)-[E(X)]^2$$

于是得到常用计算方差的简便公式

$$D(X)=E(X^2)-[E(X)]^2 \tag{4.10}$$

▶**例 4-11**　设有甲、乙两种棉花,从中各抽取等量的样品进行检验,结果见表 4-9、表 4-10。

表 4-9

X	28	29	30	31	32
P	0.1	0.15	0.5	0.15	0.1

表 4-10

Y	28	29	30	31	32
P	0.13	0.17	0.4	0.17	0.13

其中 X,Y 分别表示甲、乙两种棉花的纤维长度(单位:毫米),求 $D(X)$ 与 $D(Y)$,且评定它们的质量。

解:由于

$$E(X)=28\times0.1+29\times0.15+30\times0.5+31\times0.15+32\times0.1=30$$

$$E(Y)=28\times0.13+29\times0.17+30\times0.4+31\times0.17+32\times0.13=30$$

故得

$$\begin{aligned}D(X)&=(28-30)^2\times0.1+(29-30)^2\times0.15+(30-30)^2\times0.5\\&\quad+(31-30)^2\times0.15+(32-30)^2\times0.1\\&=1.1\end{aligned}$$

$$\begin{aligned}D(Y)&=(28-30)^2\times0.13+(29-30)^2\times0.17+(30-30)^2\times0.4\\&\quad+(31-30)^2\times0.17+(32-30)^2\times0.13\\&=1.38\end{aligned}$$

因为 $D(X)<D(Y)$,所以甲种棉花纤维长度的方差小些,说明其纤维比较均匀,故甲种棉花质量较好。

> **例 4-12** 设随机变量 X 的概率密度为

$$f(x)=\begin{cases}1+x, & -1\leqslant x<0\\1-x, & 0\leqslant x<1\\0, & 其他\end{cases}$$

求 $D(X)$。

解:

$$E(X)=\int_{-1}^{0}x(1+x)\mathrm{d}x+\int_{0}^{1}x(1-x)\mathrm{d}x=0$$

$$E(X^2)=\int_{-1}^{0}x^2(1+x)\mathrm{d}x+\int_{0}^{1}x^2(1-x)\mathrm{d}x=\frac{1}{6}$$

于是

$$D(X)=E(X^2)-[E(X)]^2=\frac{1}{6}$$

二、方差的性质

方差有下面几条重要的性质。

定理 4.4 设随机变量 X 与 Y 的方差存在,则

1° 设 c 是常数,则有 $D(c)=0$;

2° 设 c 是常数,则有 $D(cX)=c^2D(X)$;

3° 若 X 与 Y 相互独立,则 $D(X+Y)=D(X)+D(Y)$;

4° $D(X)=0$ 的充要条件是 X 以概率为 1 取常数,即

$$P\{X=c\}=1$$

证明:仅证性质 3°、4°。

性质 3° 若 X,Y 相互独立,则

$$D(X+Y) = E[(X+Y)^2] - [E(X+Y)]^2$$
$$= E[X^2 + Y^2 + 2XY] - [E(X) + E(Y)]^2$$
$$= E(X^2) + E(Y^2) + 2E(X)E(Y) - [E(X)]^2 - 2E(X)E(Y) - [E(Y)]^2$$
$$= E(X^2) - [E(X)]^2 + E(Y^2) - [E(Y)]^2$$
$$= D(X) + D(Y)$$

由性质 $2°$ 和 $3°$ 可得,当 X 与 Y 相互独立时,有

$$D(X-Y) = D(X) + D(Y)$$

性质 $3°$ 可以推广到任意有限多个相互独立的随机变量之和的情况。

性质 $4°$　假设存在一个常数 c,使得 $P\{X=c\}=1$,则 $E(X)=c$,而且 $P\{(X-c)^2=0\}=1$,因而

$$D(X) = E[(X-c)^2] = 0$$

反之,假设 $D(X)=0$,即 $E\{[X-E(X)]^2\}=0$。若记 $Y=[X-E(X)]^2$,则 Y 只取非负值,因其均值为 0,从而只能是 $P\{Y=0\}=1$,也就是

$$P\{[X-E(X)]^2 = 0\} = 1$$

取 $E(X)=c$,则有

$$P\{(X-c)^2 = 0\} = 1$$

因此 $P\{(X-c)^2=0\}=1$。

▶ 例 4-13　设随机变量 X 的数学期望为 $E(X)$,方差 $D(X)=\sigma^2(\sigma>0)$,令 $Y=\dfrac{X-E(X)}{\sigma}$,求 $E(Y),D(Y)$。

解:$E(Y) = E\left[\dfrac{X-E(X)}{\sigma}\right] = \dfrac{1}{\sigma}E[X-E(X)] = \dfrac{1}{\sigma}[E(X)-E(X)] = 0$

$$D(Y) = D\left[\dfrac{X-E(X)}{\sigma}\right] = \dfrac{1}{\sigma^2}D[X-E(X)] = \dfrac{1}{\sigma^2}D(X) = \dfrac{\sigma^2}{\sigma^2} = 1$$

常称 Y 为 X 的标准化随机变量。

▶ 例 4-14　设 $X_1,X_2,\cdots,X_n$ 相互独立,且服从同一 $(0-1)$ 分布,分布律为

$$P\{X_i=0\} = 1-p,\ P\{X_i=1\} = p,\quad i=1,2,\cdots,n$$

证明 $X = X_1 + X_2 + \cdots + X_n$ 服从参数为 n,p 的二项分布,并求 $E(X)$ 和 $D(X)$。

解:X 所有可能取值为 $0,1$,由独立性知 X 以特定的方式(例如前 k 个取 1,后 $n-k$ 个取 0)取 $k(0 \leqslant k \leqslant n)$ 的概率为 $p^k(1-p)^{n-k}$,而 X 取 k 的两两互不相容的方式共有 C_n^k 种,故

$$P\{X=k\} = C_n^k p^k (1-p)^{n-k},\quad k=0,1,\cdots,n$$

即 X 服从参数为 n,p 的二项分布。由于

$$E(X_i) = 1 \cdot p + 0 \cdot (1-p) = p$$
$$D(X_i) = E(X_i^2) - E(X_i)^2 = 1^2 \times p + 0^2 \times (1-p) - p^2 = p(1-p)$$

其中 $i=0,1,\cdots,n$,故有

$$E(X) = \sum_{i=1}^n E(X_i) = \sum_{i=1}^n P = np$$

由于 $X_1, X_2, \cdots, X_n$ 相互独立,得

$$D(X) = D\left(\sum_{i=1}^{n} X_i\right) = \sum_{i=1}^{n} D(X_i) = np(1-p)$$

三、常用分布的方差

(1)(0-1)分布

设 X 服从参数为 p 的 0-1 分布,其分布律如表 4-11 所示。

表 **4-11**

X	0	1
P	$1-p$	p

由例 4-14 知,$D(X) = p(1-p)$。

(2)二项分布

设 X 服从参数为 n, p 的二项分布,由例 4-14 知,$D(X) = np(1-p)$。

(3)泊松分布

设 X 服从参数为 λ 的泊松分布,由上一节知 $E(X) = \lambda$,又

$$E(X^2) = \sum_{k=1}^{\infty} k^2 \frac{\lambda^k}{k!} e^{-\lambda} = \lambda \sum_{k=1}^{\infty} \frac{k\lambda^{k-1}}{(k-1)!} e^{-\lambda} = \lambda e^{-\lambda} \sum_{k=0}^{\infty} \frac{(k+1)\lambda^k}{k!}$$

$$= \lambda e^{-\lambda} \sum_{k=0}^{\infty} \frac{k\lambda^k}{k!} + \lambda e^{-\lambda} \sum_{k=0}^{\infty} \frac{\lambda^k}{k!} = \lambda e^{-\lambda}(\lambda e^{\lambda} + e^{\lambda})$$

$$= \lambda^2 + \lambda$$

从而有

$$D(X) = E(X^2) - [E(X)]^2 = \lambda^2 + \lambda - \lambda^2 = \lambda$$

(4)均匀分布

设随机变量 X 服从 (a, b) 上的均匀分布,由上一节知 $E(X) = \dfrac{a+b}{2}$,又

$$E(X^2) = \int_a^b \frac{x^2}{b-a} \mathrm{d}x = \frac{b^3 - a^3}{3(b-a)} = \frac{b^2 + ab + a^2}{3}$$

所以

$$D(X) = E(X^2) - [E(X)]^2 = \frac{b^2 + ab + a^2}{3} - \left(\frac{a+b}{2}\right)^2 = \frac{(b-a)^2}{12}$$

(5)指数分布

设 X 服从参数为 $\lambda(\lambda > 0)$ 的指数分布,由上一节知 $E(X) = \dfrac{1}{\lambda}$,又

$$E(X^2) = \int_{-\infty}^{+\infty} x^2 f(x) \mathrm{d}x = \int_0^{+\infty} x^2 \lambda e^{-\lambda x} \mathrm{d}x = \frac{2}{\lambda^2}$$

所以

$$D(X) = E(X^2) - [E(X)]^2 = \frac{2}{\lambda^2} - \left(\frac{1}{\lambda}\right)^2 = \frac{1}{\lambda^2}$$

（6）正态分布

设 $X \sim N(\mu, \sigma^2)$，由上一节知 $E(X) = \mu$，从而

$$D(X) = \int_{-\infty}^{+\infty} [x - E(X)]^2 f(x) \mathrm{d}x = \int_{-\infty}^{+\infty} (x - \mu)^2 \frac{1}{\sqrt{2\pi}\sigma} \mathrm{e}^{-\frac{(x-\mu)^2}{2\sigma^2}} \mathrm{d}x$$

令 $t = \dfrac{x - \mu}{\sigma}$，则

$$D(X) = \frac{\sigma^2}{\sqrt{2\pi}} \int_{-\infty}^{+\infty} t^2 \mathrm{e}^{-\frac{t^2}{2}} \mathrm{d}t = \frac{\sigma^2}{\sqrt{2\pi}} \left(-t\mathrm{e}^{-\frac{t^2}{2}} \Big|_{-\infty}^{+\infty} + \int_{-\infty}^{+\infty} \mathrm{e}^{-\frac{t^2}{2}} \mathrm{d}t \right)$$

$$= \frac{\sigma^2}{\sqrt{2\pi}} (0 + \sqrt{2\pi}) = \sigma^2$$

由此可知：正态分布的概率密度中的两个参数 μ 和 σ 分别是该分布的数学期望和均方差。因而正态分布完全可由它的数学期望和方差所确定。再者，由上一章知道，若 $X_i \sim N(\mu_i, \sigma_i^2)$，$i = 0, 1, \cdots, n$，且它们相互独立，则它们的线性组合 $c_1 X_1 + c_2 X_2 + \cdots + c_n X_n (c_1, c_2, \cdots, c_n$ 是不全为零的常数)仍然服从正态分布。于是由数学期望和方差的性质知道：

$$c_1 X_1 + c_2 X_2 + \cdots + c_n X_n \sim N\left(\sum_{i=1}^{n} c_i \mu_i, \sum_{i=1}^{n} c_i^2 \sigma_i^2 \right)$$

这是一个重要的结果。

▶ 例 4-15 设活塞的直径（单位:cm）$X \sim N(22.40, 0.03^2)$，气缸的直径 $Y \sim N(22.50, 0.04^2)$，X 与 Y 相互独立，任取一只活塞，任取一只气缸，求活塞能装入气缸的概率。

解：按题意需求 $P\{X < Y\} = P\{X - Y < 0\}$。令 $Z = X - Y$，则

$$E(Z) = E(X) - E(Y) = 22.40 - 22.50 = -0.10$$
$$D(Z) = D(X) + D(Y) = 0.03^2 + 0.04^2 = 0.05^2$$

即 $Z \sim N(-0.10, 0.05^2)$，故有

$$P\{X < Y\} = P\{Z < 0\} = P\left\{ \frac{Z - (-0.10)}{0.05} < \frac{0 - (-0.10)}{0.05} \right\} = \Phi\left(\frac{0.10}{0.05} \right)$$

$$= \Phi(2) = 0.9772$$

第三节　协方差与相关系数

对于二维随机变量 (X, Y)，数学期望 $E(X), E(Y)$ 只反映了 X 与 Y 各自的平均值，而 $D(X), D(Y)$ 反映的是 X 与 Y 各自偏离平均值的程度，它们都没有反映 X 与 Y 之间的关系。在实际问题中，每对随机变量往往相互影响、相互联系。例如，人的年龄与身高；某种产品的产量与价格等。随机变量的这种相互联系称为相关关系，它们也是一类重要的数字特征，本节讨论有关这方面的数字特征。

定义 4.4　设 (X,Y) 为二维随机变量,称
$$E[X-E(X)][Y-E(Y)]$$
为随机变量 X 与 Y 的**协方差**(Covariance),记为 $\mathrm{Cov}(X,Y)$,即
$$\mathrm{Cov}(X,Y)=E[X-E(X)][Y-E(Y)] \tag{4.11}$$
而 $\dfrac{\mathrm{Cov}(X,Y)}{\sqrt{D(X)}\,\sqrt{D(Y)}}$ 称为随机变量 X 与 Y 的**相关系数**(Correlation coefficient)或**标准协方差**(Standard covariance),记为 ρ_{XY},即
$$\rho_{XY}=\frac{\mathrm{Cov}(X,Y)}{\sqrt{D(X)}\,\sqrt{D(Y)}} \tag{4.12}$$
特别地,
$$\mathrm{Cov}(X,X)=E[X-E(X)][X-E(X)]=D(X)$$
$$\mathrm{Cov}(Y,Y)=E[Y-E(Y)][Y-E(Y)]=D(Y)$$
故方差 $D(X),D(Y)$ 是协方差的特例。

由上述定义及方差的性质可得
$$D(X\pm Y)=D(X)+D(Y)\pm 2\mathrm{Cov}(X,Y)$$

由协方差的定义及数学期望的性质可得下列实用计算公式
$$\mathrm{Cov}(X,Y)=E(XY)-E(X)E(Y) \tag{4.13}$$

若 (X,Y) 为二维离散型随机变量,其联合分布律为 $p_{ij}=P\{X=x_i,Y=y_j\},i,j=1,2,\cdots,$ 则有
$$\mathrm{Cov}(X,Y)=\sum_i\sum_j[x_i-E(X)][y_j-E(Y)]p_{ij} \tag{4.14}$$

若 (X,Y) 为二维连续型随机变量,其概率密度为 $f(x,y)$,则有
$$\mathrm{Cov}(X,Y)=\int_{-\infty}^{+\infty}\int_{-\infty}^{+\infty}[x-E(X)][y-E(Y)]f(x,y)\mathrm{d}x\,\mathrm{d}y \tag{4.15}$$

▶ 例 4-16　设 (X,Y) 的分布律如表 4-12 所示。

表 4-12

Y \ X	0	1
0	$1-p$	0
1	0	p

其中 $0<p<1$,求 $\mathrm{Cov}(X,Y)$ 和 ρ_{XY}。

解:易知 X 的分布律为
$$P\{X=0\}=1-p,P\{X=1\}=p$$
故
$$E(X)=p,\quad D(X)=p(1-p)$$
同理 $E(Y)=p,D(Y)=p(1-p)$,因此
$$\mathrm{Cov}(X,Y)=E(XY)-E(X)E(Y)=p-p^2=p(1-p)$$
而
$$\rho_{XY}=\frac{\mathrm{Cov}(X,Y)}{\sqrt{D(X)}\cdot\sqrt{D(Y)}}=\frac{p(1-p)}{\sqrt{p(1-p)}\cdot\sqrt{p(1-p)}}=1$$

▶ 例 4-17 设 (X,Y) 的概率密度为

$$f(x,y) = \begin{cases} x+y, & 0<x<1,0<y<1 \\ 0, & \text{其他} \end{cases}$$

求 $\mathrm{Cov}(X,Y)$。

解： 由于

$$E(X) = \int_{-\infty}^{+\infty}\int_{-\infty}^{+\infty} x f(x,y)\mathrm{d}x\,\mathrm{d}y = \int_0^1\int_0^1 x(x+y)\mathrm{d}x\,\mathrm{d}y = \int_0^1 x\left(x+\frac{1}{2}\right)\mathrm{d}x = \frac{7}{12}$$

$$E(Y) = \int_{-\infty}^{+\infty}\int_{-\infty}^{+\infty} y f(x,y)\mathrm{d}x\,\mathrm{d}y = \int_0^1\int_0^1 y(x+y)\mathrm{d}x\,\mathrm{d}y = \int_0^1 y\left(y+\frac{1}{2}\right)\mathrm{d}y = \frac{7}{12}$$

$$E(XY) = \int_0^1\int_0^1 xy(x+y)\mathrm{d}x\,\mathrm{d}y = \int_0^1\int_0^1 x^2 y\,\mathrm{d}x\,\mathrm{d}y + \int_0^1\int_0^1 xy^2\,\mathrm{d}x\,\mathrm{d}y = \frac{1}{3}$$

因此

$$\mathrm{Cov}(X,Y) = E(XY) - E(X)E(Y) = \frac{1}{3} - \frac{7}{12}\times\frac{7}{12} = -\frac{1}{144}$$

协方差具有下列性质：

$1°$ 若 X 与 Y 相互独立，则 $\mathrm{Cov}(X,Y)=0$；

$2°$ $\mathrm{Cov}(X,Y) = \mathrm{Cov}(Y,X)$；

$3°$ $\mathrm{Cov}(aX,bY) = ab\mathrm{Cov}(X,Y)$；

$4°$ $\mathrm{Cov}(X_1+X_2,Y) = \mathrm{Cov}(X_1,Y) + \mathrm{Cov}(X_2,Y)$。

证明： 仅证性质 $4°$，其余留给读者。

$$\begin{aligned}
\mathrm{Cov}(X_1+X_2,Y) &= E[(X_1+X_2)Y] - E(X_1+X_2)E(Y) \\
&= E(X_1 Y) + E(X_2 Y) - E(X_1)E(Y) - E(X_2)E(Y) \\
&= [E(X_1 Y) - E(X_1)E(Y)] + [E(X_2 Y) - E(X_2)E(Y)] \\
&= \mathrm{Cov}(X_1,Y) + \mathrm{Cov}(X_2,Y)
\end{aligned}$$

下面给出相关系数 ρ_{XY} 的几条重要性质，并说明 ρ_{XY} 的含义。

定理 4.5 设 $D(X)>0,D(Y)>0,\rho_{XY}$ 为 (X,Y) 的相关系数，则

$1°$ 如果 X 与 Y 相互独立，则 $\rho_{XY}=0$；

$2°$ $|\rho_{XY}|\leqslant 1$；

$3°$ $|\rho_{XY}|=1$ 的充要条件是存在常数 a,b 使 $P\{Y=aX+b\}=1(a\neq 0)$。

证明： 由协方差的性质 $1°$ 及相关系数的定义可知性质 $1°$ 成立。

性质 $2°$　对任意实数 t，有

$$\begin{aligned}
D(Y-tX) &= E[(Y-tX)-E(Y-tX)]^2 \\
&= E[(Y-E(Y))-t(X-E(X))]^2 \\
&= E[Y-E(Y)]^2 - 2tE[Y-E(Y)][X-E(X)] + t^2 E[X-E(X)]^2 \\
&= t^2 D(X) - 2t\mathrm{Cov}(X,Y) + D(Y) \\
&= D(X)\left[t - \frac{\mathrm{cov}(X,Y)}{D(X)}\right]^2 + D(Y) - \frac{[\mathrm{cov}(X,Y)]^2}{D(X)}。
\end{aligned}$$

令 $t = \dfrac{\mathrm{Cov}(X,Y)}{D(X)} = b$，于是

$$D(Y-bX)=D(Y)-\frac{[\mathrm{Cov}(X,Y)]^2}{D(X)}=D(Y)\left[1-\frac{[\mathrm{Cov}(X,Y)]^2}{D(X)D(Y)}\right]=D(Y)(1-\rho_{XY}^2)$$

由于方差不能为负,所以 $1-\rho_{XY}^2\geqslant 0$,从而

$$|\rho_{XY}|\leqslant 1$$

性质 3° 的证明较复杂,从略。

当 $\rho_{XY}=0$ 时,称 X 与 Y 不相关,由性质 1° 可知,当 X 与 Y 相互独立时,$\rho_{XY}=0$,即 X 与 Y 不相关。反之不一定成立,即 X 与 Y 不相关,X 与 Y 却不一定相互独立。

▷例 4-18 设 X 服从 $[0,2\pi]$ 上的均匀分布,$Y=\cos X$,$Z=\cos(X+a)$,这里 a 是常数,求 ρ_{YZ}。

解: $E(Y)=\int_0^{2\pi}\cos x\cdot\frac{1}{2\pi}\mathrm{d}x=0$, $E(Z)=\frac{1}{2\pi}\int_0^{2\pi}\cos(x+a)\mathrm{d}x=0$

$$D(Y)=E[Y-E(Y)]^2=\frac{1}{2\pi}\int_0^{2\pi}\cos^2 x\,\mathrm{d}x=\frac{1}{2}$$

$$D(Z)=E[Z-E(Z)]^2=\frac{1}{2\pi}\int_0^{2\pi}\cos^2(x+a)\mathrm{d}x=\frac{1}{2}$$

$$\mathrm{Cov}(Y,Z)=E[Y-E(Y)][Z-E(Z)]=\frac{1}{2\pi}\int_0^{2\pi}\cos x\cdot\cos(x+a)\mathrm{d}x=\frac{1}{2}\cos a$$

因此

$$\rho_{YZ}=\frac{\mathrm{Cov}(Y,Z)}{\sqrt{D(Y)}\sqrt{D(Z)}}=\frac{\frac{1}{2}\cos a}{\sqrt{\frac{1}{2}}\cdot\sqrt{\frac{1}{2}}}=\cos a$$

① 当 $a=0$ 时,$\rho_{YZ}=1$,$Y=Z$,存在线性关系;

② 当 $a=\pi$ 时,$\rho_{YZ}=-1$,$Y=-Z$,存在线性关系;

③ 当 $a=\frac{\pi}{2}$ 或 $\frac{3\pi}{2}$ 时,$\rho_{YZ}=0$,这时 Y 与 Z 不相关,但这时却有 $Y^2+Z^2=1$,因此,Y 与 Z 不独立。

这个例子说明:当两个随机变量不相关时,它们并不一定相互独立,它们之间还可能存在其他的函数关系。

定理 4.5 告诉我们,相关系数 ρ_{XY} 描述了随机变量 X 与 Y 的线性相关程度,$|\rho_{XY}|$ 愈接近 1,则 X 与 Y 之间愈接近线性关系。当 $|\rho_{XY}|=1$ 时,X 与 Y 之间依概率 1 线性相关。不过,下例表明当 (X,Y) 是二维正态随机变量时,X 与 Y 不相关和 X 与 Y 相互独立是等价的。

▷例 4-19 设 (X,Y) 服从二维正态分布,它的概率密度为

$$f(x,y)=\frac{1}{2\pi\sigma_1\sigma_2\sqrt{1-\rho^2}}\times$$

$$\exp\left\{-\frac{1}{2(1-\rho^2)}\left[\frac{(x-\mu_1)^2}{\sigma_1^2}-2\rho\frac{(x-\mu_1)(y-\mu_2)}{\sigma_1\sigma_2}+\frac{(y-\mu_2)^2}{\sigma_2^2}\right]\right\}$$

求 $\mathrm{Cov}(X,Y)$ 和 ρ_{XY}。

解：可以计算得(X,Y)的边缘概率密度为

$$f_X(x) = \frac{1}{\sqrt{2\pi}\,\sigma_1} \mathrm{e}^{-\frac{(x-\mu_1)^2}{2\sigma_1^2}}, \quad -\infty < x < +\infty$$

$$f_Y(y) = \frac{1}{\sqrt{2\pi}\,\sigma_2} \mathrm{e}^{-\frac{(y-\mu_2)^2}{2\sigma_2^2}}, \quad -\infty < y < +\infty$$

故 $E(X) = \mu_1, E(Y) = \mu_2, D(X) = \sigma_1^2, D(Y) = \sigma_2^2$。

$$\mathrm{Cov}(X,Y) = \int_{-\infty}^{+\infty} \int_{-\infty}^{+\infty} (x-\mu_1)(y-\mu_2) f(x,y) \mathrm{d}x\,\mathrm{d}y = \frac{1}{2\pi\sigma_1\sigma_2\sqrt{1-\rho^2}} \times$$

$$\int_{-\infty}^{+\infty} \int_{-\infty}^{+\infty} (x-\mu_1)(y-\mu_2) \mathrm{e}^{-\frac{(x-\mu_1)^2}{2\sigma_1^2}} \mathrm{e}^{-\frac{1}{2(1-\rho^2)}\left[\frac{y-\mu_2}{\sigma_2} - \rho\frac{x-\mu_1}{\sigma_1}\right]^2} \mathrm{d}x\,\mathrm{d}y$$

令 $t = \dfrac{1}{\sqrt{1-\rho^2}}\left(\dfrac{y-\mu_2}{\sigma_2} - \rho\dfrac{x-\mu_1}{\sigma_1}\right), u = \dfrac{x-\mu_1}{\sigma_1}$，则

$$\mathrm{Cov}(X,Y) = \frac{1}{2\pi} \int_{-\infty}^{+\infty} \int_{-\infty}^{+\infty} \left(\sigma_1\sigma_2\sqrt{1-\rho^2}\,tu + \rho\sigma_1\sigma_2 u^2\right) \mathrm{e}^{-\frac{u^2}{2} - \frac{t^2}{2}} \mathrm{d}t\,\mathrm{d}u$$

$$= \frac{\sigma_1\sigma_2\rho}{2\pi} \left(\int_{-\infty}^{+\infty} u^2 \mathrm{e}^{-\frac{u^2}{2}} \mathrm{d}u\right) \left(\int_{-\infty}^{+\infty} \mathrm{e}^{-\frac{t^2}{2}} \mathrm{d}t\right)$$

$$+ \frac{\sigma_1\sigma_2\sqrt{1-\rho^2}}{2\pi} \left(\int_{-\infty}^{+\infty} u \mathrm{e}^{-\frac{u^2}{2}} \mathrm{d}u\right) \left(\int_{-\infty}^{+\infty} t \mathrm{e}^{-\frac{t^2}{2}} \mathrm{d}t\right)$$

$$= \frac{\rho\sigma_1\sigma_2}{2\pi} \sqrt{2\pi} \cdot \sqrt{2\pi} = \rho\sigma_1\sigma_2$$

于是 $\rho_{XY} = \dfrac{\mathrm{cov}(X,Y)}{\sqrt{D(X)}\sqrt{D(Y)}} = \rho$。

这说明二维正态随机变量(X,Y)的概率密度中的参数ρ就是X与Y的相关系数，从而二维正态随机变量的分布完全可由X,Y各自的数学期望、方差以及它们的相关系数所确定。

由上一章讨论可知，若(X,Y)服从二维正态分布，那么X与Y相互独立的充要条件是$\rho = 0$，即X与Y不相关。因此，对于二维正态随机变量(X,Y)来说，X与Y不相关和X与Y相互独立是等价的。

练习题

1. 设随机变量X的分布律为

X	-1	0	1	2
P	$\frac{1}{8}$	$\frac{1}{2}$	$\frac{1}{8}$	$\frac{1}{4}$

求$E(X), E(X^2), E(2X+1)$。

2. 已知100个产品中有10个次品，求任意取出的5个产品中的次品数的数学期望、方差。

3.设随机变量 X 的分布律为

X	-1	0	1
P	p_1	p_2	p_3

且已知 $E(X)=0.1, E(X^2)=0.9$，求 p_1, p_2, p_3。

4.袋中有 N 只球，其中的白球数 X 为一随机变量，已知 $E(X)=n$，问从袋中任取1球为白球的概率是多少？

5.设随机变量 X 的概率密度为

$$f(x)=\begin{cases} x, & 0 \leqslant x < 1 \\ 2-x, & 1 \leqslant x \leqslant 2 \\ 0, & \text{其他} \end{cases}$$

求 $E(X), D(X)$。

6.设随机变量 X, Y, Z 相互独立，且 $E(X)=5, E(Y)=11, E(Z)=8$，求下列随机变量的数学期望。

(1) $U=2X+3Y+1$；

(2) $V=YZ-4X$。

7.设随机变量 X, Y 相互独立，且 $E(X)=E(Y)=3, D(Y)=16$，求 $E(3X-2Y)$，$D(3X-2Y)$。

8.设随机变量 (X, Y) 的概率密度为

$$f(x,y)=\begin{cases} k, & 0 < x < 1, 0 < y < x \\ 0, & \text{其他} \end{cases}$$

试确定常数 k，并求 $E(XY)$。

9.设 X, Y 是相互独立的随机变量，其概率密度分别为

$$f_X(x)=\begin{cases} 2x, & 0 \leqslant x \leqslant 1 \\ 0, & \text{其他} \end{cases}, \quad f_Y(y)=\begin{cases} \mathrm{e}^{-(y-5)}, & y > 0 \\ 0, & \text{其他} \end{cases}$$

求 $E(XY)$。

10.设随机变量 X, Y 的概率密度分别为

$$f_X(x)=\begin{cases} 2\mathrm{e}^{-2x}, & x > 0 \\ 0, & x \leqslant 0 \end{cases}, \quad f_Y(y)=\begin{cases} 4\mathrm{e}^{-4y}, & y > 0 \\ 0, & y \leqslant 0 \end{cases}$$

求：(1) $E(X+Y)$；(2) $E(2X-3Y^2)$。

11.设随机变量 X 的概率密度为

$$f(x)=\begin{cases} cx\,\mathrm{e}^{-k^2 x^2}, & x \geqslant 0 \\ 0, & x < 0 \end{cases}$$

求(1) 系数 c；(2) $E(X)$；(3) $D(X)$。

12.袋中有12个零件，其中9个合格品、3个废品。安装机器时，从袋中一个一个地取出(取出后不放回)，设在取出合格品之前已取出的废品数为随机变量 X，求 $E(X)$ 和 $D(X)$。

13.一工厂生产某种设备的寿命 X(以年计)服从指数分布，概率密度为

$$f(x) = \begin{cases} \dfrac{1}{4} e^{-\frac{x}{4}}, & x > 0 \\ 0, & x \leqslant 0 \end{cases}$$

为确保消费者的利益,工厂规定出售的设备若在一年内损坏可以调换。若售出一台设备,工厂获利 100 元,而调换一台则损失 200 元,试求工厂出售一台设备赢利的数学期望。

14. 设 $X_1, X_2, \cdots, X_n$ 是相互独立的随机变量,且有 $E(X_i) = \mu$, $D(X_i) = \sigma^2$, $i = 1, 2, \cdots, n$,记 $\overline{X} = \dfrac{1}{n} \sum\limits_{i=1}^{n} X_i$, $S^2 = \dfrac{1}{n-1} \sum\limits_{i=1}^{n} (X_i - \overline{X})^2$。

(1) 验证 $E(\overline{X}) = \mu$, $D(\overline{X}) = \dfrac{\sigma^2}{n}$;

(2) 验证 $S^2 = \dfrac{1}{n-1} \left(\sum\limits_{i=1}^{n} X_i^2 - n\overline{X}^2 \right)$;

(3) 验证 $E(S^2) = \sigma^2$。

15. 对随机变量 X 与 Y,已知 $D(X) = 2$, $D(Y) = 3$, $\mathrm{Cov}(X, Y) = -1$,计算:$\mathrm{Cov}(3X - 2Y + 1, X + 4Y - 3)$。

16. 设二维随机变量 (X, Y) 的概率密度为

$$f(x, y) = \begin{cases} \dfrac{1}{\pi}, & x^2 + y^2 \leqslant 1 \\ 0, & \text{其他} \end{cases}$$

验证 X 与 Y 是不相关的,但 X 与 Y 不是相互独立的。

17. 设随机变量 (X, Y) 的分布律为

Y \ X	-1	0	1
-1	$\dfrac{1}{8}$	$\dfrac{1}{8}$	$\dfrac{1}{8}$
0	$\dfrac{1}{8}$	0	$\dfrac{1}{8}$
1	$\dfrac{1}{8}$	$\dfrac{1}{8}$	$\dfrac{1}{8}$

验证 X 与 Y 是不相关的,但 X 与 Y 不是相互独立的。

18. 设二维随机变量 (X, Y) 在以 $(0,0)$, $(0,1)$, $(1,0)$ 为顶点的三角形区域上服从均匀分布,求 $\mathrm{Cov}(X, Y)$, ρ_{XY}。

19. 设 (X, Y) 的概率密度为

$$f(x, y) = \begin{cases} \dfrac{1}{2} \sin(x + y), & 0 \leqslant x \leqslant \dfrac{\pi}{2}, 0 \leqslant y \leqslant \dfrac{\pi}{2} \\ 0, & \text{其他} \end{cases}$$

求协方差 $\mathrm{Cov}(X, Y)$ 和相关系数 ρ_{XY}。

20. 已知二维随机变量 (X, Y) 的协方差矩阵为 $\begin{pmatrix} 1 & 1 \\ 1 & 4 \end{pmatrix}$,试求 $Z_1 = X - 2Y$ 和 $Z_2 = 2X - Y$ 的相关系数。

21.对于两个随机变量 V,W,若 $E(V^2)$,$E(W^2)$ 存在,证明:
$$[E(VW)]^2 \leqslant E(V^2)E(W^2)$$
这一不等式称为柯西施瓦兹(Couchy-Schwarz)不等式。

22.假设一设备开机后无故障工作的时间 X 服从参数 $\lambda = \dfrac{1}{5}$ 的指数分布,设备定时开机,出现故障时自动关机,而在无故障的情况下工作 2 小时便关机。试求该设备每次开机无故障工作的时间 Y 的分布函数 $F(y)$。

23.已知甲、乙两箱中装有同种产品,其中甲箱中装有 3 件合格品和 3 件次品,乙箱中仅装有 3 件合格品。从甲箱中任取 3 件产品放入乙箱后,求:(1)乙箱中次品件数 Z 的数学期望;(2)从乙箱中任取一件产品是次品的概率。

24.假设由自动线加工的某种零件的内径 X(单位:毫米)服从正态分布 $N(\mu,1)$,内径小于 10 或大于 12 为不合格品,其余为合格品。销售每件合格品获利,销售每件不合格品亏损,已知销售利润 T(单位:元)与销售零件的内径 X 有如下关系
$$T = \begin{cases} -1, & \text{若 } X < 10 \\ 20, & \text{若 } 10 \leqslant X \leqslant 12 \\ -5, & \text{若 } X > 12 \end{cases}$$
平均直径 μ 取何值时,销售一个零件的平均利润最大?

25.设随机变量 X 的概率密度为
$$f(x) = \begin{cases} \dfrac{1}{2}\cos\dfrac{x}{2}, & 0 \leqslant x \leqslant \pi \\ 0, & \text{其他} \end{cases}$$
对 X 独立地重复观察 4 次,用 Y 表示观察值大于 $\dfrac{\pi}{3}$ 的次数,求 Y^2 的数学期望。

26.两台同样的自动记录仪,每台无故障工作的时间 $T_i(i=1,2)$ 服从参数为 5 的指数分布,首先开动其中一台,当其发生故障时停用而另一台自动开启。试求两台记录仪无故障工作的总时间 $T = T_1 + T_2$ 的概率密度 $f_T(t)$,数学期望 $E(T)$ 及方差 $D(T)$。

27.设两个随机变量 X 与 Y 相互独立,且都服从均值为 0,方差为 $\dfrac{1}{2}$ 的正态分布,求随机变量 $|X - Y|$ 的方差。

28.某流水生产线上每个产品不合格的概率为 $p(0 < p < 1)$,各产品合格与否相互独立,当出现一个不合格产品时,即停机检修。设开机后第一次停机时已生产的产品个数为 X,求 $E(X)$ 和 $D(X)$。

29.设随机变量 X 与 Y 的联合分布在点 $(0,1)$,$(1,0)$ 及 $(1,1)$ 为顶点的三角形区域上服从均匀分布,如下图所示。试求随机变量 $U = X + Y$ 的方差。

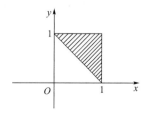

30.设随机变量 U 在区间 $[-2,2]$ 上服从均匀分布,随机变量

$$X=\begin{cases}-1, & \text{若 } U\leqslant-1 \\ 1, & \text{若 } U>-1\end{cases}, \quad Y=\begin{cases}-1, & \text{若 } U\leqslant 1 \\ 1, & \text{若 } U>1\end{cases}$$

求:(1)X 与 Y 的联合概率分布;(2)$D(X+Y)$。

第五章
大数定律及中心极限定理

本章介绍概率论的极限定理——大数定律及中心极限定理。

极限定理是概率论的基本理论,在理论研究和应用中起着重要的作用,其中最重要的就是大数定律及中心极限定理,大数定律是叙述随机变量序列的前一些项的算术平均值在某种条件下收敛到这些项的均值的算术平均值;中心极限定理则是确定在什么条件下,大量随机变量之和的分布逼近于正态分布。

在概率公理化之前,概率被定义为事件出现的频率的极限,这种说法的理论依据就是大数定律,即大数定律奠定了概率论在数学领域的最初地位,同时,大数定律本身具有极大的理论价值;中心极限定理的作用之一在于它确定了正态分布在概率论的中心地位,同时,其极大的应用价值使得各行各业的工业者手中拥有了一件处理随机变量的武器。

第一节　大数定律

在第一章曾讲过,大量试验证实,当重复试验的次数 n 逐渐增大时,频率 $f_n(A)$ 呈现出稳定性,逐渐稳定于一个常数,这种"频率稳定性"即通常所说的统计规律性。频率稳定性是概率定义的客观基础,本节我们对频率的稳定性做出理论的说明。

定义 5.1　设 $X_1,X_2,\cdots,X_n,\cdots$ 为一个随机变量序列,a 为一个常数,如果对任何 $\varepsilon>0$,都有

$$\lim_{n\to\infty}P\{|X_n-a|<\varepsilon\}=1 \tag{5.1}$$

则称序列 $X_1,X_2,\cdots,X_n,\cdots$ 依概率收敛到 a。

定理 5.1(辛钦大数定律)　设 $X_1,X_2,\cdots,X_n,\cdots$ 是相互独立的,服从同一分布的随

机变量序列,且具有数学期望 $E(X_k)=\mu(k=1,2,\cdots)$,则对任何 $\varepsilon>0$,有

$$\lim_{n\to\infty}P\left\{\left|\frac{1}{n}\sum_{i=1}^{n}X_i-\mu\right|<\varepsilon\right\}=1 \tag{5.2}$$

证明:我们只在 $D(X_k)=\sigma^2(k=1,2,\cdots)$ 存在这一条件下证明上述结论。由于

$$E\left(\frac{1}{n}\sum_{k=1}^{n}X_k\right)=\frac{1}{n}\sum_{k=1}^{n}E(X_k)=\frac{1}{n}(n\mu)=\mu$$

又由独立性可得

$$D\left(\frac{1}{n}\sum_{k=1}^{n}X_k\right)=\frac{1}{n^2}\sum_{k=1}^{n}D(X_k)=\frac{1}{n^2}(n\sigma^2)=\frac{\sigma^2}{n}$$

由切比雪夫不等式

$$1-\frac{\frac{\sigma^2}{n}}{\varepsilon^2}\leqslant P\left\{\left|\frac{1}{n}\sum_{i=1}^{n}X_i-\frac{1}{n}\sum_{i=1}^{n}E(X_i)\right|<\varepsilon\right\}\leqslant1$$

令 $n\to\infty$,得

$$\lim_{n\to\infty}P\left\{\left|\frac{1}{n}\sum_{i=1}^{n}X_i-\mu\right|<\varepsilon\right\}=1$$

$\left\{\left|\frac{1}{n}\sum_{i=1}^{n}X_i-\mu\right|<\varepsilon\right\}$ 是一个随机事件。等式(5.2)表示,当 $n\to\infty$ 时,这个事件依概率趋于1。即对于任意正数 ε,当 n 充分大时,不等式 $\left|\frac{1}{n}\sum_{i=1}^{n}X_i-\mu\right|<\varepsilon$ 成立的概率很大。通俗地讲,辛钦大数定律是说,对于独立同分布且具有均值 μ 的随机变量 $X_1,X_2,\cdots,X_n$,当 n 很大时,它们的算术平均 $\frac{1}{n}\sum_{i=1}^{n}X_i$ 很可能接近于 μ。

辛钦大数定律为实际生活中经常采用的算术平均值法则提供了理论依据,它断言:如果诸 X_i 是具有数学期望、相互独立、同分布的随机变量,则当 n 充分大时,算术平均值 $\frac{1}{n}\sum_{i=1}^{n}X_i$ 一定以接近1的概率落在正值 μ 的任意小的邻域内。据此,如果要测量一个物体的某指标值 μ,可以独立重复地测量 n 次,得到一组数据:$x_1,x_2,\cdots,x_n$,当 n 充分大时,可以确信 $\mu\approx\frac{x_1+x_2+\cdots+x_n}{n}$,且把 $\frac{x_1+x_2+\cdots+x_n}{n}$ 作为 μ 的近似值比一次测量作为 μ 的近似值要精确得多,因

$$E(X_k)=\mu(k=1,2,\cdots),E\left(\frac{1}{n}\sum_{k=1}^{n}X_k\right)=\mu$$

但

$$D(X_k)=\sigma^2(k=1,2,\cdots),D\left(\frac{1}{n}\sum_{k=1}^{n}X_k\right)=\frac{\sigma^2}{n}$$

即 $\frac{1}{n}\sum_{i=1}^{n}X_i$ 关于 μ 的偏差程度是一次测量的 $\frac{1}{n}$。

辛钦大数定律又可叙述为:

定理 5.1°(辛钦大数定律) 设 $X_1, X_2, \cdots, X_n, \cdots$ 是相互独立的,服从同一分布的随机变量序列,且具有数学期望 $E(X_k) = \mu (k = 1, 2, \cdots)$,则序列 $\overline{X} = \dfrac{1}{n} \sum\limits_{i=1}^{n} X_i$ 依概率收敛于 μ,即 $\overline{X} \xrightarrow{P} \mu$。

下面介绍一个辛钦大数定律的重要推论。

定理 5.2(伯努利大数定律) 设 n_A 为 n 重独立重复试验(即伯努利试验)中事件 A 发生的次数,p 是事件 A 在每次试验中发生的概率,则对任意正数 $\varepsilon > 0$,有

$$\lim_{n \to \infty} P\left\{ \left| \frac{n_A}{n} - p \right| < \varepsilon \right\} = 1 \tag{5.3}$$

或 $\dfrac{n_A}{n}$ 依概率收敛到 p。

证明略。

伯努利大数定律的结论表明,对于任意 $\varepsilon > 0$,只要独立重复试验的次数 n 充分大,事件 $\left| \dfrac{n_A}{n} - p \right| \geqslant \varepsilon$ 就是一个小概率事件,由实际推断原理知(小概率事件原理),这一事件实际上几乎是不会发生的,即在 n 充分大时事件 $\left| \dfrac{n_A}{n} - p \right| < \varepsilon$ 实际上几乎是必定要发生的。换言之,对于给定的任意小的正数,在试验次数无限增加时,事件"频率 $\dfrac{n_A}{n}$ 与概率 p 的偏差小于 ε"几乎是必定要发生的。这就是我们所说的频率稳定性的真正含义。由实际推断原理,在实际应用中,当试验次数很大时,便可以用事件的频率来代替事件的概率。

定理 5.3(切比雪夫大数定律) 设 $X_1, X_2, \cdots, X_n, \cdots$ 是相互独立的随机变量,如果存在常数 $M > 0$,使得 $D(X_k) \leqslant M (k = 1, 2, \cdots)$,则对任意 $\varepsilon > 0$,有

$$\lim_{n \to \infty} P\left\{ \left| \frac{1}{n} \sum_{i=1}^{n} X_i - \frac{1}{n} \sum_{i=1}^{n} E(X_i) \right| > \varepsilon \right\} = 0 \tag{5.4}$$

证明:由切比雪夫不等式

$$P\left\{ \left| \frac{1}{n} \sum_{i=1}^{n} X_i - \frac{1}{n} \sum_{i=1}^{n} E(X_i) \right| > \varepsilon \right\} \leqslant \frac{1}{\varepsilon^2} D\left(\frac{1}{n} \sum_{i=1}^{n} X_i \right)$$

$$= \frac{1}{\varepsilon^2 n^2} \sum_{i=1}^{n} D(X_i)$$

$$\leqslant \frac{M}{\varepsilon^2 n}$$

所以

$$\lim_{n \to \infty} P\left\{ \left| \frac{1}{n} \sum_{i=1}^{n} X_i - \frac{1}{n} \sum_{i=1}^{n} E(X_i) \right| > \varepsilon \right\} = 0$$

▶ 例 5-1 设随机变量序列 $X_1, X_2, \cdots, X_n, \cdots$ 相互独立,且都在 $[-\pi, \pi]$ 上均匀分布,记 $Y_k = \cos(kX_k)$,$k = 1, 2, \cdots$,证明对任意 $\varepsilon > 0$,有

$$\lim_{n \to \infty} P\left\{ \left| \frac{1}{n} \sum_{k=1}^{n} Y_k \right| < \varepsilon \right\} = 1$$

分析: 把这个式子与切比雪夫大数定律比较知,若能证明每个
$$E(Y_k) = 0, D(Y_k) \leqslant c, \quad k = 1, 2, \cdots$$
则命题得证。

证明: 因为 $X_k(k = 1, 2, \cdots)$ 的概率密度为

$$f(x) = \begin{cases} \dfrac{1}{2\pi}, & 0 \leqslant x \leqslant \pi \\ 0, & \text{其他} \end{cases}$$

于是

$$E(Y_k) = \int_{-\pi}^{\pi} \frac{1}{2\pi} \cos kx \, \mathrm{d}x = \frac{2}{2k\pi} \sin kx \Big|_0^{\pi} = 0$$

$$D(Y_k) = \int_{-\pi}^{\pi} \frac{1}{2\pi} \cos^2 kx \, \mathrm{d}x = \frac{2}{2\pi} \int_0^{\pi} \frac{1}{2} (1 + \cos 2kx) \, \mathrm{d}x = \frac{1}{2\pi} \left(x + \frac{1}{2k} \sin kx \right) \Big|_0^{\pi} = \frac{1}{2}$$

由于 $X_1, X_2, \cdots, X_n, \cdots$ 相互独立,则 $Y_1, Y_2, \cdots, Y_n, \cdots$ 也相互独立,且

$$E(Y_k) = 0, D(Y_k) = \frac{1}{2}, \quad k = 1, 2, \cdots$$

满足切比雪夫大数定律的条件,从而有

$$P\left\{ \left| \frac{1}{n} \sum_{k=1}^{n} Y_k - \frac{1}{n} \sum_{k=1}^{n} E(Y_k) \right| \geqslant \varepsilon \right\} \xrightarrow{n \to \infty} 0$$

即对任意 $\varepsilon > 0$,有

$$\lim_{n \to \infty} P\left\{ \left| \frac{1}{n} \sum_{k=1}^{n} Y_k \right| < \varepsilon \right\} = 1$$

第二节　中心极限定理

在实际问题中有许多随机变量,它们可看作是由大量的相互独立的随机因素的综合影响形成的。而其中每一个具体因素在总的影响中所起的作用都是比较微小的,这种随机变量往往近似地服从正态分布。这种现象就是中心极限定理的客观体现。本节介绍三个经典的中心极限定理。

定理 5.4(独立同分布的中心极限定理)　设 $X_1, X_2, \cdots, X_n, \cdots$ 是相互独立的,服从同一分布的随机变量序列,且 $E(X_k) = \mu, D(X_k) = \sigma^2 > 0 (k = 1, 2, \cdots)$,则对任意 $\varepsilon > 0$,有

$$\lim_{n \to \infty} P\left\{ \left| \frac{\sum\limits_{i=1}^{n} X_i - n\mu}{\sigma \sqrt{n}} \leqslant x \right| \right\} = \Phi(x) = \frac{1}{\sqrt{2\pi}} \int_{-\infty}^{x} \mathrm{e}^{-\frac{t^2}{2}} \, \mathrm{d}t \tag{5.5}$$

由于 $E\left(\sum\limits_{k=1}^{n} X_k \right) = n\mu, D\left(\sum\limits_{k=1}^{n} X_k \right) = n\sigma^2$

中心极限定理实质上为随机变量 $\dfrac{\sum\limits_{i=1}^{n} X_i - E\left(\sum\limits_{i=1}^{n} X_i \right)}{\sqrt{D\left(\sum\limits_{i=1}^{n} X_i \right)}}$ 近似服从标准正态分布 $N(0,$

1),当然这里要求 $X_1, X_2, \cdots, X_n, \cdots$ 是一列独立同分布的随机变量。

在一般情况下,很难求出 n 个随机变量之和 $\sum\limits_{k=1}^{n} X_k$ 的分布函数,而上面的定理表明,当 n 充分大时,可以通过标准正态分布给出其近似的分布。这样就可以利用正态分布对 $\sum\limits_{k=1}^{n} X_k$ 做理论分析或实际计算,其好处是明显的。

另一方面,可将 $\dfrac{\sum\limits_{i=1}^{n} X_i - E\left(\sum\limits_{i=1}^{n} X_i\right)}{\sqrt{D\left(\sum\limits_{i=1}^{n} X_i\right)}} = \dfrac{\sum\limits_{i=1}^{n} X_i - n\mu}{\sigma\sqrt{n}} \overset{近似}{\sim} N(0,1)$ 改写成以下形式:

$$\dfrac{\dfrac{1}{n}\sum\limits_{i=1}^{n} X_i - \mu}{\sigma/\sqrt{n}} = \dfrac{\overline{X} - \mu}{\sigma/\sqrt{n}} \overset{近似}{\sim} N(0,1) \text{ 或 } \overline{X} \overset{近似}{\sim} N\left(\mu, \dfrac{\sigma^2}{n}\right)$$

这就是独立同分布中心极限定理结果的另一个重要形式。该结果表明均值为 μ,方差为 σ^2 的独立同分布的随机变量 $X_1, X_2, \cdots, X_n$ 的算数平均 $\overline{X}$,当 n 充分大时近似地服从正态分布 $N\left(\mu, \dfrac{\sigma^2}{n}\right)$。这个结果是数理统计中大样本统计推断的基础。

> **例 5-2** 已知红黄两种番茄杂交的第二代结红果的植株与结黄果的植株的比率为 3:1,现种植杂交种 400 株,求结黄果植株介于 83 到 117 之间的概率。

解:由题意,任意一株杂交种或结红果或结黄果,只有两种可能性,且结黄果的概率 $P = \dfrac{1}{4}$;种植杂交种 400 株,相当于做了 400 次伯努利试验。若记 μ_{400} 为 400 株杂交种结黄果的株数,则 $\mu_{400} \sim B\left(400, \dfrac{1}{4}\right)$。

由于 $n = 400$ 较大,故由中心极限定理所求的概率为

$$P\{83 \leqslant \mu_{400} \leqslant 117\} \approx \Phi\left(\dfrac{117 - 400 \times \dfrac{1}{4}}{\sqrt{400 \times \dfrac{1}{4} \times \dfrac{3}{4}}}\right) - \Phi\left(\dfrac{83 - 400 \times \dfrac{1}{4}}{\sqrt{400 \times \dfrac{1}{4} \times \dfrac{3}{4}}}\right)$$

$$= \Phi(1.96) - \Phi(-1.96) = 2\Phi(1.96) - 1$$

$$= 0.975 \times 2 - 1 = 0.95$$

故结黄果植株介于 83 到 117 之间的概率为 0.95。

> **例 5-3** 某公司生产的电子元件合格率为 99.5%。装箱出售时,(1) 若每箱中装 1 000 只,问不合格品在 2 到 6 只之间的概率是多少?(2) 若要以 99% 的概率保证每箱合格品数不少于 1 000 只,问每箱至少应该多装几只这种电子元件?

分析:每箱中不合格品显然服从二项分布,可用独立同分布的中心极限定理来解决上述两个问题。

解:(1) 显然,这个公司生产的电子元件不合格率为 $1 - 0.995 = 0.005$,

设 X 表示"1 000 只电子元件中不合格的只数",则 $X \sim B(1\,000, 0.005)$。

$$P(2 \leqslant X \leqslant 6) = \Phi\left(\frac{6 - 1\,000 \times 0.005}{\sqrt{1\,000 \times 0.005 \times 0.995}}\right) - \Phi\left(\frac{2 - 1\,000 \times 0.005}{\sqrt{1\,000 \times 0.005 \times 0.995}}\right)$$

$$= \Phi(0.45) - \Phi(-1.34) = 0.673\,6 - (1 - 0.9099) = 0.583\,5$$

（2）设每箱中应多装 k 只元件，则不合格品数

$$X \sim B(1\,000 + k, 0.005)$$

由题设，应有

$$P\{X \leqslant k\} \geqslant 0.99$$

因而可得

$$P\{X \leqslant k\} = \Phi\left(\frac{k - (1\,000 + k) \times 0.005}{\sqrt{(1\,000 + k) \times 0.005 \times 0.995}}\right) \geqslant 0.99$$

于是 k 应满足

$$\frac{k - (1\,000 + k) \times 0.005}{\sqrt{(1\,000 + k) \times 0.005 \times 0.995}} \geqslant \mu_{0.99} = 2.326$$

解之，得 $k \geqslant 11$。

这就是说，每箱应多装 11 只电子元件，才能以 99% 以上的概率保证合格品数不少于 1 000 只。

例 5-4 设国际原油市场原油的每日价格的变化是均值为 0、方差为 100 的独立同分布的随机变量，且有关系式：$\eta_n = \eta_{n-1} + \xi_n, n \geqslant 1$。

其中 η_n 表示第 n 天原油的价格，ξ_n 表示第 n 天原油价格的变化量，其均值为 0、方差为 100。如果当天原油的价格为 120 美元，求 16 天后原油的价格在 116 与 124 之间的概率。（$\Phi(0.1) = 0.54$）

解：令 η_0 表示当天原油的价格，则 $\eta_0 = 120$，

$$\eta_{16} = \eta_{15} + \xi_{16} = \eta_{14} + \xi_{15} + \xi_{16} = \eta_0 + \sum_{k=1}^{16} \xi_k = 120 + \sum_{k=1}^{16} \xi_k$$

由中心极限定理得 $\dfrac{\sum\limits_{k=1}^{16} \xi_k - E\left(\sum\limits_{k=1}^{16} \xi_k\right)}{\sqrt{D\left(\sum\limits_{k=1}^{16} \xi_k\right)}} = \dfrac{\sum\limits_{k=1}^{16} \xi_k}{40}$，近似服从标准正态分布，

$$P\{116 < \eta_{16} < 124\} = P\left\{116 < 120 + \sum_{k=1}^{16} \xi_k < 124\right\} = P\left\{\left|\sum_{k=1}^{16} \xi_k\right| < 4\right\}$$

$$= P\left\{\left|\sum_{k=1}^{16} \xi_k\right| < \frac{4}{40}\right\} = 2\Phi(0.1) - 1 = 2 \times 0.54 - 1 = 0.08$$

即 16 天后原油的价格在 116 与 124 之间的概率为 0.08。

定理 5.5（李雅普诺夫定理） 设 $X_1, X_2, \cdots, X_n, \cdots$ 是相互独立的，服从同一分布的随机变量序列，且 $E(X_k) = \mu$，$D(X_k) = \sigma_k^2 > 0(k = 1, 2, \cdots)$，记

$$B_n^2 = \sum_{k=1}^{n} \sigma_k^2$$

若存在正数 $\delta > 0$,使得当 $n \to \infty$ 时,

$$\frac{1}{B_n^{2+\delta}} = \sum_{k=1}^{n} E\{|x_k - \mu_k|^{2+\delta}\} \to 0$$

则随机变量之和 $\sum\limits_{k=1}^{n} X_k$ 的标准化变量

$$\frac{\sum\limits_{k=1}^{n} X_k - E\left(\sum\limits_{k=1}^{n} X_k\right)}{\sqrt{D\left(\sum\limits_{k=1}^{n} X_k\right)}} = \frac{\sum\limits_{k=1}^{n} X_k - \sum\limits_{k=1}^{n} \mu_k}{B_n}$$

的分布函数 $F_n(x)$ 对任意 x 满足

$$\lim_{n\to\infty} F_n(x) = \lim_{n\to\infty} P\left\{\frac{\sum\limits_{k=1}^{n} X_k - \sum\limits_{k=1}^{n} \mu_k}{B_n} \leqslant x\right\} = \int_{-\infty}^{x} \frac{1}{\sqrt{2\pi}} e^{-\frac{t^2}{2}} dt = \Phi(x) \qquad (5.6)$$

证明略。

定理 5.5 表明,在一定条件下,随机变量 $Z = \dfrac{\sum\limits_{k=1}^{n} X_k - \sum\limits_{k=1}^{n} \mu_k}{B_n}$,当 n 很大时,近似地服从标准正态分布。因此,当 n 很大时,$\sum\limits_{k=1}^{n} X_k = B_n Z_n + \sum\limits_{k=1}^{n} \mu_k$ 近似地服从正态分布 $N\left(\sum\limits_{k=1}^{n} \mu_k, B_n^2\right)$。这就是说,各个随机变量 $X_k (k = 1, 2, \cdots)$ 不论服从什么分布,只要满足定理的条件,那么它们的和 $\sum\limits_{k=1}^{n} X_k$,当 n 很大时,就近似地服从正态分布。这就是正态分布随机变量在概率论中占有重要地位的一个原因。

定理 5.6(棣莫弗 - 拉普拉斯定理) 设随机变量 $X_n (n = 1, 2, \cdots)$ 服从参数为 n,$p (0 < p < 1)$ 的二项分布,则对于任意 x,有

$$\lim_{n\to\infty} P\left\{\frac{X_n - np}{\sqrt{np(1-p)}} \leqslant x\right\} = \int_{-\infty}^{x} \frac{1}{\sqrt{2\pi}} e^{-\frac{t^2}{2}} dt = \Phi(x) \qquad (5.7)$$

证明略。

这个定理表明,正态分布是二项分布的极限分布。当 n 充分大时,我们可以利用正态分布来计算二项分布的概率。

本章课程思政内容

随机现象中存在的必然规律的辩证法。

本章课程思政目标

1. 通过介绍中心极限定理,介绍随机现象的确定规律,培养学生的思辨精神。

2. 通过分析不同中心极限定理的内涵,帮助学生确立理性的世界观。

1.设随机变量 $X_1,X_2,\cdots,X_n,\cdots$ 相互独立同分布,且 $E(X_k)=0(k=1,2,\cdots)$,求 $\lim\limits_{n\to\infty}P\{\sum\limits_{i=1}^{n}X_i<n\}$。

2.设随机变量 $X_1,X_2,\cdots,X_n,\cdots$ 相互独立同分布,且概率密度为

$$p(x)=\begin{cases}\dfrac{1+\delta}{x^{2+\delta}}, & x>1 \\ 0, & x\leqslant 1\end{cases} \quad (0<\delta\leqslant 1)$$

问:(1) $X_k(k=1,2,\cdots)$ 的数学期望及方差是否存在?

(2) $X_1,X_2,\cdots,X_n,\cdots$ 是否服从大数定律?

3.某单位内部有 260 架电话分机,每个分机有 4% 的时间要用外线通话。可以认为各个电话分机用不同外线是相互独立的。问:总机需备多少条外线才能以 95% 的把握保证各个分机在使用外线时不必等候?

4.用一机床制造大小相同的零件,标准重为 $1\ \text{kg}$,由于随机误差,每个零件重量在 $(0.95,1.05)$ 上均匀分布,设每个零件重量相互独立,(1) 制造 1 200 个零件,问总重量大于 1 202 kg 的概率是多少?(2) 最多可以制造多少个零件,可使零件重量误差的绝对值小于 2 kg 的概率不小于 0.9?

5.设 $\xi_i(i=1,2,\cdots,50)$ 是相互独立的随机变量,且它们都服从参数为 $\lambda=0.03$ 的泊松分布。记 $\xi=\xi_1+\xi_2+\cdots+\xi_{50}$,试用中心极限定理计算 $P(\xi\geqslant 3)$。

6.一个加法器同时收到 20 个噪声电压 $V_k(k=1,2,\cdots,20)$。设它们是相互独立的随机变量,且都在区间 $[0,10]$ 上服从均匀分布。V 为加法器上受到的总噪声电压,求 $P\{V>105\}$。

7.某车间有 200 台车床,在生产时间内由于需要检修、调换刀具、变换位置、调换工作等常需停工,设开工率为 0.6,并设每台车床的工作是独立的且在开工时需电力 1 千瓦。问应供应该车间多少千瓦电力才能以 99.9% 的概率保证该车间不会因供电不足而影响生产?

8.一公寓有 200 户住户,一户住户拥有汽车辆数 X 的分布律为

X	0	1	2
P	0.1	0.6	0.3

问需要多少车位,才能使每辆车都拥有一个车位的概率至少为 0.95。

第六章

样本及抽样分布

前面五章我们研究了概率论的基本内容,从中得知:概率论是研究随机现象统计规律的一门数学分支。它从一个数学模型出发(比如随机变量的分布)去研究它的性质和统计规律。我们下面将要研究的数理统计,也是研究大量随机现象统计规律的。它研究如何以有效的方式收集、整理和分析带有随机影响的数据,以便对所考察的问题做出正确的推断和预测,为采取正确的决策和行动提供依据和建议。数理统计以概率论为理论基础,数理统计的内容很丰富,这里我们主要介绍数理统计的基本概念。

第一节   随机样本

一、 总体、个体与样本

数理统计中,称研究问题所涉及对象的全体为**总体**;而把组成总体的每个元素称为**个体**。

例如,研究某工厂生产的某种产品的废品率,则这种产品的全体就是总体,而每件产品都是一个个体;在研究我校男大学生的身高和体重的分布情况时,该校的全体男大学生组成了总体,而每个男大学生就是一个个体。

但对于具体问题,由于我们关心的不是每个个体的种种具体特性,而仅仅是它的某一项或几项数量指标 X(可以是向量)和该数量指标 X 在总体的分布情况。在上述例子中 X 表示产品的废品率或男大学生的身高和体重。在试验中,抽取了若干个个体就观察到了 X 的这样或那样的数值,因而这个数量指标 X 是一个随机变量(或向量),而 X 的分布就完全描写了总体中我们所关心的那个数量指标的分布状况。由于我们关心的正是这个数量指标,因此我们以后就把总体和**数量指标 X 可能取值的全体组成的集合**等同起来。为评价某种产品质量的好坏,通常的做法是:从全部产品中随机(任意)地抽取一些样品进行观测(检测),统计学上称这些样品为一个样本。同样,我们也将样本的数量指标称为**样本**。因此,今后当说到总体及样本时,既指**研究对象本身**又指它们的**数量指标**。

定义 6.1 把研究对象的全体(通常为数量指标 X 可能取值的全体组成的集合)称为**总体**;总体中的每个元素称为**个体**。

我们对总体的研究,就是对相应的随机变量 X 的分布的研究,所谓总体的分布也就是数量指标 X 的分布。因此,X 的分布函数和数字特征分别称为总体的分布函数和数字特征。今后将不区分总体与相应的随机变量,笼统地称为总体 X。根据总体中所包括个体的总数,将总体分为有限总体和无限总体。

▶ **例 6-1** 研究某地区 N 个农户的年收入。在这里,总体既指这 N 个农户,又指我们所关心的 N 个农户的数量指标 —— 他们的年收入(N 个数字)。

如果从这 N 个农户中随机地抽出 n 个农户作为调查对象,那么,这 n 个农户以及他们的数量指标 —— 年收入(n 个数字)就是样本。

注意:上例中的总体是直观的,看得见、摸得着的。但是,客观情况并非总是如此。

▶ **例 6-2** 用一把尺子测量一件物体的长度。假定 n 次测量值分别为 $X_1, X_2, \cdots, X_n$。显然,该问题中,我们把测量值 $X_1, X_2, \cdots, X_n$ 看成样本。但总体是什么呢?

事实上,这里没有一个现实存在的个体的集合可以作为上述问题的总体。可是,我们可以这样考虑,既然 n 个测量值 $X_1, X_2, \cdots, X_n$ 是样本,那么,总体就应理解为**一切所有可能的测量值的全体**。

▶ **例 6-3** 考察一位射手的射击情况:

X = 此射手反复地无限次射下去所有射击结果的全体;每次射击结果都是一个个体(对应于靶上的一点)

$$个体数量化 \ x = \begin{cases} 1, & 射中 \\ 0, & 未中 \end{cases}$$

1 在总体中的比例 p 为命中率;

0 在总体中的比例 $1 - p$ 为非命中率。

总体 X 由无数个 $0, 1$ 构成,其分布为两点分布 $B(1, p)$,

$$P\{X = 1\} = p, P\{X = 0\} = 1 - p$$

为了对总体的分布进行各种研究,就必须对总体进行抽样观察。抽样——从总体中按照一定的规则抽出一部分个体的行为。一般地,我们都是从总体中抽取一部分个体进行观察,然后根据观察所得数据来推断总体的性质。按照一定规则从总体 X 中抽取的一组个体 $X_1, X_2, \cdots, X_n$ 称为总体的一个样本,显然,样本为一个随机向量。

为了能更多更好地得到总体的信息,需要进行多次重复、独立的抽样观察(一般进行 n 次)。对抽样要求如下:

(1) 代表性:每个个体被抽到的机会一样,保证了 $X_1, X_2, \cdots, X_n$ 的分布与总体分布相同。

（2）独立性：$X_1,X_2,\cdots,X_n$ 相互独立。

那么，符合"代表性"和"独立性"要求的样本 $X_1,X_2,\cdots,X_n$ 称为**简单随机样本**。

易知，对有限总体而言，有放回的随机样本为简单随机样本，无放回的抽样不能保证 $X_1,X_2,\cdots,X_n$ 的独立性；但对无限总体而言，无放回随机抽样也可作为简单随机样本。本书主要研究**简单随机样本**。

对每一次观察都得到一组数据 $(x_1,x_2,\cdots,x_n)$，由于抽样是随机的，所以观察值 $(x_1,x_2,\cdots,x_n)$ 也是随机的。为此，给出如下定义：

定义 6.2　设总体 X 的分布函数为 $F(x)$，若 $X_1,X_2,\cdots,X_n$ 是具有同一分布函数 $F(x)$ 的相互独立的随机变量，则称 $(X_1,X_2,\cdots,X_n)$ 为从总体 X 中得到的容量为 n 的简单随机样本，简称**样本**。把它们的观察值 $(x_1,x_2,\cdots,x_n)$ 称为**样本值**。

定义 6.3　把样本 $(X_1,X_2,\cdots,X_n)$ 的所有可能取值构成的集合称为**样本空间**，显然一个样本值 $(x_1,x_2,\cdots,x_n)$ 是样本空间的一个点。

注：**样本具有双重性**，在理论上是随机变量，在具体问题中是数据。

二、样本的分布

设总体 X 的分布函数为 $F(x)$，$(X_1,X_2,\cdots,X_n)$ 是 X 的一个样本，则其联合分布函数为：

$$F(x_1,x_2,\cdots,x_n)=\prod_{i=1}^{n}F(x_i)$$

假设总体 X 具有概率密度 $f(x)$，则由于样本 $X_1,X_2,\cdots,X_n$ 是相互独立且与 X 同分布的，于是样本的联合概率密度为 $g(x_1,x_2,\cdots,x_n)=\prod_{i=1}^{n}f(x_i)$。

例 6-4　假设某大城市居民的收入服从正态分布 $N(\mu,\sigma^2)$，其概率密度函数为

$$f(x)=\frac{1}{\sigma\sqrt{2\pi}}e^{\frac{(x-\mu)^2}{2\sigma^2}},\quad -\infty<x<+\infty$$

现从中随机抽取一组样本 $X_1,X_2,\cdots,X_n$，因为它们相互独立，且都与总体同分布，即 $X_i\sim N(\mu,\sigma^2),i=1,2,\cdots,n$。

于是样本 $X_1,X_2,\cdots,X_n$ 的联合概率密度为

$$g(x_1,x_2\cdots,x_n)=\frac{1}{\sigma^n\sqrt{(2\pi)^n}}e^{-\frac{\sum\limits_{i=1}^{n}(x-\mu)^2}{2\sigma^2}}$$

第二节　统计量

有了总体和样本的概念，能否直接利用样本对总体进行推断呢？一般来说是不能

的,需要根据研究对象的不同,对样本进行"加工",构造出样本的各种不同函数,然后利用这些函数对总体的性质进行统计推断,比如考查一批产品的次品率,那么其研究对象就是两点分布总体 $B(1,p)$ 中的 p,样本 $X_1,X_2,\cdots,X_n$ 是 n 个可能取 0 或 1 的随机变量,显然 $\overline{X}=\dfrac{1}{n}(X_1+X_2+\cdots+X_n)$ 反映了"1"次品在 n 个产品中占的比例,我们自然会想到用 $\overline{X}$ 来估计 p。这里 $\overline{X}$ 就是由样本 $X_1,X_2,\cdots,X_n$"加工"出来的量。下面介绍数理统计的另一重要概念——统计量。

一、统计量的概念

定义 6.4 设 $(X_1,X_2,\cdots,X_n)$ 是来自总体 X 的一个样本,$g(X_1,X_2,\cdots,X_n)$ 是样本的函数,若 g 中**不含任何未知参数**,则称 $g(X_1,X_2,\cdots,X_n)$ 是一个**统计量**。

设 $(x_1,x_2,\cdots,x_n)$ 是对应于样本 $(X_1,X_2,\cdots,X_n)$ 的样本值,则称 $g(x_1,x_2,\cdots,x_n)$ 是 $g(X_1,X_2,\cdots,X_n)$ 的观察值。

例如,设总体 $X\sim N(\mu,\sigma^2)$,μ 已知而 σ^2 未知,$(X_1,X_2,\cdots,X_n)$ 是来自总体 X 的一个样本,则 $\dfrac{1}{n}\sum\limits_{i=1}^{n}X_i$ 和 $\dfrac{1}{n}\sum\limits_{i=1}^{n}(X_i-\mu)^2$ 都是统计量,但 $\dfrac{1}{\sigma}\sum\limits_{i=1}^{n}X_i$ 和 $\dfrac{1}{\sigma^2}\sum\limits_{i=1}^{n}(X_i-\mu)^2$ 都不是统计量。

二、常用统计量

将样本"加工"成统计量应该有明确的目的,它应尽可能提取样本中所含的有关总体分布特性的信息。例如,对于正态分布总体 $N(\mu,\sigma^2)$,样本 $X_1,X_2,\cdots,X_n$ 中的每一个量都含有未知参数 μ 和 σ^2 的信息,统计量 $\overline{X}=\dfrac{1}{n}(X_1+X_2+\cdots+X_n)$ 则将其中 μ 的信息集中体现出来,而削弱了其他(如 σ^2)的信息。现在给出一些常见的统计量。

1. 样本均值与样本方差

定义 6.5 设 $X_1,X_2,\cdots,X_n$ 为一组样本,则称 $\overline{X}=\dfrac{1}{n}\sum\limits_{i=1}^{n}X_i$ 为**样本均值**。它的基本作用是估计总体分布的均值和对有关总体均值的假设做检验。

设 $X_1,X_2,\cdots,X_n$ 为一组样本,则称 $S^2=\dfrac{1}{n-1}\sum\limits_{i=1}^{n}(X_i-\overline{X})^2$ 为**样本方差**。它的基本作用是估计总体分布的方差 σ^2 和对有关总体分布的均值或方差的假设进行检验。需要特别说明的是,在一些统计著作中,有时把样本方差定义为 $\dfrac{1}{n}\sum\limits_{i=1}^{n}(X_i-\overline{X})^2$。这种定义的缺点是,它不具有所谓的无偏性,而 S^2 具有无偏性,这一点在后续讨论中将会看到。

往往我们称 S^2 的平方根 S,即 $S=\sqrt{\dfrac{1}{n-1}\sum\limits_{i=1}^{n}(X_i-\overline{X})^2}$ 为**样本标准差**,它的基本作用是估计总体分布的标准差 σ。注意,S 与样本具有相同的度量单位,而 S^2 则不然。

2. 样本矩

定义 6.6 设 $(X_1,X_2,\cdots,X_n)$ 是来自总体 X 的一个样本,则称

$$A_k = \frac{1}{n} \sum_{i=1}^{n} X_i^k, k = 1, 2, 3, \cdots$$ 为**样本的 k 阶原点矩**；

$$M_k = \frac{1}{n} \sum_{i=1}^{n} (X_i - \overline{X})^k, k = 1, 2, 3, \cdots$$ 为**样本的 k 阶中心矩**。

显然，一阶样本原点矩即为样本均值，因此可把样本原点矩理解为样本均值概念的推广；二阶样本中心矩即为未修正样本方差，因此可把样本中心矩理解为未修正样本方差概念的推广。

> **例 6-5** $X_1, X_2, \cdots, X_n$ 来自总体 X 服从参数为 p 的 (0-1) 分布的一组样本，求 $E(\overline{X}), D(\overline{X}), E(S^2)$。

解：X 服从参数为 p 的 (0-1) 分布，故 $E(X) = p, D(X) = p(1-p)$，由性质得

$$E(\overline{X}) = \mu = p, D(\overline{X}) = \frac{\sigma^2}{n} = \frac{1}{n} p(1-p), E(S^2) = \sigma^2 = p(1-p)$$

性质 6.1 设总体 X 的期望为 μ，方差为 σ^2，则

1° $E(\overline{X}) = E(X) = \mu$；

2° $D(\overline{X}) = \dfrac{D(X)}{n} = \dfrac{\sigma^2}{n}$；

3° $E(S^2) = D(X) = \sigma^2$；

4° X 与 S^2 相互独立。

统计量是我们对总体的分布函数或数字特征进行统计推断的最重要的基本概念，所以寻求统计量的分布成为数理统计的基本问题之一。我们把统计量的分布称为**抽样分布**。然而要求出一个统计量的精确分布是十分困难的。在统计推断中，经常用到统计分布的一类数字特征 —— 分位数。在即将讨论一些常用的统计分布前，我们先给出分位数的一般概念。

三、分 位 数

定义 6.7 设随机变量 X 的分布函数为 $F(x)$，对给定的实数 $\alpha (0 < \alpha < 1)$，如果实数 F_α 满足

$$P\{X > F_\alpha\} = \alpha$$

或

$$-F(F_\alpha) = 1 - \alpha \tag{6.3}$$

则称 F_α 为随机变量 X 的分布的水平 α 的**上侧分位数**，或直接称为分布函数 $F(x)$ 的水平 α 的上侧分位数。

显然，如果 $F(x)$ 是严格单调增的，那么其水平 α 的上侧分位数为 $F_\alpha = F^{-1}(1 - \alpha)$。

当 X 是连续型随机变量时，设其概率密度为 $f(x)$，则其水平 α 的上侧分位数 F_α 满足

$$\int_{F_\alpha}^{+\infty} f(x) \mathrm{d}x = \alpha 。$$

如图 6-1 所示，介于概率密度曲线下方，x 轴上方与垂直直线 $x = F_\alpha$ 右方之间的阴影区域的面积恰好等于 α。

例如,标准正态分布 $N(0,1)$ 的水平 α 的上侧分位数通常记作 u_a,则 u_a 满足

$$1-\Phi(u_a)=\alpha \quad 即 \quad \Phi(u_a)=1-\alpha$$

图 6-2 给出了标准正态分布的水平 α 的上侧分位数的图示。

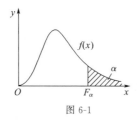 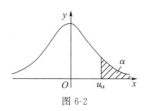

图 6-1   图 6-2

一般讲,直接求解分位数是很困难的,对常见的统计分布,在本书附录 2 中给出了标准正态分布函数值表,通过查表,可以很方便地得到分位数的值。例如,对给定 α 的,查标准正态分布函数值表,可得到 u_a 的值。对于像标准正态分布那样的对称分布(概率密度函数为偶函数,关于 y 轴对称),统计学中还用到另一种分位数 —— 双侧分位数。

定义 6.8 设 X 是对称分布的随机变量,其分布函数为 $F(x)$,对给定的实数 α,如果实数 T_a 满足 $P\{|X|>T_a\}=\alpha$ 即 $F(T_a)-F(-T_a)=1-\alpha$,则称实数 T_a 为随机变量 X 的分布的水平 α 的**双侧分位数**(简称为**分位数**),或直接称为分布(函数)$F(x)$ 的水平 α 的分位数。

由于对称性,可改写为 $F(T_a)=1-\dfrac{\alpha}{2}$。可见,水平 α 的分位数实际等于水平 $\dfrac{\alpha}{2}$ 的上侧分位数,即有 $T_a=F_{\frac{\alpha}{2}}$。

图 6-3 以标准正态分布为例给出了双侧分位数的图示。

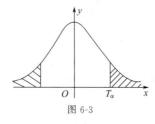

图 6-3

下面我们给出统计三大分布的生成背景。χ^2 分布、t 分布和 F 分布是统计学上的三大分布,它们在统计上有着广泛的应用,在独立性的假设下可以导出这些分布。

第三节   抽样分布

获取抽样样本与总体的分布函数

把 χ^2 分布、t 分布、F 分布统称为"统计三大分布"。

一、χ^2 分布

定义 6.9 设 $X_1,X_2,\cdots,X_n$ 是 n 个相互独立、同分布的随机变量,其共同分布为标

准正态分布 $N(0,1)$，则随机变量

$$Y = X_1^2 + X_2^2 + \cdots + X_n^2 \tag{6.4}$$

服从自由度为 n 的 χ^2 分布，记为 $\chi^2(n)$。$\chi^2(n)$ 分布概率密度为

$$k_n(y) = \begin{cases} \dfrac{\left(\dfrac{1}{2}\right)^{\frac{n}{2}}}{\Gamma\left(\dfrac{n}{2}\right)} y^{\frac{n}{2}-1} e^{-\frac{y}{2}}, & y > 0 \\ 0, & y \leqslant 0 \end{cases} \tag{6.5}$$

其中 n 称为自由度，是 χ^2 分布中唯一的参数。由于 χ^2 变量 Y 是 n 个独立变量 $X_1, X_2, \cdots,$ X_n 的平方和，每个变量 X_i 都可以随意取值，可以说它有 n 个变量，故有 n 个自由度。

χ^2 分布具有下列重要性质：

1° 可加性：设 $Y_1 \sim \chi^2(m)$，$Y_2 \sim \chi^2(n)$，且两者相互独立，则 $Y_1 + Y_2 \sim \chi^2(m+n)$。

证明：事实上，根据 χ^2 分布的定义，我们可以把 Y_1 和 Y_2 分别表示为

$$Y_1 = X_1^2 + X_2^2 + \cdots + X_m^2, \quad Y_2 = Z_1^2 + Z_2^2 + \cdots + Z_n^2$$

其中 $X_1, X_2, \cdots, X_m$ 和 $Z_1, Z_2, \cdots, Z_n$ 都服从 $N(0,1)$，且相互独立，于是 $Y_1 + Y_2 = X_1^2 + X_2^2 + \cdots + X_m^2 + Z_1^2 + Z_2^2 + \cdots + Z_n^2$。

根据 χ^2 分布的定义，这就证明了 $Y_1 + Y_2 \sim \chi^2(m+n)$。

2° 若 $\chi^2 \sim \chi^2(n)$，则 $E(\chi^2) = n$，$D(\chi^2) = 2n$，即 χ^2 分布的均值等于它的自由度，而方差等于它的自由度的二倍。

证明：设 $Y \sim \chi^2(n)$，则 $Y = X_1^2 + X_2^2 + \cdots + X_n^2$，这里 $X_i \sim N(0,1)$ 且相互独立，因而 $E(X_i) = 0$，$D(X_i) = E(X_i^2) = 1$。故

$$E(Y) = E\left(\sum_{i=1}^{n} X_i^2\right) = \sum_{i=1}^{n} E(X_i^2) = n$$

这就证明了第一条结论。

另一方面，利用分部积分不难验证

$$E(X_i^4) = \frac{1}{\sqrt{2\pi}} \int_{-\infty}^{+\infty} x^4 e^{-\frac{x^2}{2}} dx = 3, \quad (i = 1, 2, \cdots, n)$$

于是

$$D(X_i^2) = E(X_i^4) - [E(X_i^2)]^2 = 3 - 1 = 2$$

再利用 $X_1, X_2, \cdots, X_n$ 的独立性，有

$$D(Y) = \sum_{i=1}^{n} D(X_i^2) = 2n$$

这就证明了第二条结论。它的图形如图 6-4 所示。

对于给定的正数 α，$0 < \alpha < 1$，称满足条件 $P\{\chi^2 > \chi_\alpha^2(n)\} = \int_{\chi_\alpha^2(n)}^{+\infty} k_n(y) dy = \alpha$ 的数 $\chi_\alpha^2(n)$ 为 χ^2 分布的上 α 分位数，如图 6-5 所示，对不同的 n 和 α，分位数 $\chi_\alpha^2(n)$ 的值有现成的表给出。例如 $\alpha = 0.05$，$n = 20$，$\chi_{0.05}^2(20) = 31.41$。

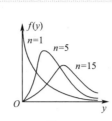 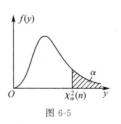

图 6-4　　　　　　　　图 6-5

例 6-6　已知 $U \sim \chi^2(15)$，求满足 $P\{U > \lambda_1\} = 0.025$ 及 $P\{U < \lambda_2\} = 0.05$ 的 λ_1 和 λ_2。

解：$\lambda = \chi_\alpha^2(k)$，查 χ^2 分布临界值表，由 $k = 15, \alpha = 0.025$，查表得 $\lambda_1 = \chi_{0.025}^2(15) = 27.488$；

$P\{U < \lambda_2\} = 1 - P\{U \geqslant \lambda_2\} = 1 - P\{U > \lambda_2\} = 0.05$；所以 $P\{U > \lambda_2\} = 0.95$。查 χ^2 分布临界值表得 $\lambda_2 = \chi_{0.95}^2(15) = 7.261$。

例 6-7　设样本 $X_1, X_2, \cdots, X_n$ 来自总体 $N(0,1), Y = (X_1 + X_2 + X_3)^2 + (X_4 + X_5 + X_6)^2$，试确定常数 C 使 CY 服从 χ^2 分布。

解：因样本 $X_1, X_2, \cdots, X_n$ 来自总体 $N(0,1)$，故

$$X_1 + X_2 + X_3 \sim N(0,3), X_4 + X_5 + X_6 \sim N(0,3)$$

且两者相互独立，因此

$$\frac{X_1 + X_2 + X_3}{\sqrt{3}} \sim N(0,1), \frac{X_4 + X_5 + X_6}{\sqrt{3}} \sim N(0,1)$$

且两者相互独立，按 χ^2 分布的定义

$$\frac{(X_1 + X_2 + X_3)^2}{3} + \frac{(X_4 + X_5 + X_6)^2}{3} \sim \chi^2(2)$$

即 $\frac{1}{3}Y \sim \chi^2(2)$，即知 $C = \frac{1}{3}$。

例 6-8　设总体 $X \sim N(\mu, 16), X_1, X_2, \cdots, X_{10}$ 是来自总体 X 的一个容量为 10 的简单随机样本，S^2 为其样本方差，且 $P(S^2 > a) = 0.1$，求 a 的值。

解：$\chi^2 = \frac{9S^2}{16} \sim \chi^2(9), P\{S^2 > a\} = P\left\{\chi^2 > \frac{9a}{16}\right\} = 0.1$。查表得

$$\frac{9a}{16} = 14.684$$

所以

$$a = \frac{14.684 \times 16}{9} = 26.105$$

二、t 分布

t 分布是统计中的一个重要分布，它与 $N(0,1)$ 的微小差别是戈塞特（Gosset，1876—1937）提出的。他是英国一家酿酒厂的化学技师，在长期从事实验和数据分析工作中，发现了 t 分布，并在 1908 年以"Student"笔名发表此项结果，故后人又称它为"学生氏分布"。在当时正态分布一统天下的情况下，戈塞特的 t 分布没有被外界理解和接受，

只能在他的酿酒厂中使用,直到 1923 年英国统计学家费西尔(Fisher,1890—1962)给出分布的严格推导并于 1925 年编制了 t 分布表后,t 分布才得到学术界的承认,并获得迅速的传播、发展和应用。

定义 6.10 设随机变量 $X \sim N(0,1), Y \sim \chi^2(n)$ 且 X 与 Y 相互独立,则称随机变量

$$T = \frac{X}{\sqrt{Y/n}} \tag{6.6}$$

的分布为自由度为 n 的 t **分布**,记为 $T \sim t(n)$。自由度为 n 的 t 分布的概率密度为

$$p_t(u) = \frac{\Gamma\left(\frac{n+1}{2}\right)}{\Gamma\left(\frac{n}{2}\right)\sqrt{n\pi}}\left(1 + \frac{u^2}{n}\right)^{-\frac{n+1}{2}}, \quad -\infty < u < +\infty \tag{6.7}$$

它只含唯一的参数 n,而 n 正是 χ^2 分布的自由度。如图 6-6 所示。

设 $T \sim t(n)$,对给定的 $\alpha(0 < \alpha < 1)$,称满足条件

$$P\{T > t_\alpha(n)\} = \int_{t_\alpha(n)}^{+\infty} p_t(u)\mathrm{d}u = \alpha$$

的数 $t_\alpha(n)$ 为 t 分布的上 α 分位数。如图 6-7 所示。t 分布的分位数的具体数值可以从 t 分布临界值表中查到。

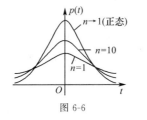

图 6-6

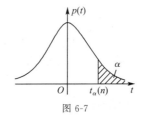

图 6-7

> **例 6-9** $T \sim t(10)$,查 t 分布临界值表求满足下列等式的 λ。

(1) $P\{t(10) > \lambda\} = 0.25$;

(2) $P\{t(10) < \lambda\} = 0.25$;

(3) $P\{|t(10)| > \lambda\} = 0.05$。

解: (1) 查 t 分布临界值表,有 $\alpha = 0.25, n = 10, \lambda = t_{0.25}(10) = 0.699\,8$。

(2) 由 t 分布的对称性,有

$$\lambda = -t_{0.25}(10) = -0.699\,8$$

(3) $P\{|t(10)| > \lambda\} = P\{t(10) > \lambda\} + P\{t(10) < -\lambda\} = 0.05$,由 t 分布的对称性,有

$$P\{t(10) > \lambda\} = \frac{1}{2} \times 0.05 = 0.025$$

所以 $\lambda = t_{0.025}(10) = 2.228\,1$。

三、 F 分布

定义 6.11 设随机变量 $X \sim \chi^2(m), Y \sim \chi^2(n)$,且 X 与 Y 相互独立。则随机变量

$$F = \frac{X/m}{Y/n} \tag{6.8}$$

为服从自由度为 m 和 n 的 F **分布**,记为 $F \sim F(m,n)$。F 分布的概率密度函数为

$$p_F(u) = \frac{\Gamma\left(\dfrac{n+m}{2}\right)}{\Gamma\left(\dfrac{n}{2}\right)\Gamma\left(\dfrac{m}{2}\right)} n^{\frac{n}{2}} m^{\frac{m}{2}} u^{\frac{m}{2}-1} (mu+n)^{-\frac{n+m}{2}}, \quad u > 0 \tag{6.9}$$

这就是自由度为 m 和 n 的 F 分布的概率密度函数,它含有两个参数 m 和 n。F 分布的概率密度函数如图 6-8 所示。它的数学期望与方差分别为

$$\begin{cases} E(F) = \dfrac{n}{n-2}, & n > 2 \\[3mm] D(F) = \dfrac{2n^2(n+m-2)}{m(n-2)^2(n-4)}, & n > 4 \end{cases} \tag{6.10}$$

设 $F \sim F(m,n)$,对给定的 $\alpha(0 < \alpha < 1)$,称满足条件 $P\{F > F_\alpha(m,n)\} = \int_{F_\alpha(m,n)}^{+\infty} p_F(u)\mathrm{d}u = \alpha$ 的数 $F_\alpha(m,n)$ 为 F 分布的上 α 分位数,如图 6-9 所示。其中 $p_F(u)$ 为 F 分布的概率密度函数。它可以从 F 分布临界值表中查到。

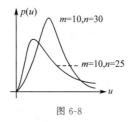

图 6-8

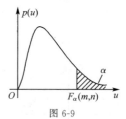

图 6-9

F 分布具有下列重要性质:

1° 设 $X \sim F(m,n)$。记 $Y = \dfrac{1}{X}$,则 $Y \sim F(n,m)$

这个性质可以直接从 F 分布的定义推出。利用这个性质我们可以得到 F 分布分位数的如下关系。

$$F_{1-\alpha}(m,n) = \frac{1}{F_\alpha(n,m)}$$

证明:若 $X \sim F(m,n)$,依据分位点的定义

$$1-\alpha = P\{X > F_{1-\alpha}(m,n)\} = P\left\{\frac{1}{X} < \frac{1}{F_{1-\alpha}(m,n)}\right\}$$

$$= P\left\{Y < \frac{1}{F_{1-\alpha}(m,n)}\right\} = 1 - P\left\{Y \geqslant \frac{1}{F_{1-\alpha}(m,n)}\right\}$$

等价地有

$$P\left\{Y > \frac{1}{F_{1-\alpha}(m,n)}\right\} = \alpha$$

因为 $Y \sim F(m,n)$,再根据分位数的定义,知 $\dfrac{1}{F_{1-\alpha}(m,n)}$ 就是 $F_\alpha(n,m)$,即

$$\frac{1}{F_{1-\alpha}(m,n)} = F_{\alpha}(n,m)$$

在通常 F 分布表中,只对 α 比较小的值,如 $\alpha = 0.1, 0.01, 0.05, 0.025$ 等列出了分位数。但有时我们也需要知道 α 值相对比较大的分位数,它们在 F 分布临界值表中查不到。这时我们就可以利用分位数的关系式把它们计算出来。

例如,对 $m = 12, n = 9, \alpha = 0.95$,我们在 F 分布表中查不到。但由公式知

$$F_{0.95}(12,9) = \frac{1}{F_{0.05}(9,12)} = \frac{1}{3.07} = 0.326$$

这里 $F_{0.05}(9,12) = 3.07$ 是可以从 F 分布临界值表查到的。

2° 设 $X \sim t(n), X^2 \sim F(1,n)$。

证明: 设 $X \sim t(n)$,根据定义,X 可以表示为

$$X = \frac{Y}{\sqrt{Z/n}}$$

其中 $Y \sim N(0,1), Z \sim \chi^2(n)$ 且相互独立。于是

$$X^2 = \frac{Y^2}{Z/n}$$

注意到 $Y^2 \sim \chi^2(1)$,依据 F 分布的定义知,$X^2 \sim F(1,n)$。

> **例 6-10** 设总体 X 服从标准正态分布,$X_1, X_2, \cdots, X_n$ 是来自总体 X 的一个简单随机样本,试问统计量

$$Y = \frac{\left(\dfrac{n}{5} - 1\right) \displaystyle\sum_{i=1}^{5} X_i^2}{\displaystyle\sum_{i=6}^{n} X_i^2}, \quad n > 5$$

服从何种分布?

解: $\chi_1^2 = \displaystyle\sum_{i=1}^{5} X_i^2 \sim \chi^2(5), \chi_2^2 = \displaystyle\sum_{i=6}^{n} X_i^2 \sim \chi^2(n-5)$

且 χ_1^2 与 χ_2^2 相互独立。所以

$$Y = \frac{\chi_1^2/5}{\chi_2^2/n-5} \sim F(5,n-5)$$

> **例 6-11** 设 $F \sim F(8,12)$,查表求满足 $P\{F > \lambda_1\} = 0.05$ 及 $P\{F < \lambda_2\} = 0.05$ 的 λ_1 和 λ_2.

解:（1）查 F 分布临界值表,$\alpha = 0.05, n_1 = 8, n_2 = 12, \lambda_1 = F_{0.05}(8,12) = 3.28$。

（2）$P\{F < \lambda_2\} = P\left\{\dfrac{1}{F} > \dfrac{1}{\lambda_2}\right\} = 0.05, \dfrac{1}{F} \sim F(12,8)$,查 F 分布临界值表,有

$$\alpha = 0.05, n_1 = 8, n_2 = 12$$

得

$$\frac{1}{\lambda_2} = F(12,8) = 2.85$$

故

$$\lambda_2 = \frac{1}{2.85} = 0.3509$$

四、正态总体的抽样分布

定理 6.1 设总体 $X \sim N(\mu, \sigma^2)$，$X_1, X_2, \cdots, X_n$ 为总体 X 的简单随机样本，$\overline{X} = \sum\limits_{i=1}^{n} \dfrac{X_i}{n}$，$S^2 = \dfrac{1}{n-1} \sum\limits_{i=1}^{n} (X_i - \overline{X})^2$，则有

(1) $\dfrac{\overline{X} - \mu}{\sigma / \sqrt{n}} \sim N(0, 1)$；

(2) $\dfrac{n-1}{\sigma^2} S^2 \sim \chi^2(n-1)$，且 $\overline{X}$ 与 S^2 相互独立；

(3) $\dfrac{\overline{X} - \mu}{S / \sqrt{n}} \sim t(n-1)$。

由结论(1)可知：样本均值 $\overline{X}$ 有很好的性质，它的分布以总体均值 μ 为中心对称，单分散程度是总体的 $\dfrac{1}{n}$，也就是说，如以 $\overline{X}$ 作 μ 的估计，其精度要比用单个样本做估计要高 n 倍；结论(2)表明，在正态总体情形，两个重要的统计量 S^2 与 $\overline{X}$ 是相互独立的；对正态总体来说，总体方差的估计 S^2 经过适当的变换后，其分布为 $\chi^2(n-1)$，这样对总体方差的统计推断是重要的。

例 6-12 设总体 X 服从正态分布 $N(62, 100)$，为使样本均值大于 60 的概率不小于 0.95，问样本容量 n 至少应取多大？

解：设需要样本容量为 n，则

$$\frac{\overline{X} - \mu}{\sigma / \sqrt{n}} = \frac{\overline{X} - \mu}{\sigma} \sqrt{n} \sim N(0, 1)$$

$$P\{\overline{X} > 60\} = P\left\{\frac{\overline{X} - 62}{10} \sqrt{n} > \frac{60 - 62}{10} \sqrt{n}\right\}$$

查标准正态分布函数值表，得 $\Phi(1.64) \approx 0.95$。所以 $0.2\sqrt{n} \geqslant 1.64$，$n \geqslant 67.24$。故样本容量至少应取 68。

本章课程思政内容

> 1. 统计学发展史。
> 2. 许宝騄：中国统计的一代宗师。

本章课程思政目标

> 1. 了解我国统计学发展史，尤其通过比较中外统计学发展史，有利于我们总结历史经验，了解国情。
> 2. 通过对许宝騄等优秀统计学家热爱祖国、兢兢业业工作的光荣事迹的学习，增强爱国主义情怀。

练习题

1. 设总体 $X \sim f(x) = \begin{cases} |x|, & |x| < 1 \\ 0, & |x| \geqslant 1 \end{cases}$，$X_1, X_2, \cdots, X_{50}$ 为取自该总体的样本，求：(1) 样本均值的数学期望和方差；(2) 样本方差的数学期望；(3) 样本均值的绝对值大于 0.02 的概率。

2. 设总体 $X \sim N(\mu, \sigma^2)$，假如要以 0.960 的概率保证偏差 $|\overline{X} - \mu| < 0.1$，问当 $\sigma^2 = 0.25$ 时，样本容量应取多大？

3. 从一个正态总体 $X \sim N(\mu, \sigma^2)$ 中抽取容量为 10 的样本，且 $P\{|\overline{X} - \mu| > 4\} = 0.02$，求 σ。

4. 设在总体 $X \sim N(\mu, \sigma^2)$ 中抽取一个容量为 16 的样本，这里 μ, σ^2 均未知，求 $P\left\{\dfrac{S^2}{\sigma^2} \leqslant 1.664\right\}$。

5. 设总体 $X \sim N(\mu, 16)$，$X_1, X_2, \cdots, X_{10}$ 为取自该总体的样本，已知 $P\{S^2 > a\} = 0.1$，求常数 a。

6. 设总体 $X \sim N(\mu, \sigma^2)$，$X_1, X_2, \cdots, X_n$ 为取自该总体的样本，求：

(1) $P\left\{(\overline{X} - \mu)^2 \leqslant \dfrac{\sigma^2}{n}\right\}$；

(2) 当样本容量很大时，$P\left\{(\overline{X} - \mu)^2 \leqslant \dfrac{2S^2}{n}\right\}$；

(3) 当样本容量等于 6 时，$P\left\{(\overline{X} - \mu)^2 \leqslant \dfrac{2S^2}{3}\right\}$。

7. 设 $X_1, X_2, \cdots, X_{10}$ 为取自总体 $X \sim N(0, 0.09)$ 的样本，求 $P\left\{\sum\limits_{i=1}^{10} X_i^2 > 1.44\right\}$。

8. 设 $X_1, X_2, \cdots, X_9$ 为取自总体 $X \sim N(0, 4)$ 的样本，求常数 a, b, c 使得 $Q = a(X_1 + X_2)^2 + b(X_3 + X_4 + X_5)^2 + c(X_6 + X_7 + X_8 + X_9)^2$ 服从 χ^2 分布，并求其自由度。

9. 设随机变量 X, Y 相互独立且都服从标准正态分布，而 $X_1, X_2, \cdots, X_9$ 和 $Y_1, Y_2, \cdots, Y_9$ 分别是取自总体 X, Y 的相互独立的简单随机样本，求统计量 $Z = \dfrac{X_1 + X_2 + \cdots + X_9}{\sqrt{Y_1^2 + Y_2^2 + \cdots + Y_9^2}}$ 的分布，并指明参数。

10. 设总体 $X \sim N(0, 4)$，而 $X_1, X_2, \cdots, X_{15}$ 为取自该总体的样本，则随机变量 $Y = \dfrac{X_1^2 + X_2^2 + \cdots + X_{10}^2}{2(X_{11}^2 + X_{12}^2 + \cdots + X_{15}^2)}$ 服从_____分布，参数为_____。

11. 设总体 $X \sim N(0, 1)$，$X_1, X_2, \cdots, X_n$ 为取自该总体的样本，求 $V = \left(\dfrac{n}{5} - 1\right) \dfrac{\sum\limits_{i=1}^{5} X_i^2}{\sum\limits_{i=6}^{n} X_i^2}\ (n > 5)$ 的分布。

第七章

参数估计

点估计法与
区间估计法

  概率论解决的是随机事件发生的可能性大小问题,而在实际中,往往需要对总体做出统计推断。例如,根据某次考试成绩,估计成绩服从什么分布。若成绩服从正态分布,估计参数 μ,σ^2 是多少。

  参数估计是统计推断的基本问题之一,这里的参数是指总体分布中的未知参数或者总体中的某些未知的数字特征,如均值、方差等。参数估计是讨论如何根据样本来对总体分布的未知参数做出估计。参数估计分为参数的点估计与区间估计。

第一节   点估计

  在实际问题中,我们常常遇到要对一个未知参数进行估计的情况。例如,想知道某一城市家庭中汽车的拥有率,调查了 10 000 户,发现有 4 826 户拥有汽车,则估计这个城市家庭中汽车的拥有率为 0.482 6。我们用一个**统计数值** 0.482 6 作为汽车拥有率的估计值,这样的估计就是**点估计**。

  下面给出**点估计**的定义。

  本章中假定总体分布为离散型或连续型,总体指标以 X 表示。设 $(X_1, X_2, \cdots, X_n)$ 为总体 X 的样本,$(x_1, x_2, \cdots, x_n)$ 为样本值,θ 为待估计参数,$\theta \in \Theta$,Θ 为 θ 的取值范围,称为参数空间,尽管 θ 是未知的,但参数空间 Θ 是已知的。点估计问题就是根据样本 $(X_1, X_2, \cdots, X_n)$ 构造一个统计量 $\hat{\theta}(X_1, X_2, \cdots, X_n)$,作为参数 θ 的估计,$\hat{\theta}(X_1, X_2, \cdots, X_n)$ 称为 θ 的估计量,用它的观测值 $\hat{\theta}(x_1, x_2, \cdots, x_n)$ 作为 θ 的真值的估计,$\hat{\theta}(x_1, x_2, \cdots, x_n)$ 称为 θ 的估计值。在不引起混淆的情况下,估计量与估计值统称为 θ 的**点估计**。

本节介绍两种比较常用的求点估计的方法 —— **矩估计法和最大似然估计法**。

一、矩估计法

矩估计法是英国统计学家 K. Pearson 在 1900 年提出的。其基本思想是用**同阶的样本矩作为同阶的总体矩的估计**；用样本矩的函数作为相应的总体矩的函数的估计。例如，$E(X)$ 是总体的一阶原点矩，则用样本的一阶原点矩 $\frac{1}{n}\sum\limits_{i=1}^{n}X_i=\overline{X}$ 作为它的估计，即 $\hat{E}(X)=\overline{X}$。这种求点估计的方法称为**矩估计法**。用矩估计法确定的估计量称为**矩估计量**，相应的估计值称为**矩估计值**。

矩估计法求矩估计的具体做法是：

设总体 X 中含有 k 个未知参数 $\theta_1,\theta_2,\cdots,\theta_k$，$X_1,X_2,\cdots,X_n$ 是样本，假定总体 X 的 k 阶原点矩 $\mu_k=E(X^k)$ 存在（如不存在，则无法利用矩估计法），则对所有的 $i,0<i<k$，μ_i 都存在，通常情况下它们是 $\theta_1,\theta_2,\cdots,\theta_k$ 的函数，得方程组

$$\begin{cases} \mu_1=E(X)=g_1(\theta_1,\theta_2,\cdots,\theta_k) \\ \mu_2=E(X^2)=g_2(\theta_1,\theta_2,\cdots,\theta_k) \\ \quad\quad\vdots \\ \mu_k=E(X^k)=g_k(\theta_1,\theta_2,\cdots,\theta_k) \end{cases}$$

解这个方程组得到：

$$\begin{cases} \theta_1=f_1(\mu_1,\mu_2,\cdots,\mu_k) \\ \theta_2=f_2(\mu_1,\mu_2,\cdots,\mu_k) \\ \quad\quad\vdots \\ \theta_k=f_k(\mu_1,\mu_2,\cdots,\mu_k) \end{cases}$$

由于 $\mu_i(i=1,2,\cdots,k)$ 是总体的 i 阶原点矩，由矩估计法的思想，用样本的 i 阶原点矩 $A_i=\frac{1}{n}\sum\limits_{j=1}^{n}X_j^i(i=1,2,\cdots,k)$ 作为它的估计，即 $\hat{\mu}_i=\frac{1}{n}\sum\limits_{j=1}^{n}X_j^i,i=1,2,\cdots,k$。

代入方程得出 $\hat{\theta}_i=f_i(A_1,A_2,\cdots,A_k),i=1,2,\cdots,k$。

以 $\hat{\theta}_i=f_i(A_1,A_2,\cdots,A_k),i=1,2,\cdots,k$ 作为 $\theta_i(i=1,2,\cdots,k)$ 的估计量，这种估计量称为矩估计量。

▶ **例 7-1** 设总体 X 的均值 μ 与方差 σ^2 都存在，且 $\sigma^2>0$，μ，σ^2 未知，$X_1,X_2,\cdots,$ X_n 是总体的一个简单随机样本，求：(1) 总体均值 μ 与方差 σ^2 的矩估计量；(2) 若通过抽样取得的一组样本值为 1 502，1 453，1 367，1 650，求总体均值 μ 与方差 σ^2 的矩估计值。

解：(1) 由 $\begin{cases} E(X)=\mu \\ E(X^2)=D(X)+E^2(X)=\sigma^2+\mu^2 \end{cases}$，解得

$$\begin{cases} \mu=E(X)=\mu_1 \\ \sigma^2=E(X^2)-E^2(X)=\mu_2-\mu_1^2 \end{cases}$$

而 $\hat{\mu}_1 = \frac{1}{n}\sum_{i=1}^{n} X_i = \overline{X}, \hat{\mu}_2 = \frac{1}{n}\sum_{i=1}^{n} X_i^2$,从而得到

$$\hat{\mu} = \overline{X}, \hat{\sigma}^2 = \frac{1}{n}\sum_{i=1}^{n} X_i^2 - \overline{X}^2 = \frac{1}{n}\sum_{i=1}^{n} (X_i - \overline{X})^2 = \frac{n-1}{n}S^2$$

(2) $\overline{x} = \frac{1}{4}(1\ 502 + 1\ 453 + 1\ 367 + 1\ 650) = 1\ 493$

$$\frac{1}{n}\sum_{i=1}^{n} (x_i - \overline{x})^2 = \frac{1}{4}\big[(1\ 502 - 1\ 493)^2 + (1\ 453 - 1\ 493)^2 + (1\ 367 - 1\ 493)^2$$
$$+ (1\ 650 - 1\ 493)^2\big] = 10\ 551$$

代入矩估计量公式得:均值 μ 的矩估计值为 $\hat{\mu} = 1\ 493$,方差 σ^2 的矩估计值为 $\hat{\sigma}^2 = 10\ 551$。

本题说明,当总体分布未知时,只要相应的总体矩存在,就可做矩估计,这也是矩估计的优点。

▶ 例 7-2　设总体 X 服从 (a,b) 上的均匀分布, $X_1, X_2, \cdots, X_n$ 是总体的一个简单随机样本,求 a,b 的矩估计。

解: $E(X) = \frac{a+b}{2}, D(X) = \frac{(b-a)^2}{12}$,从而

$$a = E(X) - \sqrt{3D(X)}, b = E(X) + \sqrt{3D(X)}$$

直接应用例1的结论可知, $\hat{a} = \overline{X} - \sqrt{(X_i - \overline{X})^2}, \hat{b} = \overline{X} + \sqrt{(X_i - \overline{X})^2}$,即

$$\begin{cases} \hat{a} = \overline{X} - \sqrt{\dfrac{3(n-1)}{n}}S \\ \hat{b} = \overline{X} + \sqrt{\dfrac{3(n-1)}{n}}S \end{cases}$$

▶ 例 7-3　设总体服从指数分布,其概率密度为 $f(x;\lambda) = \begin{cases} \lambda e^{-\lambda x}, & x > 0 \\ 0, & x \leqslant 0 \end{cases}$, $\lambda > 0, X_1, X_2, \cdots, X_n$ 是总体的一个简单随机样本,求 λ 的矩估计。

解:只有一个未知参数,由于 $E(X) = \frac{1}{\lambda}$,所以 $\lambda = \frac{1}{E(X)}$,而 $E(\hat{X}) = \overline{X}$,所以 λ 的矩估计为 $\hat{\lambda} = \overline{X}$。

另外,由于 $D(X) = \frac{1}{\lambda^2}$,从而 $\lambda = \frac{1}{\sqrt{D(X)}}$, $D(\hat{X}) = \frac{1}{n}\sum_{i=1}^{n}(X_i - \overline{X})^2 = \frac{n-1}{n}S^2$。则 λ 的矩估计为 $\hat{\lambda} = \frac{1}{\sqrt{\dfrac{n-1}{n}}S}$。

由此题我们发现,对于同一个未知参数,采用不同阶的矩去估计它,得到的矩估计不唯一,这也是矩估计的一个缺点。规定尽量用低阶矩去估计参数,一方面计算简单,另一方面估计的效果也比较好。

二、最大似然估计法

1821 年德国数学家 Gauss 首先提出最大似然估计法的概念,英国统计学家 Fisher 于 1912 年将这一方法进一步发展,使其得到广泛应用。为了说明最大似然估计法的思想,举两个例子。

▷ 例 7-4 甲、乙两人去打靶,根据以往的经验,甲打中的概率为 0.1,乙打中的概率为 0.6,现在甲、乙各打了一枪,经检查,发现只有一枪中靶,试估计是谁打中的?

分析: 由于甲打中的概率只有 0.1,远远低于乙打中的概率 0.6,看起来最有可能打中的是乙,所以估计是乙打中的。

▷ 例 7-5 一袋中有红、白球共 20 个,已知其分别是 15 个和 5 个,但不知哪种颜色的球多,为了检验袋中哪种颜色的球多,现从中有放回地摸 3 次球,发现是红、白、红,是否有理由认为袋中有 15 个红球?

分析: 为了合理地判断是否是 15 个红球,分别计算一下袋中有 15 个红球和 5 个红球时得到这种结果的概率。为了计算方便,设 $X_i = \begin{cases} 1, & 第 i 次取到红球 \\ 0, & 第 i 次取到白球 \end{cases}$ $(i=1,2,3)$,若袋中有 15 个红球,则 $P\{X_i=1\} = \frac{3}{4}$,$P\{X_i=0\} = \frac{1}{4}$ $(i=1,2,3)$,故

$$P\{X_1=1, X_2=0, X_3=1\} = P\{X_1=1\}P\{X_2=0\}P\{X_3=1\} = \frac{9}{64}$$

若袋中有 5 个红球,同理可求,得到此结果的概率为 $\frac{3}{64}$,由于 $\frac{9}{64} > \frac{3}{64}$,所以认为袋中最有可能是 15 个红球,所以有理由认为袋中有 15 个红球。

事实上,利用此种方法,只要知道摸球的结果,我们就能得到两个不同的概率值,从而通过比较大小得到一个最有可能的结果,进而得到合理的估计。这个"最有可能"就是我们所说的最大似然。这种方法就是**最大似然估计法**。

更为一般的情况,若总体 X 为离散型,其分布律为 $P\{X=x\} = p(x;\theta)$,θ 为待估计参数,$X_1, X_2, \cdots, X_n$ 是来自总体 X 的样本,$x_1, x_2, \cdots, x_n$ 是相应于样本的一个样本值,则 $P\{X_1=x_1, X_2=x_2, \cdots, X_n=x_n\} = \prod_{i=1}^{n} P\{X_i=x_i\} = \prod_{i=1}^{n} p(x_i;\theta)$,这一概率值是 θ 的函数,记为 $L(\theta) = L(x_1, x_2, \cdots, x_n; \theta) = \prod_{i=1}^{n} p(x_i;\theta)$,$L(\theta)$ 称为样本的**似然函数**。

由于 $x_1, x_2, \cdots, x_n$ 是已经出现了的结果,可以看作常数。当 θ 取不同值时,就能得到不同的概率值 $L(\theta)$,按照最大似然的思想,使得 $L(\theta)$ 取得最大值的 θ 是比较合理的。于是问题就转化为在 θ 的可能取值范围内,求使 $L(\theta)$ 取得最大值的 θ,作为未知参数 θ 的估计值,即

$$L(\hat{\theta}) = \max L(\theta)$$

这样得到的 $\hat{\theta}$ 是 $x_1, x_2, \cdots, x_n$ 的函数,记为 $\hat{\theta}(x_1, x_2, \cdots, x_n)$,$\hat{\theta}(x_1, x_2, \cdots, x_n)$ 称为参

数 θ 的**最大似然估计值**,相应的统计量 $\hat{\theta}(X_1,X_2,\cdots,X_n)$ 称为 θ 的**最大似然估计量**。

若总体 X 为连续型,其概率密度为 $f(x;\theta)$, θ 为待估计参数, $X_1,X_2,\cdots,X_n$ 是来自总体 X 的样本, $x_1,x_2,\cdots,x_n$ 是相应于样本的一个样本值,则样本的**似然函数**定义为

$$L(\theta)=L(x_1,x_2,\cdots,x_n;\theta)=\prod_{i=1}^{n}f(x_i;\theta)$$

θ 的最大似然估计值就是使得 $L(\theta)$ 取得最大值的 $\hat{\theta}(x_1,x_2,\cdots,x_n)$,最大似然估计量就是相应的统计量 $\hat{\theta}(X_1,X_2,\cdots,X_n)$。

由此,求最大似然估计值的问题就是求函数 $L(\theta)$ 的最大值问题。如果 $L(\theta)$ 可微,则可利用 $\dfrac{\mathrm{d}L(\theta)}{\mathrm{d}\theta}=0$,解出 $\hat{\theta}(x_1,x_2,\cdots,x_n)$。由于对似然函数直接求导计算比较困难,而 $\ln L(\theta)$ 与 $L(\theta)$ 有相同的最大值点,所以也可利用 $\dfrac{\mathrm{d}\ln L(\theta)}{\mathrm{d}\theta}=0$,解出 $\hat{\theta}(x_1,x_2,\cdots,x_n)$。

▷ **例 7-6** 设总体 X 的概率密度 $f(x;\theta)=\begin{cases}\dfrac{x}{\theta^2}\mathrm{e}^{-\frac{x}{\theta}}, & x>0,\theta>0\\ 0, & \text{其他}\end{cases}$。 $X_1,X_2,\cdots,$ X_n 为总体 X 的一个样本,求 θ 的最大似然估计量。

解:似然函数为 $L(\theta)=\prod_{i=1}^{n}f(x_i,\theta)=\prod_{i=1}^{n}\dfrac{x_i}{\theta^2}\mathrm{e}^{-\frac{x_i}{\theta}}=\theta^{-2n}\mathrm{e}^{-\frac{1}{\theta}\sum_{i=1}^{n}x_i}\left(\prod_{i=1}^{n}x_i\right)$。

取对数　　　　　$\ln L(\theta)=-2n\ln\theta+\sum_{i=1}^{n}\ln x_i-\dfrac{1}{\theta}\sum_{i=1}^{n}x_i$

求导　　　　　　$\dfrac{\mathrm{d}\ln L(\theta)}{\mathrm{d}\theta}=-\dfrac{2n}{\theta}+\dfrac{1}{\theta^2}\sum_{i=1}^{n}x_i$

令　　　　　　　$\dfrac{\mathrm{d}\ln L(\theta)}{\mathrm{d}\theta}=0$

解得 $\hat{\theta}=\dfrac{1}{2n}\sum_{i=1}^{n}x_i=\dfrac{\overline{x}}{2}$,所以 θ 的最大似然估计量为 $\hat{\theta}=\dfrac{\overline{X}}{2}$。

▷ **例 7-7** 设一个试验有三种可能结果,其发生的概率分别为 $1-\theta,\theta-\theta^2,\theta^2$,现做了 10 次试验,观测到三种结果发生的次数分别为 5、2、3 次,求 θ 的最大似然估计值。

解:设样本观测值分别为 $x_1,x_2,\cdots,x_{10}$,则似然函数为

$$L(\theta)=\prod_{i=1}^{10}P\{X_i=x_i\}=(1-\theta)^5(\theta-\theta^2)^2(\theta^2)^3$$
$$=\theta^8(1-\theta)^7$$

而　　　　　　　$\ln L(\theta)=8\ln\theta+7\ln(1-\theta)$

对 θ 求导,得

$$\dfrac{\mathrm{d}\ln L(\theta)}{\mathrm{d}\theta}=\dfrac{8}{\theta}-\dfrac{7}{1-\theta}$$

令 $\dfrac{\mathrm{d}\ln L(\theta)}{\mathrm{d}\theta}=0$,即 $\dfrac{8}{\theta}-\dfrac{7}{1-\theta}=0$,解之得 $\hat{\theta}=\dfrac{8}{15}$。

对数求导法是求最大似然估计的最常用方法,但并不是所有的问题求导都能解决,下面的例子就说明了这一点。

▶ 例 7-8 设总体 X 服从 $(0,\theta)$ 上的均匀分布,$X_1,X_2,\cdots,X_n$ 是来自总体的样本,求 θ 的最大似然估计值和最大似然估计量。

解:设 $x_1,x_2,\cdots,x_n$ 是相应的样本观测值,X 的概率密度为

$$f(x)=\begin{cases}\dfrac{1}{\theta}, & 0<x<\theta \\ 0, & \text{其他}\end{cases}$$

则似然函数为

$$L(\theta)=\begin{cases}\dfrac{1}{\theta^n}, & 0<x_1,x_2,\cdots,x_n<\theta \\ 0, & \text{其他}\end{cases}$$

但 $\dfrac{\mathrm{d}\ln L}{\mathrm{d}\theta}=-\dfrac{n}{\theta}\neq 0$,所以不能用对数求导法求最大似然估计。

记 $x_{(n)}=\max\{x_1,x_2,\cdots,x_n\}$,因 $0<x_1,x_2,\cdots,x_n<\theta$,所以似然函数等价于

$$L(\theta)=\begin{cases}\dfrac{1}{\theta^n}, & 0<x_{(n)}<\theta \\ 0, & \text{其他}\end{cases}$$

因此 $\theta>x_{(n)}$。

而 $L(\theta)=\dfrac{1}{\theta^n}$,当 $\theta>0$ 时是减函数,所以只有当 $\theta=x_{(n)}$ 时,$L(\theta)$ 取得最大值。

所以 θ 的最大似然估计值为 $\hat{\theta}=x_{(n)}$,最大似然估计量为 $\hat{\theta}=X_{(n)}$。

需要说明两点:(1)若有 k 个未知参数 $\theta_1,\theta_2,\cdots,\theta_k$ 待估计,则似然函数为

$$L(\theta_1,\theta_2,\cdots,\theta_k)=\prod_{i=1}^{n}f(x_i;\theta_1,\theta_2,\cdots,\theta_k)$$

取对数,然后求偏导,并令导数为 0,得到

$$\begin{cases}\dfrac{\partial \ln L(\theta_1,\theta_2,\cdots,\theta_k)}{\partial \theta_1}=0 \\ \quad\vdots \\ \dfrac{\partial \ln L(\theta_1,\theta_2,\cdots,\theta_k)}{\partial \theta_k}=0\end{cases}$$

解这个方程组,得到 $\theta_1,\theta_2,\cdots,\theta_k$ 的最大似然估计。

▶ 例 7-9 设总体 X 服从正态分布 $N(\mu,\sigma^2)$,$X_1,X_2,\cdots,X_n$ 是来自总体的样本,求 μ,σ^2 的最大似然估计量。

解:设 $x_1,x_2,\cdots,x_n$ 是相应的样本观测值,X 的概率密度为

$$f(x;\mu,\sigma^2)=\frac{1}{\sqrt{2\pi}\sigma}\mathrm{e}^{-\frac{(x-\mu)^2}{2\sigma^2}},$$

所以似然函数及其对数分别为

$$L(\mu,\sigma^2)=\prod_{i=1}^{n}f(x_i;\mu,\sigma^2)=\prod_{i=1}^{n}\frac{1}{\sqrt{2\pi}\sigma}e^{-\frac{(x_i-\mu)^2}{2\sigma^2}}=(2\pi\sigma^2)^{-\frac{n}{2}}e^{-\frac{1}{2\sigma^2}\sum\limits_{i=1}^{n}(x_i-\mu)^2}$$

$$\ln L(\mu,\sigma^2)=-\frac{1}{2\sigma^2}\sum_{i=1}^{n}(x_i-\mu)^2-\frac{n}{2}\ln\sigma^2-\frac{n}{2}\ln(2\pi)$$

对 μ,σ^2 求偏导,并令其为 0 得

$$\begin{cases}\dfrac{\partial\ln L(\mu,\sigma^2)}{\partial\mu}=\dfrac{1}{\sigma^2}\sum\limits_{i=1}^{n}(x_i-\mu)=0\\[3mm]\dfrac{\partial\ln L(\mu,\sigma^2)}{\partial\sigma^2}=\dfrac{1}{2\sigma^4}\sum\limits_{i=1}^{n}(x_i-\mu)^2-\dfrac{n}{2\sigma^2}=0\end{cases}$$

由第一个方程解出 μ 的最大似然估计量为 $\hat{\mu}=\dfrac{1}{n}\sum\limits_{i=1}^{n}X_i=\overline{X}$,

将之代入第二个方程,得出 σ^2 的最大似然估计量为 $\hat{\sigma}^2=\dfrac{1}{n}\sum\limits_{i=1}^{n}(X_i-\overline{X})^2$。

(2) 设 θ 的函数 $\mu=\mu(\theta)$ 具有单值反函数,又设 $\hat{\theta}$ 是参数 θ 的最大似然估计,则 μ 的最大似然估计 $\hat{\mu}=\mu(\hat{\theta})$。

▶ 例 7-10   某公司通过长期数据证实员工迟到的次数服从泊松分布,由以下数据 (表 7-1) 求某员工未迟到的概率 P 的最大似然估计值。X 表示迟到次数,s 表示人数,迟到超过 5 次以上的 0 人。

表 7-1

X	0	1	2	3	4	5
s	44	42	21	9	4	2

解:迟到次数 X 服从泊松分布,$P\{X=k\}=\dfrac{\lambda^k}{k!}e^{-\lambda},k=0,1,2\cdots$ 则

$P\{X=0\}=\dfrac{\lambda^0}{0!}e^{-\lambda}=e^{-\lambda}$,由题意求 $e^{-\lambda}$ 的最大似然估计。

先求 λ 的最大似然估计。建立似然函数

$$L(\lambda)=\prod_{i=1}^{n}P\{X_i=x_i\}=\prod_{i=1}^{n}\frac{\lambda^{x_i}}{x_i!}e^{-\lambda}=e^{-n\lambda}\prod_{i=1}^{n}\frac{\lambda^{x_i}}{x_i!}$$

$$\ln L(\lambda)=-n\lambda+\ln\lambda\sum_{i=1}^{n}x_i-\sum_{i=1}^{n}\ln(x_i!)$$

令 $\dfrac{d\ln L(\lambda)}{d\lambda}=-n+\dfrac{\sum\limits_{i=1}^{n}x_i}{\lambda}=0$,得 $\hat{\lambda}=\overline{x}$,由所给数据,迟到平均次数

$$\overline{x}=\frac{1}{122}(44\times0+42\times1+21\times2+9\times3+4\times4+2\times5)=1.123$$

所以 $\hat{P}\{X=0\}=e^{-\hat{\lambda}}=e^{-\overline{x}}=e^{-1.123}\approx0.3253$。

第二节   估计量的评选标准

在参数估计问题中,同一个参数,用不同的估计方法能得到不尽相同的估计量,哪一种估计量是科学的、合理的? 而评选的依据又是什么呢? 下面从不同角度研究点估计的性质,给出无偏性、有效性、相合性三个比较常用的估计量的评选标准。

一、无偏性

估计量是一个随机变量,每次试验所取得的估计值是随机的,我们希望估计值不要与被估计参数的真值相差太大,能够在真值上下摆动,也就是说,希望 $\hat{\theta}$ 的数学期望等于 θ 的真值,由此得到无偏性标准。

定义 7.1   设 $\hat{\theta} = \hat{\theta}(X_1, X_2, \cdots, X_n)$ 是未知参数 θ 的一个估计,θ 的参数空间为 Θ,

$$\text{若对任意 } \theta \in \Theta, \quad \text{有 } E(\hat{\theta}) = \theta$$

则称 $\hat{\theta}$ 是 θ 的无偏估计。称 $|E(\hat{\theta}) - \theta|$ 为系统误差。有系统误差的估计称为有偏估计。事实上,当我们使用 $\hat{\theta}$ 估计 θ 时,由于样本的随机性,$\hat{\theta}$ 的估计值与 θ 之间总存在一定的偏差,这个偏差可正、可负,而无偏性则要求这些偏差平均值为 0。

▶ **例 7-11**   设总体 X 的方差 σ^2 存在,$X_1, X_2, \cdots, X_n$ 是样本,证明 $S^2 = \dfrac{1}{n-1} \sum_{i=1}^{n} (X_i - \overline{X})^2$ 是总体方差 σ^2 的无偏估计。

证明: $S^2 = \dfrac{1}{n-1} \sum_{i=1}^{n} (X_i - \overline{X})^2 = \dfrac{1}{n-1} \left[\sum_{i=1}^{n} X_i^2 - n(\overline{X})^2 \right]$

$$E(S^2) = E\left[\frac{1}{n-1} \sum_{i=1}^{n} X_i^2 - n(\overline{X})^2 \right] = \frac{1}{n-1} \sum_{i=1}^{n} E(X_i^2) - \frac{n}{n-1} E(\overline{X})^2$$

$$= \frac{1}{n-1} \sum_{i=1}^{n} [D(X_i) + E^2(X_i)] - \frac{n}{n-1} D(\overline{X}) - \frac{n}{n-1} E^2(\overline{X})$$

$$= \frac{1}{n-1} \sum_{i=1}^{n} [D(X) + E^2(X)] - \frac{n}{n-1} D(\overline{X}) - \frac{n}{n-1} E^2(\overline{X})$$

$$= \frac{n}{n-1} D(X) - \frac{n}{n-1} D(\overline{X}) = \frac{n}{n-1} D(X) - \frac{1}{n-1} D(X) = D(X) = \sigma^2$$

其中 $E(\overline{X}) = E(X), D(\overline{X}) = \dfrac{1}{n} D(X)$。所以 $S^2 = \dfrac{1}{n-1} \sum_{i=1}^{n} (X_i - \overline{X})^2$ 是总体方差 σ^2 的无偏估计。

可以证明,样本的 k 阶原点矩是总体的 k 阶原点矩的无偏估计。

▶ **例 7-12**   设 $X_1, X_2, \cdots, X_n$ 是总体 X 的一个样本,$\theta_1 = \overline{X}, \theta_2 = X_2, \theta_3 = \sum_{i=1}^{n} c_i X_i$,其中 $c_i > 0 (i = 1, 2, \cdots, n)$,且 $\sum_{i=1}^{n} c_i = 1$。证明 $\theta_1, \theta_2, \theta_3$ 是总体均值 μ 的无偏估计。

证明：$E(\theta_1) = E(\overline{X}) = \mu$

$\qquad E(\theta_2) = E(X_2) = \mu$

$\qquad E(\theta_3) = E\left(\sum\limits_{i=1}^{n} c_i X_i\right) = \sum\limits_{i=1}^{n} c_i E(X_i) = E(X) \sum\limits_{i=1}^{n} c_i = \mu$

所以 $\theta_1, \theta_2, \theta_3$ 是总体均值 μ 的无偏估计。

> 例 7-13　设总体 X 的概率密度为 $f(x;\theta) = \begin{cases} \dfrac{1}{2\theta}, & 0 < x < \theta \\ \dfrac{1}{2(1-\theta)}, & \theta \leqslant x < 1 \\ 0, & 其他 \end{cases}$

其中参数 $\theta(0 < \theta < 1)$ 未知，$X_1, X_2, \cdots, X_n$ 是来自总体 X 的简单随机样本，$\overline{X}$ 是样本均值。

（1）求参数 θ 的矩估计量 $\hat{\theta}$；

（2）判断 $4\overline{X}^2$ 是否为 θ^2 的无偏估计量，并说明理由。

解：（1）$E(X) = \displaystyle\int_{-\infty}^{+\infty} x f(x;\theta)\mathrm{d}x = \int_0^{\theta} \dfrac{x}{2\theta}\mathrm{d}x + \int_{\theta}^1 \dfrac{x}{2(1-\theta)}\mathrm{d}x$

$\qquad\qquad = \dfrac{\theta}{4} + \dfrac{1}{4}(1+\theta) = \dfrac{\theta}{2} + \dfrac{1}{4}$

解得 $\qquad\qquad\qquad\qquad\qquad \theta = 2E(X) - \dfrac{1}{2}$

令 $\hat{E}(X) = \overline{X}$，得 θ 的矩估计量为

$$\hat{\theta} = 2\overline{X} - \dfrac{1}{2}$$

（2）$E(4\overline{X}^2) = 4E(\overline{X}^2) = 4[D(\overline{X}) + E^2(\overline{X})] = 4\left[\dfrac{D(X)}{n} + E^2(X)\right]$，

而 $\qquad\qquad E(X^2) = \displaystyle\int_{-\infty}^{+\infty} x^2 f(x;\theta)\mathrm{d}x = \int_0^{\theta} \dfrac{x^2}{2\theta}\mathrm{d}x + \int_{\theta}^1 \dfrac{x^2}{2(1-\theta)}\mathrm{d}x$

$\qquad\qquad\qquad = \dfrac{\theta^2}{3} + \dfrac{1}{6}\theta + \dfrac{1}{6}$

$\qquad D(X) = E(X^2) - E^2(X) = \dfrac{\theta^2}{3} + \dfrac{1}{6}\theta + \dfrac{1}{6} - \left(\dfrac{1}{2}\theta + \dfrac{1}{4}\right)^2$

$\qquad\qquad\qquad = \dfrac{1}{12}\theta^2 - \dfrac{1}{12}\theta + \dfrac{5}{48}$

故 $\qquad E(4\overline{X}^2) = 4\left[\dfrac{D(X)}{n} + E^2(X)\right] = \dfrac{3n+1}{3n}\theta^2 + \dfrac{3n-1}{3n}\theta + \dfrac{3n+5}{12n} \neq \theta^2$

所以 $4\overline{X}^2$ 不是 θ^2 的无偏估计量。

二、有效性

例 7-12 中的三个估计都是总体均值的无偏估计，如何在无偏估计中选择？当然希望

所选择的估计围绕参数的真实值波动越小越好。波动的大小由方差来衡量,所以在参数估计无偏的基础上,常用估计的方差大小作为选择的一个标准,这就是估计的有效性。

定义 7.2 设 $\hat{\theta}_1$ 和 $\hat{\theta}_2$ 是 θ 的两个无偏估计量,若对于任意 $\theta \in \Theta$ 有

$$D(\hat{\theta}_1) \leqslant D(\hat{\theta}_2)$$

且至少存在一个 $\theta \in \Theta$,使得上述不等式严格成立,则称 $\hat{\theta}_1$ 比 $\hat{\theta}_2$ 有效。

> **例 7-14** (续例 7-12) 判断 $\theta_1, \theta_2, \theta_3$ 的有效性。

解: $D(\theta_1) = D(\overline{X}) = \dfrac{\sigma^2}{n}$

$D(\theta_2) = D(X_2) = \sigma^2$

$D(\theta_3) = D\left(\sum_{i=1}^{n} c_i X_i \right) = \sum_{i=1}^{n} c_i^2 D(X_i) = D(X) \sum_{i=1}^{n} c_i^2 = \sigma^2 \sum_{i=1}^{n} c_i^2$

由于在 $\sum_{i=1}^{n} c_i = 1$ 条件下,$1 = \sum_{i=1}^{n} c_i \geqslant \sum_{i=1}^{n} c_i^2 \geqslant \dfrac{1}{n}$,所以最有效的估计量是 θ_1,其次是 θ_3,最后是 θ_2。

三、相合性

在参数的估计中,随着样本容量的不断增大,我们希望估计量的值与参数真值的差越来越小,当样本容量 $n \to \infty$ 时,估计量的值稳定在参数的真值,这就是估计量的相合性,即:若对于任意 $\theta \in \Theta$ 都满足 $\forall \varepsilon > 0$,有 $\lim\limits_{n \to \infty} P\{|\hat{\theta} - \theta| < \varepsilon\} = 1$,则称 $\hat{\theta}$ 是 θ 的相合估计量。事实上,当 $\hat{\theta}$ 是 θ 的相合估计量时,$\hat{\theta}$ 是依概率收敛于 θ 的,由第五章的知识知,样本的 $k(k \geqslant 1)$ 阶原点矩是总体 X 的 $k(k \geqslant 1)$ 阶原点矩的相合估计量,故矩估计法得出的是相合估计量。

相合性是对估计量的一个最基本的要求,若估计量不具有相合性,则不论样本容量取多大,$\hat{\theta}$ 作为 θ 的估计量都是不够准确的。

第三节 区间估计

点估计是用一个统计数值作为未知参数的估计,保证了估计的精确性,但却无法保证估计的准确性,也无法知道估计的误差是多少,因此需要引入另一类估计——区间估计。比较常用的区间估计是置信区间,就是将一个未知参数估计在一个区间范围内,并且给出这个区间包含未知参数真值的可信程度。

定义 7.3 设 $X_1, X_2, \cdots, X_n$ 是总体的样本,θ 是总体的一个未知参数,对给定的 $\alpha(0 < \alpha < 1)$,若能确定两个统计量 $\underline{\theta} = \underline{\theta}(X_1, X_2, \cdots, X_n)$ 和 $\overline{\theta} = \overline{\theta}(X_1, X_2, \cdots, X_n)$,$\underline{\theta} < \overline{\theta}$,使得对任意 $\theta \in \Theta$ 有

$$P(\underline{\theta} \leqslant \theta \leqslant \overline{\theta}) \geqslant 1 - \alpha \qquad (7.1)$$

则称**随机区间** $[\underline{\theta}, \overline{\theta}]$ 是 θ 的**双侧** $1-\alpha$ **置信区间**, $1-\alpha$ 称为置信度, $\underline{\theta}$ 和 $\overline{\theta}$ 分别称为 θ 的置信度为 $1-\alpha$ 的双侧置信区间的置信下限和置信上限。

需要说明的是 $[\underline{\theta}, \overline{\theta}]$ 是一个随机区间,给定一组样本值就能得到一个具体的数值区间,由于样本值是随机试验得到的,并不固定,所以这个区间也是随机的。当我们反复抽样多次时,得到的区间可能包含 θ 的真值,也可能不包含 θ 的真值。 $1-\alpha$ 的含义就是在这样的区间中,包含 θ 的真值的区间至少占 $100(1-\alpha)\%$,是这个区间的可信程度。我们在对未知参数做区间估计时,既要保证达到所要求的置信度,又要使区间长度尽量短,使估计有实际意义。比如估计某地气温,如果上下相差 30 ℃,准确性可以保证了,但是没有任何实际意义了。

构造未知参数 θ 的置信区间的最常用方法是枢轴函数法,其构造方法用下面的例题来说明。

> **例 7-15** 某公司生产的手机电池使用小时数 X 是随机变量,由以往经验可知服从正态分布 $N(\mu, 2)$,观察 9 块电池的使用时数,测得样本均值为 20 小时,试求手机电池使用的平均小时数 μ 的置信度为 $1-\alpha$ 的置信区间($\alpha = 0.05$)。

解:求置信区间的关键是找到置信下限 $\underline{\theta}$ 和置信上限 $\overline{\theta}$,使 $P\{\underline{\theta} \leqslant \mu \leqslant \overline{\theta}\} \geqslant 1-\alpha$,在计算中,只要求出满足 $P\{\underline{\theta} \leqslant \mu \leqslant \overline{\theta}\} = 1-\alpha$ 的区间 $[\underline{\theta}, \overline{\theta}]$ 即可,这是满足式(7.1)的最短区间,如想提高可信程度,只要增加区间长度即可。

考虑到 $\overline{X}$ 是 μ 的无偏估计,且有 $\dfrac{\overline{X} - \mu}{\sigma / \sqrt{n}} \sim N(0, 1)$,

则有 $P\left\{-z_{\frac{\alpha}{2}} \leqslant \dfrac{\overline{X} - \mu}{\sigma / \sqrt{n}} \leqslant z_{\frac{\alpha}{2}}\right\} = 1-\alpha$,如图 7-1 所示。

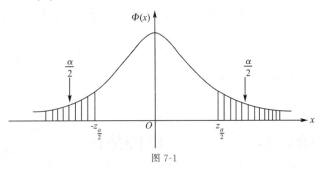

图 7-1

即 $P\left\{\overline{X} - \dfrac{\sigma}{\sqrt{n}} z_{\frac{\alpha}{2}} \leqslant \mu \leqslant \overline{X} + \dfrac{\sigma}{\sqrt{n}} z_{\frac{\alpha}{2}}\right\} = 1-\alpha$,

即 $\left[\overline{X} - \dfrac{\sigma}{\sqrt{n}} z_{\frac{\alpha}{2}}, \overline{X} + \dfrac{\sigma}{\sqrt{n}} z_{\frac{\alpha}{2}}\right]$ 是 μ 的置信度为 $1-\alpha$ 的置信区间。

代入数据 $\overline{x} = 20, \sigma^2 = 2, z_{0.025} = 1.96$,计算得 μ 的置信度为 0.95 的置信区间为 $[19.08, 20.92]$

在上面的计算中有三点需要说明:

(1) $\dfrac{\overline{X} - \mu}{\sigma / \sqrt{n}}$ 服从分布 $N(0, 1)$,不依赖任何未知参数;

（2）$\dfrac{\overline{X}-\mu}{\sigma/\sqrt{n}}$ 中只有 μ 是未知的,其他均是已知的。$\dfrac{\overline{X}-\mu}{\sigma/\sqrt{n}}$ 称为**枢轴量**,求置信区间的关键就是寻找这个枢轴量;

（3）满足 $P\left\{c\leqslant\dfrac{\overline{X}-\mu}{\sigma/\sqrt{n}}\leqslant d\right\}=1-\alpha$ 的区间并不唯一,如 $P\left\{-z_{\frac{\alpha}{3}}\leqslant\dfrac{\overline{X}-\mu}{\sigma/\sqrt{n}}\leqslant z_{\frac{2\alpha}{3}}\right\}=$

$1-\alpha$,即 $P\left\{\overline{X}-\dfrac{\sigma}{\sqrt{n}}z_{\frac{\alpha}{3}}\leqslant\mu\leqslant\overline{X}+\dfrac{\sigma}{\sqrt{n}}z_{\frac{2\alpha}{3}}\right\}=1-\alpha$,得到置信区间为 $\left[\overline{X}-\dfrac{\sigma}{\sqrt{n}}z_{\frac{\alpha}{3}},\overline{X}+\dfrac{\sigma}{\sqrt{n}}z_{\frac{2\alpha}{3}}\right]$。

比较 $\left[\overline{X}-\dfrac{\sigma}{\sqrt{n}}z_{\frac{\alpha}{2}},\overline{X}+\dfrac{\sigma}{\sqrt{n}}z_{\frac{\alpha}{2}}\right]$ 和 $\left[\overline{X}-\dfrac{\sigma}{\sqrt{n}}z_{\frac{\alpha}{3}},\overline{X}+\dfrac{\sigma}{\sqrt{n}}z_{\frac{2\alpha}{3}}\right]$ 给出的区间长度,当 $\alpha=0.05$ 时,

$\left[\overline{X}-\dfrac{\sigma}{\sqrt{n}}z_{\frac{\alpha}{2}},\overline{X}+\dfrac{\sigma}{\sqrt{n}}z_{\frac{\alpha}{2}}\right]$ 的区间长度为 $2\times z_{0.025}\dfrac{\sigma}{\sqrt{n}}=3.92\dfrac{\sigma}{\sqrt{n}}$;

$\left[\overline{X}-\dfrac{\sigma}{\sqrt{n}}z_{\frac{\alpha}{3}},\overline{X}+\dfrac{\sigma}{\sqrt{n}}z_{\frac{2\alpha}{3}}\right]$ 的区间长度为 $\left(z_{\frac{2\alpha}{3}}+z_{\frac{\alpha}{3}}\right)\dfrac{\sigma}{\sqrt{n}}=(2.13+1.84)\dfrac{\sigma}{\sqrt{n}}=3.97\dfrac{\sigma}{\sqrt{n}}$,

显然 $\left[\overline{X}-\dfrac{\sigma}{\sqrt{n}}z_{\frac{\alpha}{2}},\overline{X}+\dfrac{\sigma}{\sqrt{n}}z_{\frac{\alpha}{2}}\right]$ 的长度比 $\left[\overline{X}-\dfrac{\sigma}{\sqrt{n}}z_{\frac{\alpha}{3}},\overline{X}+\dfrac{\sigma}{\sqrt{n}}z_{\frac{2\alpha}{3}}\right]$ 的长度短,区间长度决定估计的精确度,在保证准确度的前提下,当然是估计越精确越好。

一般来说,概率密度图形为单峰对称的,置信区间以对称区间为最短,所以,均取对称区间。

综上,得到求未知参数的置信区间的步骤如下:

（1）从未知参数 θ 的一个较好的点估计入手,构造一个样本 $X_1,X_2,\cdots,X_n$ 和 θ 的函数 $T=T(X_1,X_2,\cdots,X_n;\theta)$,且 T 的分布完全已知,不依赖于任何未知参数。称这样的函数为枢轴量,这种方法称为枢轴函数法。

（2）对于给定的 $\alpha(0<\alpha<1)$,选择适当的常数 c,d 使得
$$P\{c\leqslant T\leqslant d\}=1-\alpha$$

（3）如果能将 $c\leqslant T(X_1,X_2,\cdots,X_n)\leqslant d$ 进行等价变形得到不等式
$$\underline{\theta}(X_1,X_2,\cdots,X_n)\leqslant\theta\leqslant\overline{\theta}(X_1,X_2,\cdots,X_n)$$

则 $[\underline{\theta},\overline{\theta}]$ 就是 θ 的置信度为 $1-\alpha$ 的双侧置信区间。

第四节　正态总体参数的区间估计

一、单正态总体参数的区间估计

1.均值 μ 的区间估计（置信度 $1-\alpha$）

当 σ^2 已知时,

采用例 7-15 的方法,枢轴量选 $T=\dfrac{\overline{X}-\mu}{\sigma/\sqrt{n}}\sim N(0,1)$,

得到 μ 的置信度为 $1-\alpha$ 的置信区间为 $\left[\overline{X}-\dfrac{\sigma}{\sqrt{n}}z_{\frac{\alpha}{2}},\overline{X}+\dfrac{\sigma}{\sqrt{n}}z_{\frac{\alpha}{2}}\right]$。

当 σ^2 未知时，$\dfrac{\overline{X}-\mu}{\sigma/\sqrt{n}}$ 中 σ 是未知的，这时候不能再使用 $\left[\overline{X}-\dfrac{\sigma}{\sqrt{n}}z_{\frac{\alpha}{2}},\overline{X}+\dfrac{\sigma}{\sqrt{n}}z_{\frac{\alpha}{2}}\right]$ 提供的置信区间。

可考虑 $\dfrac{\overline{X}-\mu}{S/\sqrt{n}}$，$\dfrac{\overline{X}-\mu}{S/\sqrt{n}}\sim t(n-1)$，除 μ 之外不含有任何未知参数，且分布是完全已知的，所以枢轴量选 $T=\dfrac{\overline{X}-\mu}{S/\sqrt{n}}$，且 t 分布的概率密度是单峰对称图形

$$P\left\{-t_{\frac{\alpha}{2}}(n-1)\leqslant\frac{\overline{X}-\mu}{S/\sqrt{n}}\leqslant t_{\frac{\alpha}{2}}(n-1)\right\}=1-\alpha$$

由此得到 μ 的置信度为 $1-\alpha$ 的置信区间为 $\left[\overline{X}-\dfrac{S}{\sqrt{n}}t_{\frac{\alpha}{2}}(n-1),\overline{X}+\dfrac{S}{\sqrt{n}}t_{\frac{\alpha}{2}}(n-1)\right]$。

例 7-16 某地区新生婴儿体重服从正态分布，μ，σ^2 未知，今调查 36 名婴儿，得到平均体重为 3.3 千克，标准差 0.5 千克，试求婴儿平均体重 μ 的置信度为 0.90、0.95 的双侧置信区间。

解：本题中，σ^2 未知，所以采用公式 $\left[\overline{X}-\dfrac{S}{\sqrt{n}}t_{\frac{\alpha}{2}}(n-1),\overline{X}+\dfrac{S}{\sqrt{n}}t_{\frac{\alpha}{2}}(n-1)\right]$。由题知 $\overline{x}=3.3$，$s=0.5$，查表得：$t_{0.05}(35)=1.689\,6$，$t_{0.025}(35)=2.030\,1$，将数据代入 $\left[\overline{X}-\dfrac{S}{\sqrt{n}}t_{\frac{\alpha}{2}}(n-1),\overline{X}+\dfrac{S}{\sqrt{n}}t_{\frac{\alpha}{2}}(n-1)\right]$ 得：

(1) $3.3-\dfrac{0.5}{\sqrt{36}}\times1.689\,6=3.159\,2$，$\quad 3.3+\dfrac{0.5}{\sqrt{36}}\times1.689\,6=3.440\,8$，

所以平均体重 μ 的置信度为 0.90 的置信区间为 $[3.159\,2,3.440\,8]$；

(2) $3.3-\dfrac{0.5}{\sqrt{36}}\times2.030\,1=3.130\,8$，$\quad 3.3+\dfrac{0.5}{\sqrt{36}}\times2.030\,1=3.469\,2$，

所以平均体重 μ 的置信度为 0.95 的置信区间为 $[3.130\,8,3.469\,2]$。

由这两个结果可以发现，置信度高的区间要比置信度低的区间长，即当提高估计的可信度时，必须增加区间长度，相应的精确度就要降低。

2. 方差 σ^2 的区间估计（置信度 $1-\alpha$）

原则上，方差 σ^2 的区间估计也可分为 μ 已知和 μ 未知两种情况，但在现实中，μ 已知但 σ^2 未知的情况极少，所以先讨论 μ 未知时 σ^2 的区间估计。

考虑到 S^2 是 σ^2 的无偏估计，从 S^2 入手构造枢轴量，由抽样分布定理可知，

$$\frac{(n-1)S^2}{\sigma^2}\sim\chi^2(n-1)$$

所以枢轴量 $T=\dfrac{(n-1)S^2}{\sigma^2}$

又：$P\{\chi^2_{1-\frac{\alpha}{2}}(n-1) \leqslant \frac{(n-1)S^2}{\sigma^2} \leqslant \chi^2_{\frac{\alpha}{2}}(n-1)\} = 1-\alpha$，如图 7-2 所示。

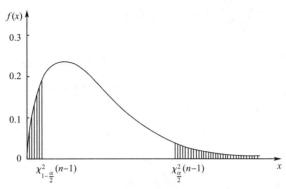

图 7-2

从中得出 $P\left\{\frac{(n-1)S^2}{\chi^2_{\frac{\alpha}{2}}(n-1)} \leqslant \sigma^2 \leqslant \frac{(n-1)S^2}{\chi^2_{1-\frac{\alpha}{2}}(n-1)}\right\} = 1-\alpha$。

从而得到方差 σ^2 的置信度为 $1-\alpha$ 的置信区间为

$$\left[\frac{(n-1)S^2}{\chi^2_{\frac{\alpha}{2}}(n-1)}, \frac{(n-1)S^2}{\chi^2_{1-\frac{\alpha}{2}}(n-1)}\right]$$

标准差 σ 的置信度为 $1-\alpha$ 的置信区间为

$$\left[\sqrt{\frac{(n-1)S^2}{\chi^2_{\frac{\alpha}{2}}(n-1)}}, \sqrt{\frac{(n-1)S^2}{\chi^2_{1-\frac{\alpha}{2}}(n-1)}}\right]$$

需要说明的是：对于概率密度图形不是单峰对称图形的，习惯上仍选取对称的分位数，如 $\chi^2_{\frac{\alpha}{2}}(n-1)$，$\chi^2_{1-\frac{\alpha}{2}}(n-1)$ 来确定置信区间。

当 μ 已知时，可选择 $\frac{1}{\sigma^2}\sum\limits_{i=1}^{n}(X_i-\mu)^2$ 作为枢轴量，$\frac{1}{\sigma^2}\sum\limits_{i=1}^{n}(X_i-\mu)^2 \sim \chi^2(n)$，公式同学们可自行推导。

> **例 7-17** 在某区小学五年级的男生中随机抽选了 25 名，测得其平均身高为 150 cm，标准差为 12 cm。假设该区小学五年级男生的身高服从正态分布 $N(\mu,\sigma^2)$，μ 未知，求标准差 σ 的置信度为 0.95 的置信区间。

解： σ 的置信度为 $1-\alpha$ 的置信区间为 $\left[\sqrt{\frac{(n-1)S^2}{\chi^2_{\frac{\alpha}{2}}(n-1)}}, \sqrt{\frac{(n-1)S^2}{\chi^2_{1-\frac{\alpha}{2}}(n-1)}}\right]$。

由题意：$n=25$，$s=12$，

查表：$\chi^2_{0.025}(24)=39.364$，$\chi^2_{0.975}(24)=12.401$。

代入公式得置信下限为 $\sqrt{\frac{24 \times 12^2}{39.364}} = 9.37$，置信上限为 $\sqrt{\frac{24 \times 12^2}{12.401}} = 16.69$，所以 σ 的置信度为 0.95 的置信区间为 $[9.37, 16.69]$。

二、 双正态总体参数的区间估计

实际问题中,经常需要考察两个正态总体的均值和方差之间的关系,下面就对正态总体的均值差和方差比的估计问题加以讨论。

设 $X_1, X_2, \cdots, X_{n_1}$ 是来自总体 X 的样本,$Y_1, Y_2, \cdots, Y_{n_2}$ 是来自总体 Y 的样本,其中 $X \sim N(\mu_1, \sigma_1^2), Y \sim N(\mu_2, \sigma_2^2)$,且两样本相互独立,记它们的样本均值分别为 $\overline{X}, \overline{Y}$,样本方差分别为 S_1^2, S_2^2,置信度为 $1-\alpha$。

1. $\mu_1 - \mu_2$ 的区间估计

(1)σ_1^2, σ_2^2 已知

由于 $\overline{X}$ 是 μ_1 的无偏估计,$\overline{Y}$ 是 μ_2 的无偏估计,且 $\overline{X} \sim N\left(\mu_1, \dfrac{\sigma_1^2}{n_1}\right), \overline{Y} \sim N\left(\mu_2, \dfrac{\sigma_2^2}{n_2}\right)$,$\overline{X}$ 与 $\overline{Y}$ 相互独立,所以

$$\overline{X} - \overline{Y} \sim N\left(\mu_1 - \mu_2, \frac{\sigma_1^2}{n_1} + \frac{\sigma_2^2}{n_2}\right),$$

可得

$$\frac{(\overline{X} - \overline{Y}) - (\mu_1 - \mu_2)}{\sqrt{\dfrac{\sigma_1^2}{n_1} + \dfrac{\sigma_2^2}{n_2}}} \sim N(0,1)$$

所以,枢轴量 $Z = \dfrac{(\overline{X} - \overline{Y}) - (\mu_1 - \mu_2)}{\sqrt{\dfrac{\sigma_1^2}{n_1} + \dfrac{\sigma_2^2}{n_2}}}$。

由 $P\left\{-z_{\frac{\alpha}{2}} \leqslant \dfrac{(\overline{X} - \overline{Y}) - (\mu_1 - \mu_2)}{\sqrt{\dfrac{\sigma_1^2}{n_1} + \dfrac{\sigma_2^2}{n_2}}} \leqslant z_{\frac{\alpha}{2}}\right\} = 1-\alpha$,得出

$$P\left\{\overline{X} - \overline{Y} - z_{\frac{\alpha}{2}}\sqrt{\frac{\sigma_1^2}{n_1} + \frac{\sigma_2^2}{n_2}} \leqslant \mu_1 - \mu_2 \leqslant \overline{X} - \overline{Y} + z_{\frac{\alpha}{2}}\sqrt{\frac{\sigma_1^2}{n_1} + \frac{\sigma_2^2}{n_2}}\right\} = 1-\alpha$$

从而得到 $\mu_1 - \mu_2$ 的置信度为 $1-\alpha$ 的双侧置信区间为

$$\left[\overline{X} - \overline{Y} - z_{\frac{\alpha}{2}}\sqrt{\frac{\sigma_1^2}{n_1} + \frac{\sigma_2^2}{n_2}}, \overline{X} - \overline{Y} + z_{\frac{\alpha}{2}}\sqrt{\frac{\sigma_1^2}{n_1} + \frac{\sigma_2^2}{n_2}}\right]$$

(2)$\sigma_1^2 = \sigma_2^2 = \sigma^2$,但 σ 未知

由于 σ_1^2, σ_2^2 未知,所以 $\left[\overline{X} - \overline{Y} - z_{\frac{\alpha}{2}}\sqrt{\dfrac{\sigma_1^2}{n_1} + \dfrac{\sigma_2^2}{n_2}}, \overline{X} - \overline{Y} + z_{\frac{\alpha}{2}}\sqrt{\dfrac{\sigma_1^2}{n_1} + \dfrac{\sigma_2^2}{n_2}}\right]$ 不再适用,由抽样分布定理可知:

$$\frac{(\overline{X} - \overline{Y}) - (\mu_1 - \mu_2)}{S_\omega \sqrt{\dfrac{1}{n_1} + \dfrac{1}{n_2}}} \sim t(n_1 + n_2 - 1)$$

其中 $S_\omega^2 = \dfrac{(n_1-1)S_1^2 + (n_2-1)S_2^2}{n_1+n_2-2}$，所以枢轴量 $T = \dfrac{(\overline{X}-\overline{Y})-(\mu_1-\mu_2)}{S_\omega\sqrt{\dfrac{1}{n_1}+\dfrac{1}{n_2}}}$。由

$$P\left\{-t_{\frac{\alpha}{2}}(n_1+n_2-1) \leqslant \frac{(\overline{X}-\overline{Y})-(\mu_1-\mu_2)}{S_\omega\sqrt{\dfrac{1}{n_1}+\dfrac{1}{n_2}}} \leqslant t_{\frac{\alpha}{2}}(n_1+n_2-1)\right\} = 1-\alpha$$

$$P\left\{\overline{X}-\overline{Y}-t_{\frac{\alpha}{2}}(n_1+n_2-1)S_\omega\sqrt{\dfrac{1}{n_1}+\dfrac{1}{n_2}} \leqslant \mu_1-\mu_2 \leqslant \overline{X}-\overline{Y}+t_{\frac{\alpha}{2}}(n_1+n_2-1)S_\omega\right.$$
$$\left.\sqrt{\dfrac{1}{n_1}+\dfrac{1}{n_2}}\right\} = 1-\alpha$$

从而得到 $\mu_1-\mu_2$ 的置信度为 $1-\alpha$ 的置信区间为

$$\left[\overline{X}-\overline{Y}-t_{\frac{\alpha}{2}}(n_1+n_2-2)S_\omega\sqrt{\dfrac{1}{n_1}+\dfrac{1}{n_2}}, \overline{X}-\overline{Y}+t_{\frac{\alpha}{2}}(n_1+n_2-2)S_\omega\sqrt{\dfrac{1}{n_1}+\dfrac{1}{n_2}}\right]$$

> **例 7-18** 为比较两个小麦品种的产量，选择 18 块条件相似的试验田，采用相同的耕作方法做试验，结果播种 1 号品种的 8 块试验田的单位面积产量和播种 2 号品种的 10 块试验田的单位面积产量（单位：千克）分别为

1号 612 583 530 523 554 615 628 510

2号 433 470 498 426 480 535 398 560 503 567

假设每个品种的单位面积产量均服从正态分布，且除种子之外，其他条件基本相同，可以认为这两个总体的方差相同，求这两个品种平均单位面积产量差的 0.95 置信区间。

解： 设 1 号品种的单位面积产量为 X，$X \sim N(\mu_1, \sigma^2)$，

设 2 号品种的单位面积产量为 Y，$Y \sim N(\mu_2, \sigma^2)$，

但 σ^2 未知，所以两个品种平均单位面积产量差 $\mu_1-\mu_2$ 的置信度为 $1-\alpha$ 的置信区间为

$$\left[\overline{X}-\overline{Y}-t_{\frac{\alpha}{2}}(n_1+n_2-2)S_\omega\sqrt{\dfrac{1}{n_1}+\dfrac{1}{n_2}}, \overline{X}-\overline{Y}+t_{\frac{\alpha}{2}}(n_1+n_2-2)S_\omega\sqrt{\dfrac{1}{n_1}+\dfrac{1}{n_2}}\right]$$

经计算 $\overline{x}=569.38$，$s_1^2=2\,140.55$，$n_1=8$

$\overline{y}=487.00$，$s_2^2=3\,256.22$，$n_2=10$

$S_\omega^2 = \dfrac{(n_1-1)S_1^2+(n_2-1)S_2^2}{n_1+n_2-2} = \dfrac{7\times2\,140.55+9\times3\,256.22}{16} = 2\,768.11$

$S_\omega = 52.61$

且 $\alpha=0.05$，$t_{0.025}(16)=2.119\,9$，将上述数据代入公式得 $\mu_1-\mu_2$ 的置信度为 0.95 的置信区间为 $[82.38-52.90, 82.38+52.90]$，即为 $[29.48, 135.28]$。

2. $\dfrac{\sigma_1^2}{\sigma_2^2}$ 的区间估计

仅讨论 μ_1，μ_2 未知时 $\dfrac{\sigma_1^2}{\sigma_2^2}$ 的区间估计

S_1^2 是 σ_1^2 的无偏估计，S_2^2 是 σ_2^2 的无偏估计，而 $\dfrac{S_1^2/\sigma_1^2}{S_2^2/\sigma_2^2} \sim F(n_1-1,n_2-1)$，所以枢轴

量 $F = \dfrac{S_1^2/\sigma_1^2}{S_2^2/\sigma_2^2}$。

由 $P\left\{F_{1-\frac{\alpha}{2}}(n_1-1,n_2-1) \leqslant \dfrac{S_1^2/\sigma_1^2}{S_2^2/\sigma_2^2} \leqslant F_{\frac{\alpha}{2}}(n_1-1,n_2-1)\right\}=1-\alpha$，

从中得出 $P\left\{\dfrac{S_1^2}{S_2^2}\cdot\dfrac{1}{F_{\frac{\alpha}{2}}(n_1-1,n_2-1)} \leqslant \dfrac{\sigma_1^2}{\sigma_2^2} \leqslant \dfrac{S_1^2}{S_2^2}\cdot\dfrac{1}{F_{1-\frac{\alpha}{2}}(n_1-1,n_2-1)}\right\}=1-\alpha$

所以 $\dfrac{\sigma_1^2}{\sigma_2^2}$ 的置信度为 $1-\alpha$ 的置信区间为

$$\left[\dfrac{S_1^2}{S_2^2}\cdot\dfrac{1}{F_{\frac{\alpha}{2}}(n_1-1,n_2-1)},\dfrac{S_1^2}{S_2^2}\cdot\dfrac{1}{F_{1-\frac{\alpha}{2}}(n_1-1,n_2-1)}\right]$$

例 7-19 设两位化验员甲、乙独立地对某种聚合物含氯量用相同的方法各做 10 次测定，其测定值的样本方差为 $s_甲^2=0.541\,9,s_乙^2=0.606\,5$。设甲、乙所测定值服从正态分布，$\sigma_甲^2,\sigma_乙^2$ 为测定值总体的方差，求方差比 $\dfrac{\sigma_甲^2}{\sigma_乙^2}$ 的置信度为 0.95 的置信区间。

解：这是均值未知，方差比的区间估计问题。

$\dfrac{\sigma_甲^2}{\sigma_乙^2}$ 的置信度为 $1-\alpha$ 的置信区间为

$$\left[\dfrac{S_甲^2}{S_乙^2}\cdot\dfrac{1}{F_{\frac{\alpha}{2}}(n_1-1,n_2-1)},\dfrac{S_甲^2}{S_乙^2}\cdot\dfrac{1}{F_{1-\frac{\alpha}{2}}(n_1-1,n_2-1)}\right]$$

又已知 $s_甲^2=0.541\,9,s_乙^2=0.606\,5,n_1=n_2=10,\alpha=0.05$，

$$F_{0.025}(9,9)=4.03,F_{0.975}(9,9)=\dfrac{1}{F_{0.025}(9,9)}=\dfrac{1}{4.03}$$

代入公式得所求置信区间为 $[0.22,3.60]$。

正态总体未知参数置信区间的情况总结见表 7-2。

表 7-2 　　　　　　　　　　**正态总体未知参数的置信区间**

总体情况	待估参数	其他参数情况	枢轴量及其分布	置信区间
单正态总体	μ	σ^2 已知	$\dfrac{\overline{X}-\mu}{\sigma/\sqrt{n}} \sim N(0,1)$	$\left[\overline{X}-\dfrac{\sigma}{\sqrt{n}}z_{\frac{\alpha}{2}},\overline{X}+\dfrac{\sigma}{\sqrt{n}}z_{\frac{\alpha}{2}}\right]$
		σ^2 未知	$\dfrac{\overline{X}-\mu}{S/\sqrt{n}} \sim t(n-1)$	$\left[\overline{X}-\dfrac{S}{\sqrt{n}}t_{\frac{\alpha}{2}}(n-1),\overline{X}+\dfrac{S}{\sqrt{n}}t_{\frac{\alpha}{2}}(n-1)\right]$
	σ^2	μ 已知	$\dfrac{1}{\sigma^2}\sum\limits_{i=1}^{n}(X_i-\mu)^2 \sim \chi^2(n)$	$\left[\dfrac{\sum\limits_{i=1}^{n}(X_i-\mu)^2}{\chi_{\frac{\alpha}{2}}^2(n)},\dfrac{\sum\limits_{i=1}^{n}(X_i-\mu)^2}{\chi_{1-\frac{\alpha}{2}}^2(n)}\right]$
		μ 未知	$\dfrac{(n-1)S^2}{\sigma^2} \sim \chi^2(n-1)$	$\left[\dfrac{(n-1)S^2}{\chi_{\frac{\alpha}{2}}^2(n-1)},\dfrac{(n-1)S^2}{\chi_{1-\frac{\alpha}{2}}^2(n-1)}\right]$

(续表)

总体情况	待估参数	其他参数情况	枢轴量及其分布	置信区间
双正态总体	$\mu_1 - \mu_2$	σ_1^2, σ_2^2 已知	$\dfrac{(\overline{X}-\overline{Y})-(\mu_1-\mu_2)}{\sqrt{\dfrac{\sigma_1^2}{n_1}+\dfrac{\sigma_2^2}{n_2}}} \sim N(0,1)$	$\left[\overline{X}-\overline{Y}-z_{\frac{a}{2}}\sqrt{\dfrac{\sigma_1^2}{n_1}+\dfrac{\sigma_2^2}{n_2}},\right.$ $\left.\overline{X}-\overline{Y}+z_{\frac{a}{2}}\sqrt{\dfrac{\sigma_1^2}{n_1}+\dfrac{\sigma_2^2}{n_2}}\right]$
		$\sigma_1^2=\sigma_2^2$ $=\sigma^2$ 未知	$\dfrac{(\overline{X}-\overline{Y})-(\mu_1-\mu_2)}{S_\omega\sqrt{\dfrac{1}{n_1}+\dfrac{1}{n_2}}} \sim$ $t(n_1+n_2-1)$ $S_\omega^2=\dfrac{(n_1-1)S_1^2+(n_2-1)S_2^2}{n_1+n_2-2}$	$\left[\overline{X}-\overline{Y}-t_{\frac{a}{2}}(n_1+n_2-2)S_\omega\sqrt{\dfrac{1}{n_1}+\dfrac{1}{n_2}},\right.$ $\left.\overline{X}-\overline{Y}+t_{\frac{a}{2}}(n_1+n_2-2)S_\omega\sqrt{\dfrac{1}{n_1}+\dfrac{1}{n_2}}\right]$
	$\dfrac{\sigma_1^2}{\sigma_2^2}$	μ_1, μ_2 未知	$\dfrac{S_1^2/\sigma_1^2}{S_2^2/\sigma_2^2} \sim F(n_1-1,n_2-1),$	$\left[\dfrac{S_1^2}{S_2^2}\cdot\dfrac{1}{F_{\frac{a}{2}}(n_1-1,n_2-1)},\right.$ $\left.\dfrac{S_1^2}{S_2^2}\cdot\dfrac{1}{F_{1-\frac{a}{2}}(n_1-1,n_2-1)}\right]$

三、 单侧置信区间

在双侧区间估计中,既给出了未知参数的估计下限,也给出了估计上限,但在实际问题中,如对于药品的毒性希望越低越好,不能超过某一上限,而对于某些元件的寿命,希望越长越好,不能低于某一下限。由此就需要考虑未知参数的单侧区间问题。

定义 7.4 设 $X_1, X_2, \cdots, X_n$ 是总体的样本,θ 是总体的一个未知参数,对给定的 $\alpha(0<\alpha<1)$,若由样本能确定统计量 $\underline{\theta}=\underline{\theta}(X_1, X_2, \cdots, X_n)$,使得对任意 $\theta\in\Theta$ 有

$$P(\theta\geqslant\underline{\theta})\geqslant 1-\alpha$$

则称随机区间 $[\underline{\theta}, +\infty)$ 是 θ 的置信度为 $1-\alpha$ 的**单侧置信区间**,$\underline{\theta}$ 称为 θ 的单侧置信下限。

若由样本能确定统计量 $\overline{\theta}=\overline{\theta}(X_1, X_2, \cdots, X_n)$,使得对任意 $\theta\in\Theta$ 有

$$P(\theta\leqslant\overline{\theta})\geqslant 1-\alpha$$

则称随机区间 $(-\infty, \overline{\theta}]$ 是 θ 的置信度为 $1-\alpha$ 的**单侧置信区间**,$\overline{\theta}$ 称为 θ 的单侧置信上限。

在双侧区间估计中,研究了单正态总体和双正态总体的均值及方差的区间估计问题,这些讨论在单侧区间中仍然可以进行,方法与在双侧区间估计中类似。以单正态总体、方差已知、均值为 μ 的单侧置信上限问题为例加以讨论。

设总体 $X\sim N(\mu, \sigma^2)$,其中 σ^2 已知,$X_1, X_2, \cdots, X_n$ 是来自总体的样本,

$$\frac{\overline{X}-\mu}{\sigma/\sqrt{n}} \sim N(0,1)$$

所以

$$P\left\{\frac{\overline{X}-\mu}{\sigma/\sqrt{n}}\geqslant -z_a\right\}=1-\alpha$$

即
$$P\left\{\mu \leqslant \overline{X} + \frac{\sigma}{\sqrt{n}}z_\alpha\right\} = 1 - \alpha$$

得到 μ 的置信度为 $1-\alpha$ 的单侧置信区间为 $\left(-\infty, \overline{X} + \frac{\sigma}{\sqrt{n}}z_\alpha\right]$。

故 μ 的置信度为 $1-\alpha$ 的单侧置信上限为 $\overline{X} + \frac{\sigma}{\sqrt{n}}z_\alpha$。

需要说明的是虽然单侧置信区间为 $\left(-\infty, \overline{X} + \frac{\sigma}{\sqrt{n}}z_\alpha\right]$，但在实际问题中，区间的下限并不都是负无穷，如药品的毒性，只考虑置信上限时，单侧区间的左端点不应是 $-\infty$，而是 0。

▶ **例 7-20** 为研究某种汽车轮胎的磨损特性，随机地选择 16 只轮胎，每只轮胎行驶到磨坏为止，记录所行驶的里程数，得到平均里程数为 41 500 千米，标准差为 362 千米，假设轮胎的行驶里程数服从正态分布 $N(\mu, \sigma^2)$，求 μ 的置信度为 0.90 的单侧置信下限。

解：设总体为 X，则 $X \sim N(\mu, \sigma^2)$，由题意 σ^2 未知，所以用 σ^2 的无偏估计 S^2 代替，由

$$\frac{\overline{X} - \mu}{S/\sqrt{n}} \sim t(n-1)$$

得
$$P\left\{\frac{\overline{X} - \mu}{S/\sqrt{n}} \leqslant t_\alpha(n-1)\right\} = 1 - \alpha$$

即
$$P\left\{\mu \geqslant \overline{X} - \frac{S}{\sqrt{n}}t_\alpha(n-1)\right\} = 1 - \alpha$$

所以 μ 的置信度为 $1-\alpha$ 的单侧置信区间为 $\left[\overline{X} - \frac{S}{\sqrt{n}}t_\alpha(n-1), +\infty\right)$，

置信下限为 $\overline{X} - \frac{S}{\sqrt{n}}t_\alpha(n-1)$。

已知 $\overline{x} = 41\ 500, \alpha = 0.10, s = 362, t_{0.10}(15) = 1.340\ 6$，计算

$$\overline{x} - \frac{s}{\sqrt{n}}t_\alpha(n-1) = 41\ 500 - \frac{362}{\sqrt{16}} \times 1.340\ 6 = 41\ 378.68(\text{千米})$$

所以 μ 的置信度为 0.90 的单侧置信下限为 41 378.68 千米。

本章课程思政内容

1. 估计区间的确定：区间估计精确性与准确性的兼顾。
2. 利用区间估计解决实际问题。

本章课程思政目标

1. 区间估计教学中引导学生既要考虑准确性（置信度），又要考虑到精确性（区间长度要短），培养学生缜密的逻辑能力和对问题进行全面思考的能力。
2. 利用区间估计解决工业、农业、教育等领域的实际问题，培养学生理论联系实际的能力。

///////////////// 练习题 /////////////////

1.随机地取 8 个钢管,测其长度(单位:厘米)为

    1 050 1 100 1 040 1 250 1 080 1 200 1 130 1 300

求总体均值 μ 及标准差 σ 的矩估计值。

2.设总体的概率密度如下,$X_1,X_2,\cdots,X_n$ 是取自总体 X 的样本。求未知参数 θ 的矩估计。

$(1)f(x;\theta)=\begin{cases} \dfrac{6x(\theta-x)}{\theta^3}, & 0<x<\theta \\ 0, & \text{其他} \end{cases}$

$(2)f(x;\theta)=\begin{cases} \sqrt{\theta}\,x^{\sqrt{\theta}-1}, & 0<x<1,\theta>0 \\ 0, & \text{其他} \end{cases}$

3.设总体 X 服从参数为 λ 的泊松分布,$X_1,X_2,\cdots,X_n$ 是来自总体的一个样本,求:

(1) 参数 λ 的最大似然估计;

(2)$P\{X=0\}$ 的最大似然估计。

4.设总体的概率密度 $f(x;\theta)=\begin{cases} \dfrac{x}{\theta}\mathrm{e}^{-\frac{x}{\theta}}, & x>0,\theta>0 \\ 0, & \text{其他} \end{cases}$,$X_1,X_2,\cdots,X_n$ 是取自总体

X 的样本。求未知参数的最大似然估计。

5.设总体 X 的概率分布为

X	0	1	2	3
P	θ^2	$2\theta(1-\theta)$	θ^2	$1-2\theta$

其中 $\theta\left(0<\theta<\dfrac{1}{2}\right)$ 是未知参数,利用总体 X 的样本值 3,1,3,0,3,1,2,3,求 θ 的矩估计值和最大似然估计值。

6.设总体 X 的概率密度 $f(x;\theta)=\begin{cases} \theta x^{\theta-1}, & 0<x<1 \\ 0, & \text{其他} \end{cases}$ $(\theta>0)$,$X_1,X_2,\cdots,X_n$ 为总体 X 的一个样本,分别求 θ 的矩估计和最大似然估计。

7.设总体 $X\sim N(\mu,\sigma^2)$,$X_1,X_2,\cdots,X_{10}$ 是 X 的一个样本,问:下列统计量是不是 μ 的无偏估计量。

$(1)\overline{X}=\dfrac{1}{10}\sum_{i=1}^{n}X_i$; $(2)\dfrac{1}{12}\sum_{i=1}^{5}X_i+\dfrac{1}{20}\sum_{i=6}^{10}X_i$; $(3)\dfrac{1}{10}\sum_{i=1}^{5}X_i+\dfrac{1}{5}\sum_{i=6}^{10}X_i^2$.

8.总体 $X\sim N(\mu,1)$,X_1,X_2 为其样本,记

$\mu_1=\dfrac{1}{3}X_1+\dfrac{2}{3}X_2,\mu_2=\dfrac{1}{4}X_1+\dfrac{3}{4}X_2,\mu_3=\dfrac{1}{2}X_1+\dfrac{1}{2}X_2,\mu_4=\dfrac{2}{5}X_1+\dfrac{3}{5}X_2$

证明这四个估计量都是 μ 的无偏估计量,并确定哪一个最有效。

9.设 X_1,X_2 为正态总体 $N(\mu,\sigma^2)$ 的一个样本,若 $CX_1+\dfrac{1}{1\ 999}X_2$ 为 μ 的无偏估计,

求常数 C。

10.随机地从一些钉子中抽取 16 枚,测得其长度(单位:厘米)为

$$2.15 \quad 2.14 \quad 2.10 \quad 2.13 \quad 2.12 \quad 2.13 \quad 2.10 \quad 2.15$$
$$2.12 \quad 2.14 \quad 2.10 \quad 2.13 \quad 2.11 \quad 2.14 \quad 2.11 \quad 2.13$$

设钉子长度 X 服从正态分布,试求总体均值 μ 的置信度为 90% 的双侧置信区间。

(1) 若已知 $\sigma = 0.01$;

(2) 若 σ^2 未知。

11.在稳定生产的情况下,可认为某工厂生产的荧光灯管的使用小时数 $X \sim N(\mu, \sigma^2)$,观察 10 支灯管的使用时数,计算出样本均值为 502 小时,样本方差为 38 小时,试对该种荧光灯管使用时数做如下估计。

(1) 已知 $\sigma = 5$ 小时,求 μ 的置信度为 95% 的双侧置信区间;

(2) σ 未知,求 μ 的置信度为 95% 的双侧置信区间;

(3) μ 未知,求 σ^2 的置信度为 95% 的双侧置信区间。

12.随机地从甲批导线中抽取 4 根,又从乙批导线中抽取 5 根,测得电阻(单位:欧姆)为

甲批导线:0.143　0.142　0.137　0.143

乙批导线:0.140　0.136　0.142　0.140　0.138

设甲、乙两批导线的电阻分别服从正态分布 $N(\mu_1, \sigma^2)$,$N(\mu_2, \sigma^2)$,两样本相互独立,又 σ 未知,求 $\mu_1 - \mu_2$ 的置信度为 0.95 的双侧置信区间。

13.某车间有两台自动车床加工一类套筒,假设套筒直径服从正态分布,现在从两个班次的产品中分别检查了 5 个和 6 个套筒,测其直径数据(单位:厘米)为

A 班:5.06　5.08　5.03　5.07　5.00

B 班:5.03　4.98　4.97　5.02　4.99　4.95

求两班加工套筒直径的方差比为 $\dfrac{\sigma_A^2}{\sigma_B^2}$ 的置信度为 0.95 的置信区间。

14.某厂生产一批金属材料,其抗弯强度服从正态分布,今从这批金属材料中抽取 11 个测试件,测得其抗弯强度(单位:公斤)为

$$42.5 \quad 42.7 \quad 43.0 \quad 42.3 \quad 43.4 \quad 44.5 \quad 44.0 \quad 43.8 \quad 44.1 \quad 43.0 \quad 43.7$$

求平均抗弯强度 μ 的置信度为 0.95 的单侧置信下限。

15.设某种清漆的 9 个样品,其干燥时间(单位:小时)为

$$6.0 \quad 5.7 \quad 5.8 \quad 6.5 \quad 7.0 \quad 6.3 \quad 5.6 \quad 6.1 \quad 5.0$$

设干燥时间总体服从正态分布 $N(\mu, \sigma^2)$,求 σ^2 的置信度为 0.95 的单侧置信上限。

16.为了比较甲、乙两种显像管的使用寿命 X 和 Y,随机地抽取两种显像管各 10 个,经计算,样本均值 $\bar{x} = 2.33$,$s_X^2 = 3.06$,$\bar{y} = 0.75$,$s_Y^2 = 2.13$,假设两种显像管的寿命服从正态分布,且由生产过程知,它们的方差相等,具体数值不知。求两个总体均值之差 $\mu_1 - \mu_2$ 的置信度为 0.95 的单侧置信下限。

17.一地质学家为研究某湖滩地区的岩石成分,随机地自该地区取 100 个样品,每个样品有 10 块石子,记录了每个样品中属石灰石的石子数。假设这 100 次观察相互独立,

且由过去经验,他们都服从 $n=10$, p 的二项分布,求这地区石子中石灰石的比例 p 的最大似然估计。

该地质学家所得的数据为

样本中属石灰石的石子数	0	1	2	3	4	5	6	7	8	9	10
样品个数	0	1	6	7	23	26	21	12	3	1	0

18.设正态总体 $X \sim N(\mu_1, \sigma^2)$ 与 $Y \sim N(\mu_2, \sigma^2)$ 相互独立,$X_1, X_2, \cdots, X_n$ 与 $Y_1, Y_2, \cdots, Y_m$ 分别为总体 X 与 Y 的样本。记 $\overline{X} = \dfrac{1}{n}\sum\limits_{i=1}^{n} X_i$, $\overline{Y} = \dfrac{1}{m}\sum\limits_{i=1}^{m} Y_i$, $S_1^2 = \dfrac{1}{n-1}\sum\limits_{i=1}^{n}(X_i - \overline{X})^2$, $S_2^2 = \dfrac{1}{m-1}\sum\limits_{i=1}^{m}(Y_i - \overline{Y})^2$。试证:对任意常数 $a, b (a+b=1)$,$Z = aS_1^2 + bS_2^2$ 是 σ^2 的无偏估计,并求常数 a, b,使 $D(Z)$ 达到最大。

19.设 $X_1, X_2, \cdots, X_n$ 是总体 $X \sim N(\mu, \sigma)$ 的样本,试选择适当常数 C,使 $C\sum\limits_{i=1}^{n-1}(X_{i+1} - X_i)^2$ 为 σ^2 的无偏估计。

20.总体 $X \sim N(\mu, 3^2)$,如果要求置信度为 $1-\alpha$ 的置信区间的长度不超过 2,问在 $\alpha = 0.10$ 和 $\alpha = 0.01$ 两种情况下,需要抽取的样本容量分别是多少?

21.设总体 X 的概率密度为 $f(x;\theta) = \begin{cases} \theta, & 0 < x < 1 \\ 1-\theta, & 1 \leqslant x < 2, \\ 0, & \text{其他} \end{cases}$ 其中 θ 是未知参数($0 < \theta < 1$),$X_1, X_2, \cdots, X_n$ 为来自总体 X 的简单随机样本,记 N 为样本值 $x_1, x_2, \cdots, x_n$ 中小于 1 的个数,求 θ 的最大似然估计。

22.设总体 X 的概率密度为 $f(x) = \begin{cases} \lambda^2 x e^{-\lambda x}, & x > 0 \\ 0, & \text{其他} \end{cases}$,其中参数 $\lambda(\lambda > 0)$ 未知,$X_1, X_2, \cdots, X_n$ 是来自总体 X 的简单随机样本,求参数 λ 的矩估计量与最大似然估计量。

第八章

假设检验

假设检验

第七章介绍了参数的估计问题,是对未知参数的数值进行统计推断,从而给出一个近似值或一个范围。但在实际中,有些问题不是用估计能解决的。如某童鞋的甲醛含量是否符合国家标准?这就需要我们在符合和不符合中做出一个检验。在检验中有两种可能,一种是总体形式已知,但参数未知;另一种是总体形式未知。我们主要对第一种情况进行检验,称为参数假设检验;而对总体的分布形式检验称为非参数假设检验,本章不做介绍。

第一节 　假设检验概述

一、问题的提出

先看下面的例题:

> **例 8-1** 某厂生产食盐,每袋额定净重为 $100\ \mathrm{g}$,由以往经验,每袋重量是个随机变量,服从正态分布 $N(\mu,4)$,抽查了 9 袋,称重量(单位:克)分别为 $98.5,99,97,100,102,99.6,97.4,96.5,101$,试问这批食盐重量是否合格?

从题意分析,重量是一个随机变量,设为 X,且 $X \sim N(\mu,4)$,如果合格的话,μ 应该是 100,否则就认为是不合格的。所以要检验的是 μ 是否等于 100,我们提出两个假设即 $H_0:\mu=100$;$H_1:\mu \neq 100$,这是两个对立的结果,称 $H_0:\mu=100$ 为原假设或零假设,$H_1:\mu \neq 100$ 为备择假设或对立假设。我们需要根据样本值来判断是接受 H_0,即食盐重量合格,还是拒绝 H_0,即接受 H_1,即食盐重量不合格。

二、假设检验的原理与方法

通过上面这道例题,我们提出了假设检验的问题,那么如何在原假设与备择假设之间做出选择呢? 采用的基本原理和方法是"小概率原理"和"概率意义上的反证法的思想"。

1. 小概率原理

"小概率事件在一次试验中几乎是不可能发生的"。这句话的意思是,一个概率很小的事件,在只做一次试验的情况下,是不应该发生的。一旦发生了,就有理由怀疑使这个小概率事件发生的条件不成立。我们用一个例子来说明这个原理,某女士自称能从一杯加了茶叶和糖的茶水中品出是先加的糖还是先加的茶叶,为了验证她的说法,该女士连续品茶 10 杯,都说对了,试问她是真的知道还是猜对的? 从直观上我们很容易认为她是真的知道,但是还需要给出一个合理的理由。 显然她若是真的知道,10 杯都说对的概率是 1,若是猜对的,这个猜对的概率是多少呢? $\left(\frac{1}{2}\right)^{10} \approx 9.77 \times 10^{-5}$,这是一个很小的概率,按照小概率原理,只做一次试验,是不应该发生的,但事实上该事件确实发生了,小概率原理是毋庸置疑的,那么只能是我们的假设"猜对的"是不对的,所以拒绝了"猜对的",从而接受了她确实是真的知道这个结论。这个例子实际上已经给出了假设检验问题的方法:建立在小概率原理上的反证法的思想。

2. 基于小概率原理上的反证法

先假设 H_0 是真的,在此基础上定义一个小概率事件 A,这个事件中包含样本,然后根据样本值来判断事件 A 是否发生,如果 A 发生,说明小概率事件发生了,这不符合小概率原理,说明假设"H_0 是真的"错误;如果 A 不发生,和小概率原理不矛盾,没有充分的理由去否定 H_0,只能接受"H_0 是真的"这一结论。

3. 假设检验的显著性水平

基于小概率原理上的反证法中,关键是这个小概率事件,那么多么小的概率算是小概率呢? 在统计学当中,用正数 α 来表示这个小概率,由检验者根据实际情况预先指定,可以是 0.01,0.05,但一般不会超过 0.1,α 称为假设检验的**显著性水平**。

4. 以例 8-1 说明假设检验的方法

(1) 检验统计量的选取

由于要检验的是总体均值 μ,而样本均值 $\overline{X}$ 是 μ 的无偏估计,所以 $\overline{X}$ 的观察值的大小在一定程度上能反映 μ 的取值情况。假设 H_0 是真的,则 $\overline{X}$ 与 100 的误差不应太大,即 $|\overline{X}-100|$ 不应太大,如 $|\overline{X}-100|$ 太大,则有理由怀疑 H_0 的正确性。 但是 $|\overline{X}-100|$ 大还是不大的临界点是多少呢? 就必须根据 $|\overline{X}-100|$ 的分布来确定一个合理的判断标准,即确定一个数 k,当 $|\overline{X}-100|>k$ 时就拒绝 H_0,当 $|\overline{X}-100|\leqslant k$ 时就接受 H_0。但 $|\overline{X}-100|$ 的分布不易计算,而当 H_0 为真时,$\dfrac{\overline{X}-100}{\sigma/\sqrt{n}} \sim N(0,1)$,衡量 $|\overline{X}-100|$ 的大小可转化为衡量 $\left|\dfrac{\overline{X}-100}{\sigma/\sqrt{n}}\right|$ 的大小,选取这个临界点为正数 k,则当

$\left|\dfrac{\overline{X}-100}{\sigma/\sqrt{n}}\right| \geqslant k$ 时就拒绝 H_0，称 $\dfrac{\overline{X}-100}{\sigma/\sqrt{n}}$ 为检验统计量。

（2）k 的确定

由于检验的显著性水平 α 已经预先给定，则由 $P\left\{\left|\dfrac{\overline{X}-100}{\sigma/\sqrt{n}}\right| \geqslant k\right\}=\alpha$ 构造小概率事件，由上式及分位数的知识可知 $k=z_{\frac{\alpha}{2}}$，即 $P\left\{\left|\dfrac{\overline{X}-100}{\sigma/\sqrt{n}}\right| \geqslant z_{\frac{\alpha}{2}}\right\}=\alpha$。

（3）拒绝域

当我们把样本值 $\overline{x}$ 代入 $\left|\dfrac{\overline{X}-100}{\sigma/\sqrt{n}}\right|$ 时，如果 $\left|\dfrac{\overline{x}-100}{\sigma/\sqrt{n}}\right| \geqslant z_{\frac{\alpha}{2}}$，则小概率事件发生了，（因为 $\left|\dfrac{\overline{X}-100}{\sigma/\sqrt{n}}\right| \geqslant z_{\frac{\alpha}{2}}$ 的概率只有 α，是小概率事件），这与小概率原理是相悖的，说明 "H_0 是真的" 错误；如果 $\left|\dfrac{\overline{x}-100}{\sigma/\sqrt{n}}\right| < z_{\frac{\alpha}{2}}$，则和小概率原理不矛盾，没有充分的理由去否定 H_0，只能接受 "H_0 是真的" 这一结论。拒绝原假设的区域称为拒绝域，相应地接受原假设的区域称为接受域。本题中的拒绝域为 $(-\infty, -z_{\frac{\alpha}{2}}) \bigcup (z_{\frac{\alpha}{2}}, +\infty)$。

（4）本题中给定 $\alpha=0.05$，$\overline{x}=99$，查表 $z_{0.025}=1.96$。

将数据代入：$\left|\dfrac{\overline{x}-100}{\sigma/\sqrt{n}}\right|=\dfrac{|99-100|}{2/\sqrt{9}}=1.5<1.96$，未落入拒绝域，说明小概率事件没有发生，从而接受 H_0，即食盐重量合格。

三、假设检验的两种错误

假设检验具有主观因素，往往会因为抽样的偏差产生错误的结论。

1. 第一类错误（弃真错误）

H_0 为真，但由于抽样的信息有误而被拒绝，其概率至多为显著水平 α，即

$$P\{拒绝\ H_0\ |\ H_0\ 为真\} \leqslant \alpha。$$

2. 第二类错误（取伪错误）

假设 H_0 不真而被接受，概率记为 β，即 $P\{接受\ H_0\ |\ H_0\ 不真\}=\beta$。

当样本容量 n 一定时，无法找到一个使 α，β 同时减少的检验，在实际工作中总是控制 α 适当的小。这样的检验称为显著性检验。要同时减少犯这两种错误的可能性，只有增加样本容量。

四、假设检验的步骤

1. 根据问题提出原假设 H_0 和备择假设 H_1。

2. 选择适当的检验统计量，并求出其分布。需要注意的是检验统计量中不能有任何未知参数。

3.给出拒绝域。在确定显著水平后,可根据检验统计量的分布定出检验的拒绝域。

4.计算。根据试验的样本值,计算本次试验的统计量值,并和拒绝域加以比较。

5.判断。若统计量值落在拒绝域内,则拒绝 H_0,接受 H_1;若统计量值未落入拒绝域,则接受 H_0。

第二节 正态总体均值的假设检验

参数假设检验一般分以下三种形式:

(1)$H_0:\theta=\theta_0,H_1:\theta\neq\theta_0$;

(2)$H_0:\theta\geqslant\theta_0,H_1:\theta<\theta_0$;

(3)$H_0:\theta\leqslant\theta_0,H_1:\theta>\theta_0$。

(1)中 $H_0:\theta=\theta_0$,即 θ 既不能大于 θ_0,也不能小于 θ_0,称为**双边假设检验**,$H_1:\theta\neq\theta_0$ 称为**双边备择假设**。

(2)中 H_1 是 $\theta<\theta_0$,称为**左边假设检验**。同理(3)称为**右边假设检验**,(2)、(3)都称为**单边假设检验**。

本节针对正态总体的均值的假设检验问题展开讨论。

一、单正态总体均值的假设检验

设 $X_1,X_2,\cdots,X_n$ 是来自总体 $N(\mu,\sigma^2)$ 的样本。

1.σ^2 已知(Z 检验法)

(1)双边假设检验

$$H_0:\mu=\mu_0,H_1:\mu\neq\mu_0$$

由例 8-1 可知:选取的检验统计量为 $Z=\dfrac{\overline{X}-\mu_0}{\sigma/\sqrt{n}}\sim N(0,1)$

由 $P\left\{\left|\dfrac{\overline{X}-\mu_0}{\sigma/\sqrt{n}}\right|>z_{\frac{\alpha}{2}}\right\}=\alpha$ 得拒绝域为

$$\dfrac{\overline{X}-\mu_0}{\sigma/\sqrt{n}}\in(-\infty,-z_{\frac{\alpha}{2}})\bigcup(z_{\frac{\alpha}{2}},+\infty)\ \text{或}\ \left|\dfrac{\overline{X}-\mu_0}{\sigma/\sqrt{n}}\right|>z_{\frac{\alpha}{2}}$$

▶ 例 8-2 有一批枪弹,出厂时,其初速度 $v\sim N(950,100)$(单位:米/秒),经过较长时间储存,取 9 发进行测试,得样本值为

$$924\quad 920\quad 960\quad 934\quad 945\quad 942\quad 940\quad 924\quad 953$$

据经验,枪弹经储存后其初速度仍服从正态分布,且标准差保持不变,问在显著性水平 $\alpha=0.05$ 时是否可认为这批枪弹的初速度有显著变化?

解:假设检验 $H_0:\mu=950,H_1:\mu\neq 950$。

方差 $\sigma^2=100$ 已知,检验统计量为 $Z=\dfrac{\overline{X}-\mu_0}{\sigma}\sqrt{n}\sim N(0,1)$。

对显著性水平 $\alpha = 0.05$，确定拒绝域 $\left| \dfrac{\overline{X} - \mu_0}{\sigma / \sqrt{n}} \right| > z_{0.025}$，查表 $z_{0.025} = 1.96$，所以拒绝域

为 $\left| \dfrac{\overline{X} - \mu_0}{\sigma / \sqrt{n}} \right| > 1.96$。

经计算 $\overline{x} = 938$，$|Z|$ 的观测值 $|z| = \left| \dfrac{\overline{x} - \mu_0}{\sigma} \sqrt{n} \right| = \left| \dfrac{938 - 950}{10} \times \sqrt{9} \right| = 3.6$。

因为 $3.6 > 1.96$，落入拒绝域，所以拒绝 H_0，从而接受 H_1，枪弹的初速度有显著变化。

（2）单边假设检验

在某些实际问题中，有时我们只关心 μ 是否减小或者增大。如例 8-2 中，我们可以发现，枪弹的平均初速度明显减小了，这时候我们也可以考虑初速度是否显著减少，而不需考虑是否增加了，因此原假设和备择假设需设为 $H_0 : \mu \geqslant \mu_0$，$H_1 : \mu < \mu_0$。

从假设中可以发现，若想拒绝 H_0，样本均值 $\overline{X}$ 应该比 μ_0 小很多，如果样本均值 $\overline{X}$ 比 μ_0 大，那么它所反映的总体均值 μ 比 μ_0 还小，是不符合实际的。那么 $\overline{X}$ 比 μ_0 小多少才能拒绝 H_0 呢？

不妨先假设 $\mu = \mu_0$，则 $\dfrac{\overline{X} - \mu_0}{\sigma / \sqrt{n}} \sim N(0,1)$，所以检验统计量选取 $Z = \dfrac{\overline{X} - \mu_0}{\sigma / \sqrt{n}} \sim$

$N(0,1)$。因为只有 $\overline{X}$ 的取值过小才会拒绝 $\mu = \mu_0$，即 $\dfrac{\overline{X} - \mu_0}{\sigma / \sqrt{n}}$ 过小，所以拒绝域的形式应

为

$$\frac{\overline{X} - \mu_0}{\sigma / \sqrt{n}} < k$$

对于显著水平 α，$P \left\{ \dfrac{\overline{X} - \mu_0}{\sigma / \sqrt{n}} < -z_\alpha \right\} = \alpha$（这是一个小概率事件），所以 $k = -z_\alpha$，

拒绝域为 $\dfrac{\overline{X} - \mu_0}{\sigma / \sqrt{n}} \in (-\infty, -z_\alpha)$ 或者 $\dfrac{\overline{X} - \mu_0}{\sigma / \sqrt{n}} < -z_\alpha$。

事实上，μ_0 是 H_0 中最小的一个 μ 值，如果通过抽样检验拒绝了 $\mu = \mu_0$，接受了 $\mu < \mu_0$，那么对于 H_0 中任何一个比 μ_0 大的 μ 值，显然也应被拒绝。所以 $H_0 : \mu \geqslant \mu_0$ 的拒绝域就是 $(-\infty, -z_\alpha)$。

同理，对于 $H_0 : \mu \leqslant \mu_0$，$H_1 : \mu > \mu_0$。

在 σ 已知的情况下，检验统计量仍为 $Z = \dfrac{\overline{X} - \mu_0}{\sigma / \sqrt{n}} \sim N(0,1)$，

拒绝域为 $\dfrac{\overline{X} - \mu_0}{\sigma / \sqrt{n}} > z_\alpha$，即 $\dfrac{\overline{X} - \mu_0}{\sigma / \sqrt{n}} \in (z_\alpha, +\infty)$。

▶ **例 8-3** （接例 8-2）在显著性水平 $\alpha = 0.05$ 时能否认为初速度显著降低？

解： 假设检验 $H_0 : \mu \geqslant 950$，$H_1 : \mu < 950$。

方差 $\sigma^2 = 100$ 已知,检验统计量为 $Z = \dfrac{\overline{X} - \mu_0}{\sigma}\sqrt{n} \sim N(0,1)$。

对显著性水平 $\alpha = 0.05$,确定拒绝域 $\dfrac{\overline{X} - \mu_0}{\sigma / \sqrt{n}} < -z_{0.05}$,查表 $z_{0.05} = 1.645$,所以拒绝域

为 $\dfrac{\overline{X} - \mu_0}{\sigma / \sqrt{n}} < -1.645$。

经计算 $\dfrac{\overline{x} - \mu_0}{\sigma / \sqrt{n}} = -3.6$。

因为 $-3.6 < -1.645$,落入拒绝域,所以拒绝 H_0,从而接受 H_1,枪弹的初速度有显著降低。

2. σ^2 未知(t 检验法)

由于 σ 未知,所以检验统计量无法再用 $\dfrac{\overline{X} - \mu_0}{\sigma / \sqrt{n}}$,而样本标准差 S 是 σ 的无偏估计,所

以自然想到用 S 来代替 σ,$\dfrac{\overline{X} - \mu_0}{S / \sqrt{n}} \sim t(n-1)$,即设 $T = \dfrac{\overline{X} - \mu_0}{S / \sqrt{n}}$ 为检验统计量。

(1)双边假设检验

$$H_0 : \mu = \mu_0, \quad H_1 : \mu \neq \mu_0$$

$P\left\{ \left| \dfrac{\overline{X} - \mu_0}{S / \sqrt{n}} \right| > t_{\frac{\alpha}{2}}(n-1) \right\} = \alpha$ 得拒绝域为

$\dfrac{\overline{X} - \mu_0}{S / \sqrt{n}} \in (-\infty, -t_{\frac{\alpha}{2}}(n-1)) \bigcup (t_{\frac{\alpha}{2}}(n-1), +\infty)$,即

$$|T| = \left| \dfrac{\overline{X} - \mu_0}{S / \sqrt{n}} \right| > t_{\frac{\alpha}{2}}(n-1)$$

(2)单边假设检验

$$H_0 : \mu \geqslant \mu_0, \quad H_1 : \mu < \mu_0$$

对于显著水平 α,$P\left\{ \dfrac{\overline{X} - \mu_0}{S / \sqrt{n}} < -t_{\alpha}(n-1) \right\} = \alpha$。拒绝域为

$\dfrac{\overline{X} - \mu_0}{S / \sqrt{n}} \in (-\infty, -t_{\alpha}(n-1))$ 或者 $T = \dfrac{\overline{X} - \mu_0}{S / \sqrt{n}} < -t_{\alpha}(n-1)$。

$$H_0 : \mu \leqslant \mu_0, \quad H_1 : \mu > \mu_0$$

对于显著水平 α,$P\left\{ \dfrac{\overline{X} - \mu_0}{S / \sqrt{n}} > t_{\alpha}(n-1) \right\} = \alpha$。拒绝域为 $(t_{\alpha}(n-1), +\infty)$ 或者

$T = \dfrac{\overline{X} - \mu_0}{S / \sqrt{n}} > t_{\alpha}(n-1)$。

单正态总体均值的检验总结见表 8-1。

表 8-1

原假设 H_0	备择假设 H_1	其他参数	检验统计量及其分布	拒绝域
$\mu = \mu_0$	$\mu \neq \mu_0$	σ^2 已知	$Z = \dfrac{\overline{X} - \mu_0}{\sigma/\sqrt{n}} \sim N(0,1)$	$\lvert Z \rvert > z_{\alpha/2}$
$\mu \leqslant \mu_0$	$\mu > \mu_0$			$Z > z_\alpha$
$\mu \geqslant \mu_0$	$\mu < \mu_0$			$Z < -z_\alpha$
$\mu = \mu_0$	$\mu \neq \mu_0$	σ^2 未知	$T = \dfrac{\overline{X} - \mu_0}{S/\sqrt{n}} \sim t(n-1)$	$\lvert T \rvert > t_{\alpha/2}(n-1)$
$\mu \leqslant \mu_0$	$\mu > \mu_0$			$T > t_\alpha(n-1)$
$\mu \geqslant \mu_0$	$\mu < \mu_0$			$T < -t_\alpha(n-1)$

▶ **例 8-4** 一公司声称某种类型的电池的平均寿命至少为 21.5 小时。有一实验室检验了该公司制造的 6 套电池,得到如下的寿命(小时):19,18,22,20,16,25,试问在显著性水平 $\alpha = 0.05$ 下,这些结果是否表明这种类型的电池不符合该公司所声称的寿命?

解: 根据题意,需检验的是 $H_0: \mu \geqslant 21.5, H_1: \mu < 21.5$。

方差未知,检验统计量为 $T = \dfrac{\overline{X} - \mu_0}{S}\sqrt{n} \sim t(n-1)$。

对显著性水平 $\alpha = 0.05$,拒绝域 $T = \dfrac{(\overline{X} - \mu_0)\sqrt{n}}{S} < -t_{0.05}(5)$,查表 $t_{0.05}(5) = 2.015$,

所以拒绝域为 $Z = \dfrac{(\overline{X} - \mu_0)\sqrt{n}}{S} < -2.015$。

计算 $\overline{x} = 20, s = 3.16$,$T$ 的观测值 $t = \dfrac{(20 - 21.5)\sqrt{6}}{3.16} = -1.163 > -2.015$。

计算结果未落入拒绝域,故无法拒绝原假设,接受原假设,这种类型的电池符合该公司所声称的寿命。

二、双正态总体均值差的假设检验

设 $X_1, X_2, \cdots, X_{n_1}$ 是来自总体 X 的样本,$Y_1, Y_2, \cdots, Y_{n_2}$ 是来自总体 Y 的样本,其中 $X \sim N(\mu_1, \sigma_1^2), Y \sim N(\mu_2, \sigma_2^2)$,且两样本相互独立,记它们的样本均值分别为 $\overline{X}, \overline{Y}$,样本方差分别为 S_1^2, S_2^2,下面要讨论的是以下三个方面的均值差的检验问题。

$H_0: \mu_1 - \mu_2 = \delta, H_1: \mu_1 - \mu_2 \neq \delta$;

$H_0: \mu_1 - \mu_2 \leqslant \delta, H_1: \mu_1 - \mu_2 > \delta$;

$H_0: \mu_1 - \mu_2 \geqslant \delta, H_1: \mu_1 - \mu_2 < \delta$。

若 $\delta = 0$,即检验 μ_1 是等于 μ_2,还是大于 μ_2 或者小于 μ_2,也即检验两个样本均值的大小关系。

1. σ_1^2, σ_2^2 已知(Z 检验法)

(1) $H_0: \mu_1 - \mu_2 = \delta, H_1: \mu_1 - \mu_2 \neq \delta$

假设检验的关键是找到合适的检验统计量和拒绝域,在这个假设中,如果 H_0 为真,即 $\mu_1 - \mu_2 - \delta = 0$,那么 $\lvert \overline{X} - \overline{Y} - \delta \rvert$ 不应太大,否则,就有理由怀疑 H_0 的正确性,即拒绝

域的形式应为 $|\overline{X}-\overline{Y}-\delta| > k$，但 $\overline{X}-\overline{Y}-\delta$ 的分布不易求出，而由抽样分布定理可知，

$\dfrac{(\overline{X}-\overline{Y})-(\mu_1-\mu_2)}{\sqrt{\dfrac{\sigma_1^2}{n_1}+\dfrac{\sigma_2^2}{n_2}}} \sim N(0,1)$，若 H_0 为真，则 $\dfrac{(\overline{X}-\overline{Y})-\delta}{\sqrt{\dfrac{\sigma_1^2}{n_1}+\dfrac{\sigma_2^2}{n_2}}} \sim N(0,1)$，衡量 $|\overline{X}-\overline{Y}-$

$\delta| > k$ 可以转化为衡量 $\left|\dfrac{\overline{X}-\overline{Y}-\delta}{\sqrt{\dfrac{\sigma_1^2}{n_1}+\dfrac{\sigma_2^2}{n_2}}}\right| > k$，所以检验统计量为 $Z=\dfrac{(\overline{X}-\overline{Y})-\delta}{\sqrt{\dfrac{\sigma_1^2}{n_1}+\dfrac{\sigma_2^2}{n_2}}}$。

由 $P\left\{\left|\dfrac{\overline{X}-\overline{Y}-\delta}{\sqrt{\dfrac{\sigma_1^2}{n_1}+\dfrac{\sigma_2^2}{n_2}}}\right| > k\right\}=\alpha$，得到 $k=z_{\frac{\alpha}{2}}$，拒绝域为 $|Z| > z_{\frac{\alpha}{2}}$。

(2) $H_0: \mu_1-\mu_2 \leqslant \delta, H_1: \mu_1-\mu_2 > \delta$

由于条件不变，所以检验统计量不变，由备择假设的形式可知拒绝域为

$$Z=\dfrac{\overline{X}-\overline{Y}-\delta}{\sqrt{\dfrac{\sigma_1^2}{n_1}+\dfrac{\sigma_2^2}{n_2}}} > z_\alpha$$

(3) $H_0: \mu_1-\mu_2 \geqslant \delta, H_1: \mu_1-\mu_2 < \delta$

拒绝域为 $Z=\dfrac{\overline{X}-\overline{Y}-\delta}{\sqrt{\dfrac{\sigma_1^2}{n_1}+\dfrac{\sigma_2^2}{n_2}}} < -z_\alpha$。

2. $\sigma_1^2=\sigma_2^2=\sigma^2$，但 σ 未知（t 检验法）

由于 σ 未知，Z 检验法不再适用，由抽样分布定理可知

$$\dfrac{(\overline{X}-\overline{Y})-(\mu_1-\mu_2)}{S_\omega\sqrt{\dfrac{1}{n_1}+\dfrac{1}{n_2}}} \sim t(n_1+n_2-2)$$

其中 $S_\omega^2=\dfrac{(n_1-1)S_1^2+(n_2-1)S_2^2}{n_1+n_2-2}$，如果 H_0 为真，则 $\dfrac{\overline{X}-\overline{Y}-\delta}{S_\omega\sqrt{\dfrac{1}{n_1}+\dfrac{1}{n_2}}} \sim t(n_1+n_2-2)$，所

以检验统计量为

$$T=\dfrac{\overline{X}-\overline{Y}-\delta}{S_\omega\sqrt{\dfrac{1}{n_1}+\dfrac{1}{n_2}}}$$

(1) $H_0: \mu_1-\mu_2=\delta, H_1: \mu_1-\mu_2 \neq \delta$

拒绝域为：$|T| > t_{\frac{\alpha}{2}}(n_1+n_2-2)$

(2) $H_0: \mu_1-\mu_2 \leqslant \delta, H_1: \mu_1-\mu_2 > \delta$

拒绝域为：$T > t_\alpha(n_1+n_2-2)$

(3) $H_0: \mu_1-\mu_2 \geqslant \delta, H_1: \mu_1-\mu_2 < \delta$

拒绝域为：$T < -t_\alpha(n_1+n_2-2)$

▶ **例 8-5** 某地区对中学教学进行改革，为评估改革效果，分别在改革前和改革后进行两次考试，从参加考试的人中各随机抽取 100 人，测得考试的平均得分分别为 63.5，67.0，假设两次考试成绩服从正态分布 $N(\mu_1, \sigma_1^2)$，$N(\mu_2, \sigma_2^2)$，在显著水平 $\alpha = 0.05$ 下从以下两种情况来考虑改革是否有效？

(1) $\sigma_1^2 = 2.1^2$，$\sigma_2^2 = 2.2^2$；

(2) $\sigma_1 = \sigma_2$ 未知，但 $s_1 = 1.9$，$s_2 = 2.01$。

解：如果改革有效，改革后平均成绩 μ_2 应比改革前平均成绩 μ_1 高，即 $\mu_1 - \mu_2 < 0$，否则即为无效，所以原假设为 $H_0: \mu_1 - \mu_2 \geq 0$，备择假设为 $H_1: \mu_1 - \mu_2 < 0$。

(1) 由于 σ_1, σ_2 已知，采用 Z 检验法，检验统计量为 $Z = \dfrac{\overline{X} - \overline{Y} - \delta}{\sqrt{\dfrac{\sigma_1^2}{n_1} + \dfrac{\sigma_2^2}{n_2}}}$。

拒绝域为 $Z < -z_\alpha$，$\alpha = 0.05$，查表 $z_{0.05} = 1.645$，所以拒绝域为 $Z < -1.645$，由 $\overline{x} = 63.5$，$\overline{y} = 67.0$，$\sigma_1^2 = 2.1^2$，$\sigma_2^2 = 2.2^2$，$n_1 = 100$，$n_2 = 100$，$Z = \dfrac{63.5 - 67.0 - 0}{\sqrt{\dfrac{2.1^2}{100} + \dfrac{2.2^2}{100}}} = -11.51 < -1.645$，

落入拒绝域，所以可以认为改革有效。

(2) 由于 σ_1, σ_2 未知，采用 t 检验法，检验统计量为 $T = \dfrac{\overline{X} - \overline{Y} - \delta}{S_w \sqrt{\dfrac{1}{n_1} + \dfrac{1}{n_2}}}$。拒绝域为

$T < -t_\alpha(n_1 + n_2 - 2)$，由于 $t_{0.05}(198) \approx z_{0.95} = 1.645$，所以拒绝域为 $T < -1.645$，计算，由 $\overline{X} = 63.5$，$\overline{Y} = 67.0$，$s_1^2 = 1.92^2$，$s_2^2 = 2.01^2$，$n_1 = 100$，$n_2 = 100$，

$$S_w^2 = \frac{(n_1 - 1)s_1^2 + (n_2 - 1)s_2^2}{n_1 + n_2 - 2} = \frac{(100 - 1) \times 1.9^2 + (100 - 1) \times 2.01^2}{100 + 100 - 2} = 3.83$$

$T = \dfrac{63.5 - 67.0 - 0}{\sqrt{3.83}\sqrt{\dfrac{1}{100} + \dfrac{1}{100}}} = -12.65 < -1.645$，落入拒绝域，所以可以认为改革有效。

第三节　正态总体方差的假设检验

一、单正态总体方差的假设检验

总体 $X \sim N(\mu, \sigma^2)$，$X_1, X_2, \cdots, X_{n_1}$ 是来自总体 X 的样本，仅就 μ 未知的情况讨论 σ^2 的假设检验问题。σ^2 的假设检验与 μ 的假设检验类似，只是检验统计量有所不同。

1. 双边假设检验

$H_0: \sigma^2 = \sigma_0^2$，$H_1: \sigma^2 \neq \sigma_0^2$

在假设 H_0 为真的前提下，σ^2 的无偏估计 S^2 与 σ_0^2 应当相差不大，即 $\dfrac{\sigma_0^2}{S^2}$ 应在 1 附近摆

动,如果 $\dfrac{\sigma_0^2}{S^2}$ 过大或过于接近 0,都说明 σ^2 偏离 σ_0^2 过大,有理由否定 H_0,所以拒绝域的形式

为 $\dfrac{\sigma_0^2}{S^2} < c$ 或 $\dfrac{\sigma_0^2}{S^2} > d$,$c$,$d$ 为待定常数,但 $\dfrac{\sigma_0^2}{S^2}$ 的分布不易求出,而 $\dfrac{(n-1)\sigma_0^2}{S^2} \sim \chi^2(n-1)$,

则 $\dfrac{\sigma_0^2}{S^2} < c$ 或 $\dfrac{\sigma_0^2}{S^2} > d$ 可转化为 $\dfrac{(n-1)\sigma_0^2}{S^2} < (n-1)c$ 或 $\dfrac{(n-1)\sigma_0^2}{S^2} > (n-1)d$。

设 $k_1 = (n-1)c$,$k_2 = (n-1)d$,则拒绝域的形式为

$$\dfrac{(n-1)\sigma_0^2}{S^2} < k_1 \text{ 或 } \dfrac{(n-1)\sigma_0^2}{S^2} > k_2,\text{检验统计量为 } \chi^2 = \dfrac{(n-1)\sigma_0^2}{S^2}。$$

显著水平为 α,所以

$$P\left\{\dfrac{(n-1)\sigma_0^2}{S^2} < k_1\right\} + P\left\{\dfrac{(n-1)\sigma_0^2}{S^2} > k_2\right\} = \alpha$$

为计算方便,令 $P\left\{\dfrac{(n-1)\sigma_0^2}{S^2} < k_1\right\} = P\left\{\dfrac{(n-1)\sigma_0^2}{S^2} > k_2\right\} = \dfrac{\alpha}{2}$,由此得

$k_1 = \chi^2_{1-\frac{\alpha}{2}}(n-1)$,$k_2 = \chi^2_{\frac{\alpha}{2}}(n-1)$,拒绝域为

$$\chi^2 > \chi^2_{\frac{\alpha}{2}}(n-1) \text{ 或 } \chi^2 < \chi^2_{1-\frac{\alpha}{2}}(n-1)$$

2. 单边假设检验

(1) $H_0 : \sigma^2 \leqslant \sigma_0^2$,$H_1 : \sigma^2 > \sigma_0^2$

在假设 H_0 为真的前提下,$\dfrac{\sigma_0^2}{S^2}$ 不应过分大,如果 $\dfrac{\sigma_0^2}{S^2}$ 超过 1 过多,则有理由怀疑 H_0 的

正确性,所以拒绝域形式为 $\dfrac{(n-1)\sigma_0^2}{S^2} > k$,检验统计量为 $\chi^2 = \dfrac{(n-1)\sigma_0^2}{S^2} \sim \chi^2(n-1)$。

由 $P\left\{\dfrac{(n-1)\sigma_0^2}{S^2} > k\right\} = \alpha$,可确定 $k = \chi^2_{\alpha}(n-1)$,所以拒绝域为

$$\chi^2 = \dfrac{(n-1)\sigma_0^2}{S^2} > \chi^2_{\alpha}(n-1)$$

(2) $H_0 : \sigma^2 \geqslant \sigma_0^2$,$H_1 : \sigma^2 < \sigma_0^2$

分析过程与 (1) 相同,请同学们自己推导。

拒绝域为

$$\chi^2 = \dfrac{(n-1)\sigma_0^2}{S^2} < \chi^2_{1-\alpha}(n-1)$$

单正态总体方差的检验总结见表 8-2。

表 8-2

原假设 H_0	备择假设 H_1	其他参数	检验统计量及其分布	拒绝域
$\sigma^2 = \sigma_0^2$	$\sigma^2 \neq \sigma_0^2$	μ 未知	$\chi^2 = \dfrac{(n-1)S^2}{\sigma_0^2} \sim \chi^2(n-1)$	$\chi^2 > \chi^2_{\alpha/2}(n-1)$ 或 $\chi^2 < \chi^2_{1-\alpha/2}(n-1)$
$\sigma^2 \leqslant \sigma_0^2$	$\sigma^2 > \sigma_0^2$			$\chi^2 > \chi^2_{\alpha}(n-1)$
$\sigma^2 \geqslant \sigma_0^2$	$\sigma^2 < \sigma_0^2$			$\chi^2 < \chi^2_{1-\alpha}(n-1)$

例 8-6　某种电子元件的寿命 X（单位：小时）服从正态分布，要求寿命不得小于 225 小时，标准差不得大于 20 小时。现测得 9 只元件寿命如下：159，289，212，379，178，264，359，168，260，试问在显著水平 $\alpha = 0.05$ 下，这批电子元件是否合格？

分析：电子元件有两个衡量指标，即寿命是否小于 225 小时，标准差是否大于 20 小时，所以需检验两部分。

解：(1) 检验寿命是否合格

检验假设 $H_0 : \mu \geqslant 225$，$H_1 : \mu < 225$。

方差未知时，检验统计量 $T = \dfrac{\overline{X} - \mu_0}{S / \sqrt{n}} \sim t(8)$。

拒绝域为 $T < -t_{\alpha}(8)$，$\alpha = 0.05$，查表 $t_{0.05}(8) = 1.8595$，所以拒绝域为 $T < -1.8595$。

计算 $\overline{x} = 252$，$s = 80.57$，

$$T = \frac{\overline{x} - \mu_0}{s / \sqrt{n}} = \frac{252 - 225}{80.57} \times 3 = 1 > -1.8595$$

未落入拒绝域，接受 H_0，即可以认为寿命不小于 225 小时。

(2) 检验标准差是否正常

检验假设 $H_0 : \sigma^2 \leqslant 20^2$，$H_1 : \sigma^2 > 20^2$。

选用统计量 $\chi^2 = \dfrac{(n-1)S^2}{\sigma_0^2} \sim \chi^2(n-1)$。

对 $\alpha = 0.05$，查表 $\chi^2_{0.05}(8) = 15.507$，拒绝域 $\chi^2 > \chi^2_{\alpha}(n-1) = \chi^2_{0.05}(8) = 15.507$。

计算 $\chi^2 = \dfrac{8 \times 80.57^2}{20^2} = 129.83 > 15.507$。

落入拒绝域，拒绝 H_0，接受 H_1，即标准差超过 20 小时。

综上，这批电子元件是不合格的。

二、双正态总体方差的假设检验

设 $X_1, X_2, \cdots, X_{n_1}$ 是来自总体 X 的样本，$Y_1, Y_2, \cdots, Y_{n_2}$ 是来自总体 Y 的样本，其中 $X \sim N(\mu_1, \sigma_1^2)$，$Y \sim N(\mu_2, \sigma_2^2)$，且两样本相互独立，记它们的样本均值分别为 $\overline{X}$，$\overline{Y}$，样本方差分别为 S_1^2，S_2^2，μ_1，μ_2，σ_1^2，σ_2^2 均未知，下面要讨论的是以下三个方面的方差的检验问题。

1. $H_0 : \sigma_1^2 = \sigma_2^2$，$H_1 : \sigma_1^2 \neq \sigma_2^2$

欲估计 σ_1^2，σ_2^2 的大小关系，自然想到 σ_1^2，σ_2^2 的无偏估计 S_1^2，S_2^2。当 H_0 为真时，$\dfrac{S_1^2}{S_2^2}$ 不会过大，也不会很接近 0，如果 $\dfrac{S_1^2}{S_2^2}$ 过大，或很接近 0，则有理由怀疑 H_0 的正确性。

而 $\dfrac{S_1^2 / \sigma_1^2}{S_2^2 / \sigma_2^2} \sim F(n_1 - 1, n_2 - 1)$，在 H_0 为真的情况下，$\dfrac{S_1^2}{S_2^2} \sim F(n_1 - 1, n_2 - 1)$，所以检

验统计量选择 $F = \dfrac{S_1^2}{S_2^2}, F \sim F(n_1 - 1, n_2 - 1)$。

拒绝域的形式为 $\dfrac{S_1^2}{S_2^2} < k_1$ 或 $\dfrac{S_1^2}{S_2^2} > k_2$。

显著水平为 α，所以 $P\left\{\dfrac{S_1^2}{S_2^2} < k_1\right\} + P\left\{\dfrac{S_1^2}{S_2^2} > k_2\right\} = \alpha$

为计算方便，令 $P\left\{\dfrac{S_1^2}{S_2^2} > k_2\right\} = \dfrac{\alpha}{2}$

由分位数的知识可知 $k_1 = F_{1-\frac{\alpha}{2}}(n_1 - 1, n_2 - 1)$，$k_2 = F_{\frac{\alpha}{2}}(n_1 - 1, n_2 - 1)$，所以拒绝域为

$$F = \frac{S_1^2}{S_2^2} < F_{1-\frac{\alpha}{2}}(n_1 - 1, n_2 - 1) \text{ 或 } F = \frac{S_1^2}{S_2^2} > F_{\frac{\alpha}{2}}(n_1 - 1, n_2 - 1)$$

2. $H_0: \sigma_1^2 \leqslant \sigma_2^2, H_1: \sigma_1^2 > \sigma_2^2$

拒绝域为
$$F = \frac{S_1^2}{S_2^2} > F_\alpha(n_1 - 1, n_2 - 1)$$

3. $H_0: \sigma_1^2 \geqslant \sigma_2^2, H_1: \sigma_1^2 < \sigma_2^2$

拒绝域为
$$F = \frac{S_1^2}{S_2^2} < F_{1-\alpha}(n_1 - 1, n_2 - 1)$$

由于检验所使用的检验统计量服从 F 分布，所以称为 F 检验法。

▶ **例 8-7** 有甲乙两车床生产同一型号的滚珠，根据已有经验可以认为，这两台车床生产的滚珠直径都服从正态分布。现在从这两台车床的产品中分别抽取 8 个和 9 个，经测量甲车床生产滚珠的平均直径为 15.01，样本方差为 0.095 5；乙车床生产滚珠的平均直径为 14.99，样本方差为 0.026 1。假设这两个样本相互独立，对显著性水平 $\alpha = 0.05$ 检验乙车床产品的方差是否比甲车床的小。

分析：由于滚珠直径都服从正态分布，不妨设甲车床生产的滚珠直径为 X，$X \sim N(\mu_1, \sigma_1^2)$，乙车床生产的滚珠直径为 Y，$Y \sim N(\mu_2, \sigma_2^2)$，由题意要验证 $\sigma_2^2 < \sigma_1^2$ 是否成立。

解：假设 $H_0: \sigma_1^2 \leqslant \sigma_2^2, H_1: \sigma_1^2 > \sigma_2^2$。

由于 μ_1, μ_2 未知，$n_1 = 8, n_2 = 9$，检验统计量为 $F = \dfrac{S_1^2}{S_2^2}, F \sim F(7, 8)$。

拒绝域为 $F = \dfrac{S_1^2}{S_2^2} > F_{0.05}(7, 8) = 3.50$。

$s_1^2 = 0.095\ 5, s_2^2 = 0.026\ 1$，计算 $F = \dfrac{0.095\ 5}{0.026\ 1} = 3.659 > 3.50$。

F 值落入了拒绝域，所以拒绝原假设，乙车床产品的方差确实比甲车床的小。

第四节 置信区间与假设检验之间的关系

假设检验与区间估计表面上解决的是不同问题,但它们解决问题的途径。使用的分布都是完全相同的,显然它们之间有着紧密的联系。

区间估计利用枢轴量来构造一个大概率事件,从而计算出未知参数在某个区间是一个大概率事件,确定出这个区间就是置信区间。假设检验则恰好相反,是利用检验统计量来构造一个小概率事件。根据抽样结果,一旦小概率事件发生,则拒绝原假设。这两类问题,都是利用样本对参数做出判断,本质上是相同的。下面以单正态总体均值的双边假设检验和双侧区间估计为例来说明它们之间的关系。

不妨设 σ^2 已知,给定置信度为 $1-\alpha$,则 μ 的双侧置信区间为 $\left[\overline{X}-\dfrac{\sigma}{\sqrt{n}}z_{\frac{\alpha}{2}},\overline{X}+\dfrac{\sigma}{\sqrt{n}}z_{\frac{\alpha}{2}}\right]$。

假设检验问题 $H_0:\mu=\mu_0$,$H_1:\mu\neq\mu_0$ 的拒绝域为 $\left|\dfrac{\overline{X}-\mu_0}{\sigma/\sqrt{n}}\right|>z_{\frac{\alpha}{2}}$,则接受域为

$\left|\dfrac{\overline{X}-\mu_0}{\sigma/\sqrt{n}}\right|\leqslant z_{\frac{\alpha}{2}}\Rightarrow \overline{X}-\dfrac{\sigma}{\sqrt{n}}z_{\frac{\alpha}{2}}\leqslant\mu_0\leqslant\overline{X}+\dfrac{\sigma}{\sqrt{n}}z_{\frac{\alpha}{2}}$,即 μ_0 的值如果属于

$\left(\overline{X}-\dfrac{\sigma}{\sqrt{n}}z_{\frac{\alpha}{2}},\overline{X}+\dfrac{\sigma}{\sqrt{n}}z_{\frac{\alpha}{2}}\right)$,则接受原假设,而这正是 μ 的双侧置信区间。因此,对于 μ 的双边假设检验问题,可以先求出 μ 的双侧置信区间。

若 $\mu_0\in\left(\overline{X}-\dfrac{\sigma}{\sqrt{n}}z_{\frac{\alpha}{2}},\overline{X}+\dfrac{\sigma}{\sqrt{n}}z_{\frac{\alpha}{2}}\right)$,则接受 H_0,否则拒绝 H_0。

反之欲求 μ 的双侧置信区间,可考虑假设检验的接受域,即为 μ 的双侧置信区间。其他参数的区间估计与假设检验之间有类似的结论,不再一一赘述。

本章课程思政内容

1. 小概率事件原理:利用小概率事件原理研究假设检验。

2. 假设检验中的两种错误:弃真和取伪是假设检验中不可避免的两种错误。

本章课程思政目标

1. 通过女士饮茶的实际问题引导学生抓住大概率事件,在一次试验中放弃小概率事件,从而得到一个相对合理的结论,进而引导学生树立大局观,学会抓主要矛盾。

2. 通过引导学生理解假设检验中的两种错误,指导学生用辩证的观点看待问题,绝对的正确或者错误是很少的,要用发展的眼光看待世界,树立正确的人生观。

练习题

1. 在假设检验中,如果检验结果是接受原假设,则检验可能犯哪一类错误? 如果检验结果是拒绝原假设,则又有可能犯哪一类错误?

2. 对正态总体的数学期望 μ 进行假设检验,如果在显著水平 0.05 下接受 $H_0:\mu=\mu_0$,那么在显著水平 0.01 下,能不能接受 H_0?

3. 某厂生产乐器用合金弦线,其抗拉强度(单位:kg/cm²) 服从均值为 10 560 的正态分布。现从一批产品中抽取 10 根,测得其抗拉强度为:

10 512　10 623　10 668　10 554　10 776　10 707　10 557　10 581　10 666　10 670
问在显著水平 $\alpha=0.05$ 下这批产品的抗拉强度有无显著变化。

4. 已知某炼铁厂铁水含碳量服从正态分布 $N(4.55, 0.108^2)$,现在测定了 9 炉铁水,其平均含碳量为 4.484。如果方差没有变化,在显著水平 $\alpha=0.05$ 下可否认为铁水的平均含碳量仍为 4.55?

5. 从甲地发送一个信号到乙地,设乙地接收到的信号值是一个服从正态分布 $N(\mu, 0.2^2)$ 的随机变量,其中 μ 为甲地发射的真实信号值,现甲地重复发送同一信号 5 次,乙地接收到的信号值为 8.05,8.15,8.2,8.1,8.25,问在显著水平 $\alpha=0.05$ 下能否认为甲地发射的信号大于 8。

6. 以往一台机器生产的垫圈的平均厚度为 0.050 厘米,厚度服从正态分布。为了检查这台机器是否处于正常工作状态,现抽取 10 个垫圈,测得其平均厚度为 0.053 厘米,样本标准差为 0.003 2 厘米,在显著水平 $\alpha=0.05$ 下,检验机器是否处于正常工作状态。

7. 已知某种元件的寿命服从正态分布,要求该元件的平均寿命不低于 1 000 小时,现从这批元件中随机抽取 25 只,测得平均寿命 $\overline{x}=980$ 小时,标准差 $s=65$ 小时,试在显著水平 $\alpha=0.05$ 下,确定这批元件是否合格。

8. 某种钢索的断裂强度服从正态分布,其中 $\sigma=40\ \mathrm{N/cm^2}$,现从一批钢索中抽取 9 根,测得断裂强度的平均值比以往正常生产时的 μ 大 20 N/cm². 设总体方差不变,问在 $\alpha=0.01$ 下能否认为这批钢索的断裂强度有显著提高。

9. 假设食盐自动包装生产线上每袋食盐的净重服从正态分布,规定每袋标准重量为 500 克,标准差不能超过 8 克。在一次定期检查中,随机抽取 25 袋食盐,测得平均重量为 502 克。样本标准差为 8.5 克。问在显著水平 $\alpha=0.05$ 下,能否认为包装机工作是正常的。

10. 某纺织厂在正常条件下,每台织布机每小时平均断经根数为 0.973 根,断经根数服从正态分布。今在厂内进行革新试验,革新方法在 400 台织布机上试用,测得平均每台每小时平均断经根数为 0.952 根,标准差为 0.162 根。问在显著水平 $\alpha=0.05$ 下,革新方法能否推广。

11. 某工厂生产的铜丝折断力(单位:kg)服从正态分布 $N(\mu, 8^2)$,某日随机抽取了 10 根进行折断力检验,测得平均折断力为 57.5 kg,样本方差为 68.16。问在显著水平 $\alpha=0.05$ 下,能否认为方差仍为 8^2。

12. 对某种导线要求其电阻(单位:欧姆)的标准差不得超过 0.005。今在生产的一批导线中取样品 9 根,测得 $S=0.007$。设总体为正态分布,问在水平 $\alpha=0.05$ 下能认为这种导线的标准差显著地偏大吗?

13. 已知维尼纶纤度在正常条件下服从正态分布,且标准差为 0.048。某天从产品中抽取 5 根纤维,测得其纤度为 1.32　1.55　1.36　1.44　1.40,问这一天纤度的总体标准差是否正常。($\alpha = 0.05$)

14. 电工器材厂生产一批保险丝,抽取 10 根测试其熔化时间(单位:毫秒),结果为

42　65　75　78　71　59　57　68　54　55

设熔化时间服从正态分布,问在显著水平 $\alpha = 0.05$ 下,是否可以认为整批保险丝的熔化时间的方差小于 64。

15. 从某锌矿的东、西两支矿脉中,各抽取样本容量为 9 和 8 的样本进行测试,得样本含锌平均数及样本方差如下:

东支:$\overline{x} = 0.230, S_1^2 = 0.133\,7$

西支:$\overline{y} = 0.269, S_2^2 = 0.173\,6$

若东西两支矿脉的含锌量都服从正态分布且方差相同,问东西两支矿脉含锌量的平均值是否可以看作一样?($\alpha = 0.05$)

16. 人们发现,酿造啤酒时在麦芽的干燥过程中会形成致癌物质亚硝基二甲胺。后期人们又开发了一种新的麦芽干燥过程,下面给出在新老两种过程中形成的亚硝基二甲胺的含量(以 10 亿份中的份数计)

老过程:6　4　5　5　6　5　5　6　4　6　7　4

新过程:2　1　2　2　1　0　3　2　1　0　1　3

设两样本分别来自正态总体,且两总体的方差相等,两样本独立,分别以 μ_1, μ_2 对应老、新过程下的总体均值,试在显著水平 $\alpha = 0.05$ 下检验假设

$$H_0 : \mu_1 - \mu_2 \leqslant 2, H_1 : \mu_1 - \mu_2 > 2$$

17. 某橡胶配方中,原用氧化锌 5 g,现减为 1 g,若分别用两种配方做一批实验,5 g 配方测 9 个值,得橡胶伸长率的样本方差是 $S_1^2 = 63.86$;1 g 配方测 3 个值,得橡胶伸长率的样本差是 $S_2^2 = 236.8$。设橡胶伸长率服从正态分布,问在显著水平 $\alpha = 0.1$ 下,两种配方的伸长率的总体方差有无显著差异。

18. 有两台机器生产金属部件,分别在两台机器所生产的部件中各取一容量为 13 和 15 的样本,测得部件重量的样本方差为 $S_1^2 = 9.66, S_2^2 = 15.46$。设两样本相互独立,且金属部件重量都服从正态分布,总体均值未知,在显著水平 $\alpha = 0.05$ 下检验假设

$$H_0 : \sigma_1^2 \geqslant \sigma_2^2, H_1 : \sigma_1^2 < \sigma_2^2$$

第九章

回归分析

回归分析

在客观世界中,普遍存在着变量之间的关系。数学的一个重要作用就是从数量上来揭示、表达和分析这些关系。变量之间的关系一般可分为确定的和非确定的两类,确定性关系可用函数关系表示,而非确定性关系则不然。例如,人的身高和体重的关系、人的血压和年龄的关系、某产品的广告投入与销售额间的关系等,它们之间是有关联的,但是它们之间的关系又不能用普通函数来表示。我们称这类非确定性关系为相关关系。具有相关关系的变量虽然不具有确定的函数关系,但是可以借助函数关系来表示它们之间的统计规律,这种近似地表示它们之间的相关关系的函数被称为回归函数。回归分析是研究两个或两个以上变量相关关系的一种重要的统计方法。

一、 什么是回归分析

回归分析是根据一个已知变量来预测另一个变量平均值的统计方法。

回归与相关之间既存在着密不可分的关系,也有本质的区别。

从关系看,若两变量不相关时(即 $r=0$),则不存在预测的问题;若两变量存在关系,那么相关程度愈高,误差愈小,预测的准确性越高。当变量完全相关时(即 $r=1$),意味着不存在误差,其预测将完全准确。

从区别看,一是相关表示两个变量双方向的相互关系,回归只表示一个变量随另一个变量变化的单方向关系,二是回归中有因变量和自变量的区分,相关并不表明事物的因果关系,对所有的研究变量平等看待,不做因变量、自变量的区分。

二、 回归分析的内容

通过回归分析主要解决以下几个问题:

(1) 确定几个变量之间的数学关系式。

（2）对所确定的数学关系式的可信程度进行各种统计检验，并区分出对某一特定变量影响较为显著的变量和影响不显著的变量。

（3）利用所确定的数学关系式，根据一个或几个变量的值来预测或控制另一个特定变量的取值，并给出这种预测或控制的精确度。

在实际中最简单的情形是由两个变量组成的关系。考虑用下列模型表示 $Y = f(x)$。但是，由于两个变量之间不存在确定的函数关系，因此必须把随机波动考虑进去，故引入模型如下

$$Y = f(x) + \varepsilon$$

其中 Y 是随机变量，x 是普通变量，ε 是随机变量（称为随机误差）。

回归分析就是根据已得的试验结果以及以往的经验来建立统计模型，并研究变量间的相关关系，建立起变量之间关系的近似表达式，即经验公式，并由此对相应的变量进行预测和控制等。

第一节　一元线性回归

一、一元线性回归意义

一元线性回归是指只有一个自变量的线性回归，对具有线性关系的两个变量，回归的目的首先是找出因变量（一般记为 Y）关于自变量（一般记为 x）的定量关系。

例 9-1 已知 10 位大一学生平均每周所花的学习时间及他们的期末考试成绩。观察数据，我们可以发现两者之间呈正相关，不过更直接的方法是绘制散点图，即分别用两列变量做横、纵轴，描点。若它们的分布在一条带状区域，就预示着两列变量之间有相关，如图 9-1 所示。若没有随机误差的影响，这些点将落在一条直线上，这条直线称为回归线，它是描述因变量 Y 关于自变量 x 关系的最合理的直线。

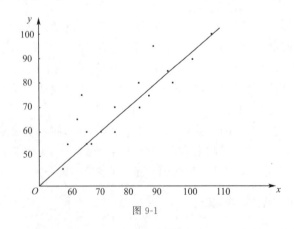

图 9-1

二、 一元线性回归模型

一般地,当随机变量 Y 与普通变量 x 之间有线性关系时,可设

$$Y = \beta_0 + \beta_1 x + \varepsilon \qquad (9.1)$$

式中, $\varepsilon \sim N(0, \sigma^2)$,其中 β_0, β_1 为待定系数。

设 $(x_1, Y_1), (x_2, Y_2), \cdots, (x_n, Y_n)$ 是取自总体 (x, Y) 的一组样本, $(x_1, y_1), (x_2, y_2), \cdots, (x_n, y_n)$ 是该样本的观察值,在样本和它的观察值中的 $x_1, x_2, \cdots, x_n$ 是取定的不完全相同的数值,而样本中的 $Y_1, Y_2, \cdots, Y_n$ 在试验前为随机变量,在试验或观测后是具体的数值,一次抽样的结果可以取得 n 对数据 $(x_1, y_1), (x_2, y_2), \cdots, (x_n, y_n)$,则有

$$y_i = \beta_0 + \beta_1 x_i + \varepsilon_i, \quad i = 1, 2, \cdots, n \qquad (9.2)$$

式中, $\varepsilon_1, \varepsilon_2, \cdots, \varepsilon_n$ 相互独立。

在线性模型中,由假设知

$$Y \sim N(\beta_0 + \beta_1 x, \sigma^2), \quad E(Y) = \beta_0 + \beta_1 x \qquad (9.3)$$

回归分析就是根据样本观察值寻求 β_0, β_1 的估计 $\hat{\beta}_0, \hat{\beta}_1$ 。

对于给定 x 值,取

$$\hat{Y} = \hat{\beta}_0 + \hat{\beta}_1 x \qquad (9.4)$$

作为 $E(Y) = \beta_0 + \beta_1 x$ 的估计,方程(9.4)称为 Y 关于 x 的线性回归方程或经验公式,其图像称为回归直线, $\hat{\beta}_1$ 称为回归系数。

三、 最小二乘估计

对样本的一组观察值 $(x_1, y_1), (x_2, y_2), \cdots, (x_n, y_n)$,对每个 x_i ,由线性回归方程(9.4)可以确定一回归值

$$\hat{y}_i = \hat{\beta}_0 + \hat{\beta}_1 x_i$$

这个回归值 $\hat{y}_i$ 与实际观察值 y_i 之差

$$y_i - \hat{y}_i = y_i - \hat{\beta}_0 - \hat{\beta}_1 x_i$$

刻画了 y_i 与回归直线 $\hat{y} = \hat{\beta}_0 + \hat{\beta}_1 x$ 的偏离度。一个自然的想法就是:对所有 x_i ,若 y_i 与 $\hat{y}_i$ 的偏离越小,则认为直线与所有试验点拟合得越好。

令

$$Q(\beta_0, \beta_1) = \sum_{i=1}^{n} (y_i - \beta_0 - \beta_1 x_i)^2$$

上式表示所有观察值 y_i 与回归直线 $\hat{y}_i$ 的偏离平方和,刻画了所有观察值与回归直线的偏离度。最小二乘法就是寻求 β_0 与 β_1 的估计 $\hat{\beta}_0, \hat{\beta}_1$,使 $Q(\hat{\beta}_0, \hat{\beta}_1) = \min Q(\beta_0, \beta_1)$ 。

利用微分的方法,求 Q 关于 β_0, β_1 的偏导数,并令其为零,得

$$\begin{cases} \dfrac{\partial Q}{\partial \beta_0} = -2 \sum_{i=1}^{n} (y_i - \beta_0 - \beta_1 x_i) = 0 \\ \dfrac{\partial Q}{\partial \beta_1} = -2 \sum_{i=1}^{n} (y_i - \beta_0 - \beta_1 x_i) x_i = 0 \end{cases}$$

整理得

$$
\begin{cases}
n\beta_0 + \left(\sum\limits_{i=1}^{n} x_i\right)\beta_1 = \sum\limits_{i=1}^{n} y_i \\[2mm]
\left(\sum\limits_{i=1}^{n} x_i\right)\beta_0 + \left(\sum\limits_{i=1}^{n} x_i^2\right)\beta_1 = \sum\limits_{i=1}^{n} x_i y_i
\end{cases}
$$

称此为正规方程组,解正规方程组得

$$
\begin{cases}
\hat{\beta}_0 = \overline{y} - \overline{x}\hat{\beta}_1 \\[4mm]
\hat{\beta}_1 = \dfrac{\sum\limits_{i=1}^{n} x_i y_i - n\overline{x}\,\overline{y}}{\sum\limits_{i=1}^{n} x_i^2 - n\overline{x}^2}
\end{cases}
\tag{9.5}
$$

其中

$$
\overline{x} = \frac{1}{n}\sum_{i=1}^{n} x_i, \quad \overline{y} = \frac{1}{n}\sum_{i=1}^{n} y_i
$$

若记

$$
L_{xy} = \sum_{i=1}^{n}(x_i - \overline{x})(y_i - \overline{y}) = \sum_{i=1}^{n} x_i y_i - n\overline{x}\,\overline{y}
$$

$$
L_{xx} = \sum_{i=1}^{n}(x_i - \overline{x})^2 = \sum_{i=1}^{n} x_i^2 - n\overline{x}^2
$$

则

$$
\begin{cases}
\hat{\beta}_0 = \overline{y} - \overline{x}\hat{\beta}_1 \\[2mm]
\hat{\beta}_1 = \dfrac{L_{xy}}{L_{xx}}
\end{cases}
\tag{9.6}
$$

式(9.5)或(9.6)叫作 β_0, β_1 的最小二乘估计。而

$$
\hat{Y} = \hat{\beta}_0 + \hat{\beta}_1 x
$$

为 Y 关于 x 的一元经验回归方程。

定理 9.1 若 $\hat{\beta}_0, \hat{\beta}_1$ 为 β_0, β_1 的最小二乘估计,则 $\hat{\beta}_0, \hat{\beta}_1$ 分别是 β_0, β_1 的无偏估计,且

$$
\hat{\beta}_0 \sim N\left(\beta_0, \sigma^2\left(\frac{1}{n} + \frac{\overline{x}^2}{L_{xx}}\right)\right), \quad \hat{\beta}_1 \sim N\left(\beta_1, \frac{\sigma^2}{L_{xx}}\right)
\tag{9.7}
$$

第二节 回归方程的显著性检验

前面关于线性回归方程 $\hat{y} = \hat{\beta}_0 + \hat{\beta}_1 x$ 的讨论是在线性假设 $Y = \beta_0 + \beta_1 x + \varepsilon, \varepsilon \sim N(0, \sigma^2)$ 下进行的。这个线性回归方程是否有实用价值,首先要根据有关专业知识和实践来判断,其次还要根据实际观察得到的数据运用假设检验的方法来判断。

由线性回归模型 $Y = \beta_0 + \beta_1 x + \varepsilon, \varepsilon \sim N(0, \sigma^2)$ 可知,当 $\beta_1 = 0$ 时,就认为 Y 与 x 之间不存在线性回归关系,故需检验如下假设

$$H_0 : \beta_1 = 0, \quad H_1 : \beta_1 \neq 0$$

为了检验假设 H_0,先分析对样本观察值 $y_1, y_2, \cdots, y_n$ 的差异,它可以用总的偏差平方和来度量,记为

$$S_{总} = \sum_{i=1}^{n} (y_i - \overline{y})^2$$

由正规方程组,有

$$\begin{aligned} S_{总} &= \sum_{i=1}^{n} (y_i - \hat{y}_i + \hat{y}_i - \overline{y})^2 \\ &= \sum_{i=1}^{n} (y_i - \hat{y}_i)^2 + 2 \sum_{i=1}^{n} (y_i - \hat{y}_i)(\hat{y}_i - \overline{y}) + \sum_{i=1}^{n} (\hat{y}_i - \overline{y})^2 \\ &= \sum_{i=1}^{n} (y_i - \hat{y}_i)^2 + \sum_{i=1}^{n} (\hat{y}_i - \overline{y})^2 \end{aligned}$$

令

$$S_{回} = \sum_{i=1}^{n} (\hat{y}_i - \overline{y})^2, \quad S_{剩} = \sum_{i=1}^{n} (y_i - \hat{y}_i)^2$$

则有

$$S_{总} = S_{剩} + S_{回}$$

上式称为总偏差平方和分解公式。$S_{回}$ 称为回归平方和,它由普通变量 x 的变化引起,它的大小(在与误差相比下)反映了普遍变量 x 的重要程度;$S_{剩}$ 称为剩余平方和,它是由试验误差以及其他未加控制因素引起的,它的大小反映了试验误差及其他因素对试验结果的影响。关于 $S_{回}$ 和 $S_{剩}$,有下面的性质:

定理 9.2　在线性模型假设下,当 H_0 成立时,$\hat{\beta}_1$ 与 $S_{剩}$ 相互独立,且

$$\frac{S_{剩}}{\sigma^2} \sim \chi^2(n-2), \frac{S_{回}}{\sigma^2} \sim \chi^2(1)$$

对 H_0 的检验有 3 种本质相同的检验方法,即 T 检验法、F 检验法、相关系数检验法。在介绍这些检验方法之前,先给出 $S_{总}$、$S_{回}$、$S_{剩}$ 的计算方法:

$$S_{总} = \sum_{i=1}^{n} (y_i - \overline{y})^2 = \sum_{i=1}^{n} y_i^2 - n \overline{y}^2 \stackrel{\text{def}}{=\!=\!=} L_{yy}$$

$$S_{回} = \hat{\beta}_1^2 L_{xx} = \hat{\beta}_1 L_{xy} \quad S_{剩} = L_{yy} - \hat{\beta}_1 L_{xy}$$

一、T 检验法

由定理 9.1,$\dfrac{\hat{\beta}_1 - \beta_1}{\sigma / \sqrt{L_{xx}}} \sim N(0, 1)$,若令 $\hat{\sigma}^2 = \dfrac{S_{剩}}{n-2}$,则由定理 9.2 知,$\hat{\sigma}^2$ 为 σ^2 的无偏估计,$\dfrac{(n-2)\hat{\sigma}^2}{\sigma^2} = \dfrac{S_{剩}}{\sigma^2} \sim \chi^2(n-2)$,且 $\dfrac{\hat{\beta}_1 - \beta_1}{\sigma / \sqrt{L_{xx}}}$ 与 $\dfrac{(n-2)\hat{\sigma}^2}{\sigma^2}$ 相互独立。故取检验统计量

$$T = \frac{\hat{\beta_1}}{\hat{\sigma}} \sqrt{L_{xx}} \sim t(n-2)$$

由给定的显著性水平 α,查表得 $t_{\alpha/2}(n-2)$,根据试验数据 $(x_1, y_1), (x_2, y_2), \cdots, (x_n, y_n)$ 计算 T 的值 t,当 $|t| > t_{\alpha/2}(n-2)$ 时,拒绝 H_0,这时回归效应显著;当 $|t| \leqslant t_{\alpha/2}(n-2)$ 时,接受 H_0,此时回归效果不显著。

二、 F 检 验 法

由定理 9.2,当 H_0 为真时,取统计量

$$F = \frac{S_{回}}{S_{剩}(n-2)} \sim F(1, n-2)$$

由给定显著性水平 α,查表得 $F_\alpha(1, n-2)$,根据试验数据 $(x_1, y_1), (x_2, y_2), \cdots, (x_n, y_n)$ 计算 F 的值,若 $F > F_\alpha(1, n-2)$ 时,拒绝 H_0,表明回归效果显著;若 $F \leqslant F_\alpha(1, n-2)$ 时,接受 H_0,此时回归效果不显著。

三、 相关系数检验法

相关系数的大小可以表示两个随机变量线性关系的密切程度。对于线性回归中的变量 x 与 Y,其样本的相关系数为

$$\rho = \frac{\sum_{i=1}^{n}(x_i - \overline{x})(Y_i - \overline{Y})}{\sqrt{(x_i - \overline{x})^2(Y_i - \overline{Y})^2}} = \frac{\sqrt{L_{xy}}}{\sqrt{L_{xx}}\sqrt{L_{yy}}}$$

它反映了普通变量 x 与随机变量 Y 之间的线性相关程度。故取检验统计量

$$r = \frac{\sqrt{L_{xy}}}{\sqrt{L_{xx}}\sqrt{L_{yy}}}$$

对给定的显著性水平 α,查相关系数表得 $r_\alpha(n)$,根据试验数据 $(x_1, y_1), (x_2, y_2), \cdots, (x_n, y_n)$ 计算 r 的值,当 $|r| > r_\alpha(n)$ 时,拒绝 H_0,表明回归效果显著;当 $|r| \leqslant r_\alpha(n)$ 时,接受 H_0,表明回归效果不显著。

第三节　预测与控制

一、预测问题

在回归问题中,若回归方程经检验效果显著,这时回归值与实际值就拟合较好,因而可以利用它对因变量 Y 的新观察值 y_0 进行点预测或区间预测。

对于给定的 x_0,由回归方程可得到回归值

$$\hat{y_0} = \hat{\beta_0} + \hat{\beta_1} x_0$$

称 $\hat{y_0}$ 为 y 在 x_0 的预测值。y 的观察值 y_0 与预测值 $\hat{y_0}$ 之差称为**预测误差**。

在实际问题中,预测的真正意义就是在一定的显著性水平 α 下,寻找一个正数 $\delta(x_0)$,使得实际观察值 y_0 以 $1-\alpha$ 的概率落入区间 $(\hat{y}_0-\delta(x_0),\hat{y}_0+\delta(x_0))$ 内,即

$$P\{|Y_0-\hat{y}_0|<\delta(x_0)\}=1-\alpha$$

由定理 9.1 知,

$$Y_0-\hat{y}_0\sim N\left(0,\left[1+\frac{1}{n}+\frac{(x_0-\overline{x})^2}{L_{xx}}\right]\sigma^2\right)$$

又因 $Y_0-\hat{y}_0$ 与 $\hat{\sigma}^2$ 相互独立,且

$$\frac{(n-2)\hat{\sigma}^2}{\sigma^2}\sim\chi^2(n-2)$$

所以,

$$T=(Y_0-\hat{y}_0)/\left[\hat{\sigma}\sqrt{1+\frac{1}{n}+\frac{(x_0-\overline{x})^2}{L_{xx}}}\right]\sim t(n-2)$$

故对给定的显著性水平 α,求得

$$\delta(x_0)=t_{\frac{\alpha}{2}}(n-2)\hat{\sigma}\sqrt{1+\frac{1}{n}+\frac{(x_0-\overline{x})^2}{L_{xx}}}$$

故得 y_0 的置信度 $1-\alpha$ 的预测区间为 $(\hat{y}_0-\delta(x_0),\hat{y}_0+\delta(x_0))$。

易见,y_0 的预测区间长度为 $2\delta(x_0)$,对给定 α,x_0 越靠近样本均值 $\overline{x}$,$\delta(x_0)$ 越小,预测区间长度越小,效果越好。当 n 很大,并且 x_0 较接近 $\overline{x}$ 时,有

$$\sqrt{1+\frac{1}{n}+\frac{(x_0-\overline{x})^2}{L_{xx}}}\approx1,\quad t_{\frac{\alpha}{2}}(n-2)\approx u_{\frac{\alpha}{2}}$$

则预测区间近似为 $(\hat{y}_0-u_{\frac{\alpha}{2}}\hat{\sigma},\hat{y}_0+u_{\frac{\alpha}{2}}\hat{\sigma})$。

二、控制问题

控制问题是预测问题的反问题,所考虑的问题是:如果要求将 y 控制在某一定范围内,问 x 应控制在什么范围? 这里我们仅对 n 很大的情形给出的控制方法,对一般的情形,也可类似地进行讨论。

对给出的 $y_1'<y_2'$ 和置信度 $1-\alpha$,令

$$\begin{cases}y_1'(x)=\hat{\beta}_0+\hat{\beta}_1x-u_{\frac{\alpha}{2}}\hat{\sigma}\\y_2'(x)=\hat{\beta}_0+\hat{\beta}_1x+u_{\frac{\alpha}{2}}\hat{\sigma}\end{cases}\tag{9.8}$$

解得

$$\begin{cases}x_1'(x)=(\hat{\beta}_0+u_{\frac{\alpha}{2}}\hat{\sigma})/\hat{\beta}_1\\x_2'(x)=(y_1'-\hat{\beta}_0-u_{\frac{\alpha}{2}}\hat{\sigma})/\hat{\beta}_1\end{cases}\tag{9.9}$$

当 $\hat{\beta}_1>0$ 时,控制区间为 (x_1',x_2'),如图 9-2 所示;当 $\hat{\beta}_1<0$ 时,控制区间为 (x_2',x_1'),如图 9-3 所示。

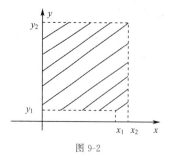

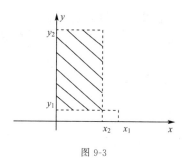

图 9-2   图 9-3

实际应用中,由式(9.8)知,要实现控制,必须要求区间(y'_1,y'_2)的长度大于$2u_{\frac{a}{2}}\hat{\sigma}$,否则控制区间不存在。

特别地,当$\alpha=0.05$时,$u_{\frac{a}{2}}=u_{0.025}=1.96\approx2$,故式(9.9)近似为

$$\begin{cases} x'_1(x)=(\hat{\beta}_0+2\hat{\sigma})/\hat{\beta}_1 \\ x'_2(x)=(y'_1-\hat{\beta}_0-2\hat{\sigma})/\hat{\beta}_1 \end{cases}$$

三、 可化为一元线性回归的情形

前面讨论了一元线性回归问题,但在实际应用中,有时会遇到更复杂的回归问题,但其中有些情形,可通过适当的变量替换化为一元线性回归问题来处理。

$1. Y=\beta_0+\dfrac{\beta_1}{x}+\varepsilon,\varepsilon\sim N(0,\sigma^2)$ (9.10)

其中β_0,β_1,σ^2是与x无关的未知参数。

令$x'=\dfrac{1}{x}$,则可化为下列一元线性回归模型:

$$Y'=\beta_0+\beta_1x'+\varepsilon,\varepsilon\sim N(0,\sigma^2)$$

$2. Y=\alpha e^{\beta x}\cdot\varepsilon,\ln\varepsilon\sim N(0,\sigma^2)$ (9.11)

其中α,β,σ^2是与x无关的未知参数。

在$Y=\alpha e^{\beta x}\cdot\varepsilon$两边取对数得

$$\ln Y=\ln\alpha+\beta x+\ln\varepsilon$$

令$Y'=\ln Y,a=\ln\alpha,b=\beta,x'=x,\varepsilon'\sim\ln\varepsilon$,则可转化为下列一元线性回归模型:

$$Y'=a+bx'+\varepsilon',\varepsilon'\sim N(0,\sigma^2)$$

$3. Y=\alpha x^{\beta}\cdot\varepsilon,\ln\varepsilon\sim N(0,\sigma^2)$ (9.12)

其中α,β,σ^2是与x无关的未知参数。

在$Y=\alpha x^{\beta}\cdot\varepsilon$两边取对数得

$$\ln Y=\ln\alpha+\beta\ln x+\ln\varepsilon$$

令$Y'=\ln Y,a=\ln\alpha,b=\beta,x'=\ln x,\varepsilon'=\ln\varepsilon$,则可转化为下列一元线性回归模型:

$$Y'=a+bx'+\varepsilon',\varepsilon'\sim N(0,\sigma^2)$$

$4. Y=\alpha+\beta h(x)+\varepsilon,\varepsilon\sim N(0,\sigma^2)$ (9.13)

其中α,β,σ^2是与x无关的未知参数,$h(x)$是x的已知函数,令$Y'=Y,a=\alpha,b=\beta,x'=h(x)$,则可转化为

$$Y' = a + bx' + \varepsilon, \varepsilon \sim N(0, \sigma^2)$$

注:其他,如双曲线函数 $Y = \dfrac{x}{\alpha + \beta x}$ 和 S 型曲线函数 $Y = \dfrac{1}{\alpha + \beta e^{-x}}$ 等亦可通过适当的变量替换转化为一元线性模型来处理。

若在原模型下,对于 (x, Y) 有样本

$$(x_1, y_1), (x_2, y_2), \cdots, (x_n, y_n)$$

就相当于在新模型下有样本

$$(x'_1, y'_1), (x'_2, y'_2), \cdots, (x'_n, y'_n)$$

因而就能利用一元线性回归的方法进行估计、检验和预测,在得到 Y' 关于 x' 的回归方程后,再将原变量代回,就得到 Y 关于 x 的回归方程,它的图形是一条曲线,也称为曲线回归方程。

▶ 例 9-2 某企业生产一种毛毯,1—10 月份的产量 x 与生产费用支出 y 的统计资料见表 9-1,求 y 关于 x 的线性回归方程。

表 9-1

月份	1	2	3	4	5	6	7	8	9	10
x/千条	12.0	8.0	11.5	13.0	15.0	14.0	8.5	10.5	11.5	13.3
y/万元	11.6	8.5	11.4	12.2	13.0	13.2	8.9	10.5	11.3	12.0

解:为求线性回归方程,将有关计算结果列表,见表 9-2。

表 9-2

编号	产量 x	费用支出 y	x^2	xy	y^2
1	12.0	11.6	114	139.2	134.56
2	8.0	8.5	64	68	72.25
3	11.5	11.4	132.25	131.1	129.96
4	13.0	12.2	169	158.6	148.84
5	15.0	13.0	225	195	169
6	14.0	13.2	196	184.8	175.24
7	8.5	8.9	72.25	75.65	79.21
8	10.5	10.5	110.25	110.25	110.25
9	11.5	11.3	132.25	129.95	127.69
10	13.3	12.0	176.89	159.6	144
$\sum$	117.3	112.6	1 421.89	1 352.15	1 290

$$S_{xx} = 1\ 421.89 - \frac{1}{10}(117.3)^2 = 45.961$$

$$S_{xy} = 1\ 352.15 - \frac{1}{10} \times 117.3 \times 112.6 = 31.352$$

$$\hat{b} = \frac{S_{xy}}{S_{xx}} = 0.682\ 1, \hat{a} = \frac{112.6}{10} - 0.682\ 1 \times \frac{117.3}{10} = 3.259\ 0$$

故回归方程为

$$\hat{y} = 3.259\,0 + 0.682\,1x$$

需要指出的是,当我们求得了 y 的最小二乘估计 $\hat{y}$ 后,就可建立回归方程 $\hat{y} = \hat{a} + \hat{b}x$ 或 $\hat{y} = \bar{y} + \hat{b}(x - \bar{x})$,从而我们可以利用它对指标进行预报和控制.然而,最小二乘法得出的结果有时可能并不适用。因此,为了了解预测的精度及控制生产需要进行检验,通常是求 σ^2 估计。

▶ **例 9-3**　在显著性水平 $\alpha = 0.05$,检验例 9-2 中的回归效果是否显著。

解　由例 9-2 知,

$$S_{xx} = 45.961, S_{xy} = 31.352$$

$$S_{yy} = 22.124, Q_{回} = \frac{S_{xy}^2}{S_{xx}} = 21.387$$

$$Q_{剩} = Q_{总} - Q_{回} = 22.124 - 21.387 = 0.737$$

$$F = Q_{回} \Big/ \frac{Q_{剩}}{n-2} = 232.152 > F_{0.05}(1,8) = 5.32$$

故拒绝 H_0,即两变量的线性相关关系是显著的。

▶ **例 9-4**　给定 $\alpha = 0.05, x_0 = 13.5$,问例 9-2 中的生产费用将会在什么范围。

解　当 $x_0 = 13.5, y_0$ 的预测值为

$$\hat{y}_0 = 3.259 + 0.682 \times 13.5 = 12.466$$

给定 $\alpha = 0.05, t_{0.025}(8) = 2.306$,

$$\hat{\sigma} = \sqrt{\frac{\sum_{i=1}^{n}(y_i - \hat{y}_i)^2}{n-2}} = \sqrt{\frac{0.737}{8}} = 0.304$$

$$\sqrt{1 + \frac{1}{n} + \frac{(x_0 - \bar{x})^2}{S_{xx}}} = \sqrt{1 + \frac{1}{10} + \frac{(13.5 - 11.73)^2}{45.961}} = 1.067$$

$$t_{\frac{\alpha}{2}}(n-2)\hat{\sigma}\sqrt{1 + \frac{1}{n} + \frac{(x_0 - \bar{x})^2}{S_{xx}}} = 2.306 \times 0.304 \times 1.067 = 0.748$$

即 y_0 将以 95% 的概率落在 (12.466 ± 0.748) 区间,亦即预测生产费用在 $(11.718, 13.214)$ 万元之间。

第四节　多元线性回归

在许多实际问题中,常常会遇到要研究一个随机变量与多个变量之间的相关关系,例如,某种产品的销售额不仅受到投入的广告费用的影响,通常还与产品的价格、消费者的收入状况、社会保有量以及其他可替代产品的价格等诸多因素有关。研究这种一个随机变量同其他多个变量之间的关系的主要方法是多元线性回归分析。多元线性回归分析是一元线性回归分析的自然推广形式,两者在参数估计、显著性检验等方面非常相似。本

节只简单介绍多元线性回归的数学模型及其最小二乘估计。

一、多元线性回归模型

设影响因变量 Y 的自变量个数为 p，并分别记为 $x_1, x_2, \cdots, x_p$，所谓多元线性模型是指这些自变量对 Y 的影响是线性的，即

$$Y = \beta_0 + \beta_1 x_1 + \beta_2 x_2 + \cdots + \beta_p x_p + \varepsilon, \varepsilon \sim N(0, \sigma^2)$$

其中 $\beta_0, \beta_1, \beta_2, \cdots, \beta_p, \sigma^2$ 是与 $x_1, x_2, \cdots, x_p$ 无关的未知参数，称 Y 为对自变量 $x_1, x_2, \cdots, x_p$ 的线性回归函数。

记 n 组样本分别是 $(x_{i1}, x_{i2}, \cdots, x_{ip}, y_i)(i = 1, 2, \cdots, n)$，则有

$$\begin{cases} y_1 = \beta_0 + \beta_1 x_{11} + \beta_2 x_{12} + \cdots + \beta_p x_{1p} + \varepsilon_1 \\ y_2 = \beta_0 + \beta_1 x_{21} + \beta_2 x_{22} + \cdots + \beta_p x_{2p} + \varepsilon_2 \\ \qquad\qquad\qquad \cdots \\ y_n = \beta_0 + \beta_1 x_{n1} + \beta_2 x_{n2} + \cdots + \beta_p x_{np} + \varepsilon_n \end{cases}$$

其中 $\varepsilon_1, \varepsilon_2, \cdots, \varepsilon_n$ 相互独立，且 $\varepsilon_i \sim N(0, \sigma^2), i = 1, 2, \cdots, n$，这个模型称为多元线性回归的数学模型。令

$$\boldsymbol{Y} = \begin{pmatrix} y_1 \\ y_2 \\ \vdots \\ y_n \end{pmatrix}, \boldsymbol{X} = \begin{pmatrix} 1 & x_{11} & x_{12} & \cdots & x_{1p} \\ 1 & x_{21} & x_{22} & \cdots & x_{2p} \\ \vdots & \vdots & \vdots & & \vdots \\ 1 & x_{n1} & x_{n2} & \cdots & x_{np} \end{pmatrix}, \boldsymbol{\beta} = \begin{pmatrix} \beta_0 \\ \beta_1 \\ \vdots \\ \beta_p \end{pmatrix}, \boldsymbol{\varepsilon} = \begin{pmatrix} \varepsilon_1 \\ \varepsilon_2 \\ \vdots \\ \varepsilon_n \end{pmatrix}$$

则上述数学模型可用矩阵形式表示为

$$\boldsymbol{Y} = \boldsymbol{X\beta} + \boldsymbol{\varepsilon}$$

其中 $\boldsymbol{\varepsilon}$ 是 n 维随机向量，它的分量相互独立。

二、最小二乘估计

与一元线性回归类似，我们采用最小二乘法估计参数 $\beta_0, \beta_1, \beta_2, \cdots, \beta_p$，引入偏差平方和

$$Q(\beta_0, \beta_1, \cdots, \beta_p) = \sum_{i=1}^{n} (y_i - \beta_0 - \beta_1 x_{i1} - \beta_2 x_{i2} - \cdots - \beta_p x_{ip})^2$$

最小二乘估计就是求 $\hat{\boldsymbol{\beta}} = (\hat{\beta}_0, \hat{\beta}_1, \cdots, \hat{\beta}_p)^{\mathrm{T}}$，使得

$$\min Q(\hat{\beta}_0, \hat{\beta}_1, \cdots, \hat{\beta}_p) = Q(\hat{\beta}_0, \hat{\beta}_1, \cdots, \hat{\beta}_p)$$

因为 $Q(\beta_0, \beta_1, \cdots, \beta_p)$ 是 $\beta_0, \beta_1, \cdots, \beta_p$ 的非负二次型，故其最小值一定存在。根据多元微积分的极值原理，令

$$\begin{cases} \dfrac{\partial Q}{\partial \beta_0} = -2 \sum_{i=1}^{n} (y_i - \beta_0 - \beta_1 x_{i1} - \cdots - \beta_p x_{ip}) = 0 \\ \dfrac{\partial Q}{\partial \beta_j} = -2 \sum_{i=1}^{n} (y_i - \beta_0 - \beta_1 x_{i1} - \cdots - \beta_p x_{ip}) x_{ij} = 0 \end{cases}$$

其中 $j = 1, 2, \cdots, p$。上述方程组称为正规方程组，可用矩阵表示为

$$\boldsymbol{X}^{\mathrm{T}}\boldsymbol{X}\boldsymbol{\beta} = \boldsymbol{X}^{\mathrm{T}}\boldsymbol{Y}$$

在系数矩阵$\boldsymbol{X}^{\mathrm{T}}\boldsymbol{X}$满秩的条件下,可解得

$$\hat{\boldsymbol{\beta}} = (\boldsymbol{X}^{\mathrm{T}}\boldsymbol{X})^{-1}\boldsymbol{X}^{\mathrm{T}}\boldsymbol{Y}$$

$\hat{\boldsymbol{\beta}}$就是$\boldsymbol{\beta}$的最小二乘估计,即$\hat{\boldsymbol{\beta}}$为回归方程

$$\hat{y} = \hat{\beta}_0 + \hat{\beta}_1 x_1 + \cdots + \hat{\beta}_p x_p$$

的回归系数。

注:实际应用中,因多元线性回归所涉及的数据量较大,相关分析与计算较复杂,通常采用统计分析软件 SPSS 或 SAS 完成,有兴趣者可进一步参阅相关资料。

例 9-5　某钢厂出钢时所用的盛钢水的钢包,由于钢水对耐火材料的侵蚀,容积不断扩大。通过试验,得到了使用次数 x 和钢包增大的容积 y 之间的 17 组数据,见表 9-3,求使用次数 x 与增大的容积 y 的回归方程。

表 9-3

x	y	x	y
2	6.42	11	10.59
3	8.20	12	10.60
4	9.58	13	10.80
5	9.50	14	10.60
6	9.70	15	10.90
7	10.00	16	10.76
8	9.93	17	10.84
9	9.99	18	11.00
10	10.49	19	11.20

解:散点图如图 9-4 所示。

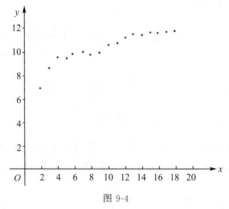

图 9-4

看起来 y 与 x 呈倒指数关系 $\ln y = a + b\dfrac{1}{x} + \varepsilon$,记 $y' = \ln y$,$x' = \dfrac{1}{x}$,求出 x',y' 的值,见表 9-4。

表 9-4

x'	y'	x'	y'
0.500 0	1.859 4	0.090 9	2.359 9
0.333 3	2.104 1	0.083 3	2.360 9
0.250 0	2.259 7	0.076 9	2.379 5
0.200 0	2.251 3	0.071 4	2.360 9
0.166 7	2.272 1	0.066 7	2.388 8
0.142 9	2.302 6	0.062 5	2.375 8
0.125 0	2.295 6	0.055 6	2.397 9
0.111 1	2.301 6	0.052 6	2.415 9
0.100 0	2.350 4		

作 (x', y') 的散点,如图 9-5 所示。

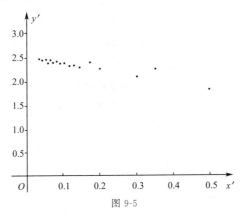

图 9-5

可见各点基本在一直线上,故可设

$$y' = a + bx' + \varepsilon, \varepsilon \sim (0, \sigma^2)$$

经计算,得

$$\overline{x'} = 0.144, \overline{y'} = 2.293$$

$$\sum_{i=1}^{n} (x'_i)^2 = 0.592$$

$$\sum_{i=1}^{n} (y'_i)^2 = 89.931$$

$$\sum_{i=1}^{n} (x'_i y'_i)^2 = 5.467$$

$$\hat{b} = -1.113, \hat{a} = 2.460$$

于是 y' 关于 x' 的线性回归方程为

$$y' = -1.113x' + 2.460$$

换回原变量得

$$\hat{y} = 11.706 e^{-\frac{1.113}{x}}$$

对 y' 与 x' 的线性相关关系的显著性用 F 检验法进行检验,得

$$F(1,15)=379.315>F_{0.01}(1,15)=8.68$$

检验结论表明,此线性回归方程的效果是显著的。

本章课程思政内容

1. 居民消费模型:研究城镇居民收入与购买量的关系。

2. "以行业作为自变量做多元线性回归的国际旅游外汇收入问题研究"案例。

本章课程思政目标

1. 引导学生思考如何用指标量化消费观念和消费习惯的差异性,针对消费观念,引导学生分析非理性消费行为,指导学生正确认识金钱与消费的关系,树立正确的金钱观与消费观。

2. 让学生感受数学模型在解决实际问题中的显著成效,培养学生活学活用的能力。同时,要引导学生深入挖掘案例背后的文化内涵。结合案例让学生明白:国际旅游外汇收入是国民经济发展的重要组成部分,社会因素、自然因素都是影响旅游收入的重要因素。针对该案例中提到的国际旅游外汇收入,引申旅游与文化输出,体现国家文化软实力。讲授中融入历史观、文化观、民族情怀与自信等元素,弘扬中华文化,讲好中国故事,引导学生树立文化自信,培养学生的责任感。

练习题

1. 在硝酸钠($NaNO_3$)的溶解度试验中,测得在不同温度x(℃)下,溶解于100份水中的硝酸钠份数y的数据如下,试求y关于x的线性回归方程。

x	0	4	10	15	21	29	36	51	68
y	66.7	71.0	76.3	80.6	85.7	92.9	99.4	113.6	125.1

2. 测量了9对父子的身高,所得数据如下(单位:厘米):

父亲身高x	170	172	174	176	177	178	180	182	184
儿子身高y	173.6	175.2	176	176.9	177.1	177.4	178.3	180.1	180

求:(1) 儿子身高y关于父亲身高x的回归方程;

(2) 取$\alpha=0.05$,检验儿子的身高y与父亲身高x之间的线性相关关系是否显著;

(3) 若父亲身高180厘米,求其儿子身高的置信度为95%的预测区间。

3. 随机抽取了10个家庭,调查了他们的家庭月收入x(单位:百元)和月支出y(单位:百元),记录于下表:

x	20	15	20	25	16	20	18	19	22	16
y	18	14	17	20	14	19	17	18	20	13

求:(1) 在直角坐标系下作 x 与 y 的散点图,判断 y 与 x 是否存在线性关系;

(2) 求 y 与 x 的一元线性回归方程;

(3) 对所得的回归方程做显著性检验。($\alpha = 0.025$)

4. 一家从事市场研究的公司希望能预测每日出版的报纸在各种不同居民区内的周末发行量。两个独立变量,即总零售额和人口密度被选作自变量。由 $n = 25$ 个居民区组成的随机样本所给出的结果列表如下,求日报周末发行量 y 关于总零售额 x_1 和人口密度 x_2 的线性回归方程。

居民区	日报周末发行量 y ($\times 10^4$ 份)	总零售额 x_1 (10^5 元)	人口密度 x_2 ($\times 0.001$ m^2)
1	3.0	21.7	47.8
2	3.3	24.1	51.3
3	4.7	37.4	76.8
4	3.9	29.4	66.2
5	3.2	22.6	51.9
6	4.1	32.0	65.3
7	3.6	26.4	57.4
8	4.3	31.6	66.8
9	4.7	35.5	76.4
10	3.5	25.1	53.0
11	4.0	30.8	66.9
12	3.5	25.8	55.9
13	4.0	30.3	66.5
14	3.0	22.2	45.3
15	4.5	35.7	73.6
16	4.1	30.9	65.1
17	4.8	35.5	75.2
18	3.4	24.2	54.6
19	4.3	33.4	68.7
20	4.0	30.0	64.8
21	4.6	35.1	74.7
22	3.9	29.4	62.7
23	4.3	32.5	67.6
24	3.1	24.0	51.3
25	4.4	33.9	70.8

附　录

附录1　泊松分布数值表

$$P\{\xi=m\}=\frac{\lambda^{m}}{m!}e^{-\lambda}$$

m \ λ	0.1	0.2	0.3	0.4	0.5	0.6	0.7	0.8	0.9	1.0	1.5	2.0	2.5	3.0
0	0.9048	0.8187	0.7408	0.6703	0.6065	0.5488	0.4966	0.4493	0.4066	0.3679	0.2231	0.1353	0.0821	0.0498
1	0.0905	0.1637	0.2223	0.2681	0.3033	0.3293	0.3476	0.3595	0.3659	0.3679	0.3347	0.2707	0.2052	0.1494
2	0.0045	0.0164	0.0333	0.0536	0.0758	0.0988	0.1216	0.1438	0.1647	0.1839	0.2510	0.2707	0.2565	0.2240
3	0.0002	0.0011	0.0033	0.0072	0.0126	0.0198	0.0284	0.0383	0.0494	0.0613	0.1255	0.1805	0.2138	0.2240
4		0.0001	0.0003	0.0007	0.0016	0.0030	0.0050	0.0077	0.0111	0.0153	0.0471	0.0902	0.1336	0.1681
5				0.0001	0.0002	0.0003	0.0007	0.0012	0.0020	0.0031	0.0141	0.0361	0.0668	0.1008
6							0.0001	0.0002	0.0003	0.0005	0.0035	0.0120	0.0278	0.0504
7										0.0001	0.0008	0.0034	0.0099	0.0216
8											0.0002	0.0009	0.0031	0.0081
9												0.0002	0.0009	0.0027
10													0.0002	0.0008
11													0.0001	0.0002
12														0.0001

（续表）

m \ λ	3.5	4.0	4.5	5	6	7	8	9	10	11	12	13	14	15
0	0.0302	0.0183	0.0111	0.0067	0.0025	0.0009	0.0003	0.0001						
1	0.1057	0.0733	0.0500	0.0337	0.0149	0.0064	0.0027	0.0011	0.0004	0.0002	0.0001			
2	0.1850	0.1465	0.1125	0.0842	0.0446	0.0223	0.0107	0.0050	0.0023	0.0010	0.0004	0.0002	0.0001	
3	0.2158	0.1954	0.1687	0.1404	0.0892	0.0521	0.0286	0.0150	0.0076	0.0037	0.0018	0.0008	0.0004	0.0002
4	0.1888	0.1954	0.1898	0.1755	0.1339	0.0912	0.0573	0.0337	0.0189	0.0102	0.0053	0.0027	0.0013	0.0006
5	0.1322	0.1563	0.1708	0.1755	0.1606	0.1277	0.0916	0.0607	0.0378	0.0224	0.0127	0.0071	0.0037	0.0019
6	0.0771	0.1042	0.1281	0.1462	0.1606	0.1490	0.1221	0.0911	0.0631	0.0411	0.0255	0.0151	0.0087	0.0048
7	0.0385	0.0595	0.0824	0.1044	0.1377	0.1490	0.1396	0.1171	0.0901	0.0646	0.0437	0.0281	0.0174	0.0104
8	0.0169	0.0298	0.0463	0.0653	0.1033	0.1304	0.1396	0.1318	0.1126	0.0888	0.0655	0.0457	0.0304	0.0195
9	0.0065	0.0132	0.0232	0.0363	0.0688	0.1014	0.1241	0.1318	0.1251	0.1085	0.0874	0.0660	0.0473	0.0324
10	0.0023	0.0053	0.0104	0.0181	0.0413	0.0710	0.0993	0.1186	0.1251	0.1194	0.1048	0.0859	0.0663	0.0486
11	0.0007	0.0019	0.0043	0.0082	0.0225	0.0452	0.0722	0.0970	0.1137	0.1194	0.1144	0.1015	0.0843	0.0663
12	0.0002	0.0006	0.0015	0.0034	0.0113	0.0264	0.0481	0.0728	0.0948	0.1094	0.1144	0.1099	0.0984	0.0828
13	0.0001	0.0002	0.0006	0.0013	0.0052	0.0142	0.0296	0.0504	0.0729	0.0926	0.1056	0.1099	0.1061	0.0956
14		0.0001	0.0002	0.0005	0.0023	0.0071	0.0169	0.0324	0.0521	0.0728	0.0905	0.1021	0.1061	0.1025
15			0.0001	0.0002	0.0009	0.0033	0.0090	0.0194	0.0347	0.0533	0.0724	0.0885	0.0989	0.1025
16				0.0001	0.0003	0.0015	0.0045	0.0109	0.0217	0.0367	0.0543	0.0719	0.0865	0.0960
17					0.0001	0.0006	0.0021	0.0058	0.0128	0.0237	0.0383	0.0551	0.0713	0.0847
18						0.0002	0.0010	0.0029	0.0071	0.0145	0.0255	0.0397	0.0554	0.0706
19						0.0001	0.0004	0.0014	0.0037	0.0084	0.0161	0.0272	0.0408	0.0557
20							0.0002	0.0006	0.0019	0.0046	0.0097	0.0177	0.0286	0.0418
21							0.0001	0.0003	0.0009	0.0024	0.0055	0.0109	0.0191	0.0299
22								0.0001	0.0004	0.0013	0.0030	0.0065	0.0122	0.0204
23									0.0002	0.0006	0.0016	0.0036	0.0074	0.0133
24									0.0001	0.0003	0.0008	0.0020	0.0043	0.0083
25										0.0001	0.0004	0.0011	0.0024	0.0050
26											0.0002	0.0005	0.0013	0.0029
27											0.0001	0.0002	0.0007	0.0017
28												0.0001	0.0003	0.0009
29													0.0002	0.0004
30													0.0001	0.0002
31														0.0001

（续表）

	$\lambda = 20$							$\lambda = 30$			
m	p	m	p	m	p	m	p	m	p	m	p
5	0.0001	20	0.0889	35	0.0007	10		25	0.0511	40	0.0139
6	0.0002	21	0.0846	36	0.0004	11		26	0.0590	41	0.0102
7	0.0006	22	0.0769	37	0.0002	12	0.0001	27	0.0655	42	0.0073
8	0.0013	23	0.0669	38	0.0001	13	0.0002	28	0.0702	43	0.0051
9	0.0029	24	0.0557	39	0.0001	14	0.0005	29	0.0727	44	0.0035
10	0.0058	25	0.0446			15	0.0010	30	0.0727	45	0.0023
11	0.0106	26	0.0343			16	0.0019	31	0.0703	46	0.0015
12	0.0176	27	0.0254			17	0.0034	32	0.0659	47	0.0010
13	0.0271	28	0.0183			18	0.0057	33	0.0599	48	0.0006
14	0.0382	29	0.0125			19	0.0089	34	0.0529	49	0.0004
15	0.0517	30	0.0083			20	0.0134	35	0.0453	50	0.0002
16	0.0646	31	0.0054			21	0.0192	36	0.0378	51	0.0001
17	0.0760	32	0.0034			22	0.0261	37	0.0306	52	0.0001
18	0.0844	33	0.0021			23	0.0341	38	0.0242		
19	0.0889	34	0.0012			24	0.0426	39	0.0186		

	$\lambda = 40$							$\lambda = 50$			
m	p	m	p	m	p	m	p	m	p	m	p
15		35	0.0485	55	0.0043	25		45	0.0458	65	0.0063
16		36	0.0539	56	0.0031	26	0.0001	46	0.0498	66	0.0048
17		37	0.0583	57	0.0022	27	0.0001	47	0.0530	67	0.0036
18	0.0001	38	0.0614	58	0.0015	28	0.0002	48	0.0552	68	0.0026
19	0.0001	39	0.0629	59	0.0010	29	0.0004	49	0.0564	69	0.0019
20	0.0002	40	0.0629	60	0.0007	30	0.0007	50	0.0564	70	0.0014
21	0.0004	41	0.0614	61	0.0005	31	0.0011	51	0.0552	71	0.0010
22	0.0007	42	0.0585	62	0.0003	32	0.0017	52	0.0531	72	0.0007
23	0.0012	43	0.0544	63	0.0002	33	0.0026	53	0.0501	73	0.0005
24	0.0019	44	0.0495	64	0.0001	34	0.0038	54	0.0464	74	0.0003
25	0.0031	45	0.0440	65	0.0001	35	0.0054	55	0.0422	75	0.0002
26	0.0047	46	0.0382			36	0.0075	56	0.0377	76	0.0001
27	0.0070	47	0.0325			37	0.0102	57	0.0330	77	0.0001
28	0.0100	48	0.0271			38	0.0134	58	0.0285	78	0.0001
29	0.0139	49	0.0221			39	0.0172	59	0.0241		
30	0.0185	50	0.0177			40	0.0215	60	0.0201		
31	0.0238	51	0.0139			41	0.0262	61	0.0165		
32	0.0298	52	0.0107			42	0.0312	62	0.0133		
33	0.0361	53	0.0081			43	0.0363	63	0.0106		
34	0.0425	54	0.0060			44	0.0412	64	0.0082		

附录2　标准正态分布函数值表

$$\Phi(x)=\int_{-\infty}^{x}\frac{1}{\sqrt{2\pi}}e^{-\frac{u^2}{2}}du$$

$$\Phi(-x)=1-\Phi(x)$$

$\frac{\alpha}{x}$	0.00	0.01	0.02	0.03	0.04	0.05	0.06	0.07	0.08	0.09
0.0	0.5000	0.5040	0.5080	0.5120	0.5160	0.5199	0.5239	0.5279	0.5319	0.5359
0.1	0.5398	0.5438	0.5478	0.5517	0.5557	0.5596	0.5636	0.5675	0.5714	0.5753
0.2	0.5793	0.5832	0.5871	0.5910	0.5948	0.5987	0.6026	0.6064	0.6103	0.6141
0.3	0.6179	0.6217	0.6255	0.6293	0.6331	0.6368	0.6406	0.6443	0.6480	0.6517
0.4	0.6554	0.6591	0.6628	0.6664	0.6700	0.6736	0.6772	0.6808	0.6844	0.6879
0.5	0.6915	0.6950	0.6985	0.7019	0.7054	0.7088	0.7123	0.7157	0.7190	0.7224
0.6	0.7257	0.7291	0.7324	0.7357	0.7389	0.7422	0.7454	0.7486	0.7517	0.7549
0.7	0.7580	0.7611	0.7642	0.7673	0.7703	0.7734	0.7764	0.7794	0.7823	0.7852
0.8	0.7881	0.7910	0.7939	0.7967	0.7995	0.8023	0.8051	0.8078	0.8106	0.8133
0.9	0.8159	0.8186	0.8212	0.8238	0.8264	0.8289	0.8315	0.8340	0.8365	0.8389
1.0	0.8413	0.8438	0.8461	0.8485	0.8508	0.8531	0.8554	0.8577	0.8599	0.8621
1.1	0.8643	0.8665	0.8686	0.8708	0.8729	0.8749	0.8770	0.8790	0.8810	0.8830
1.2	0.8849	0.8869	0.8888	0.8907	0.8925	0.8944	0.8962	0.8980	0.8997	0.9015
1.3	0.9032	0.9049	0.9066	0.9082	0.9099	0.9115	0.9131	0.9147	0.9162	0.9177
1.4	0.9192	0.9207	0.9222	0.9236	0.9251	0.9265	0.9278	0.9292	0.9306	0.9319
1.5	0.9332	0.9345	0.9357	0.9370	0.9382	0.9394	0.9406	0.9418	0.9430	0.9441
1.6	0.9452	0.9463	0.9474	0.9484	0.9495	0.9505	0.9515	0.9525	0.9535	0.9545
1.7	0.9554	0.9564	0.9573	0.9582	0.9591	0.9599	0.9608	0.9616	0.9625	0.9633
1.8	0.9641	0.9648	0.9656	0.9664	0.9671	0.9678	0.9686	0.9693	0.9700	0.9706
1.9	0.9713	0.9719	0.9726	0.9732	0.9738	0.9744	0.9750	0.9756	0.9762	0.9767
2.0	0.9772	0.9778	0.9783	0.9788	0.9793	0.9798	0.9803	0.9808	0.9812	0.9817
2.1	0.9821	0.9826	0.9830	0.9834	0.9838	0.9842	0.9846	0.9850	0.9854	0.9857
2.2	0.9861	0.9864	0.9868	0.9871	0.9874	0.9878	0.9881	0.9884	0.9887	0.9890
2.3	0.9893	0.9896	0.9898	0.9901	0.9904	0.9906	0.9909	0.9911	0.9913	0.9916
2.4	0.9918	0.9920	0.9922	0.9925	0.9927	0.9929	0.9931	0.9932	0.9934	0.9936
2.5	0.9938	0.9940	0.9941	0.9943	0.9945	0.9946	0.9948	0.9949	0.9951	0.9952
2.6	0.9953	0.9955	0.9956	0.9957	0.9959	0.9960	0.9961	0.9962	0.9963	0.9964
2.7	0.9965	0.9966	0.9967	0.9968	0.9969	0.9970	0.9971	0.9972	0.9973	0.9974
2.8	0.9974	0.9975	0.9976	0.9977	0.9977	0.9978	0.9979	0.9979	0.9980	0.9981
2.9	0.9981	0.9982	0.9982	0.9983	0.9984	0.9984	0.9985	0.9985	0.9986	0.9986
3.0	0.9987	0.9990	0.9993	0.9995	0.9997	0.9998	0.9998	0.9999	0.9999	1.0000

注:本表最后一行自左至右依次是 $\Phi(3.0),\cdots,\Phi(3.9)$ 的值

附录 3   t 分布临界值表

$$P\{t(k) > t_a\} = \alpha$$

α k	0.25	0.10	0.05	0.025	0.01	0.005
1	1.0000	3.0777	6.3138	12.7062	31.8207	63.6574
2	0.8165	1.8856	2.9200	4.3207	6.9646	9.9248
3	0.7649	1.6377	2.3534	3.1824	4.5407	5.8409
4	0.7407	1.5332	2.1318	2.7764	3.7469	4.6041
5	0.7267	1.4759	2.0150	2.5706	3.3649	4.0322
6	0.7176	1.4398	1.9432	2.4469	3.1427	3.7074
7	0.7111	1.4149	1.8946	2.3646	2.9980	3.4995
8	0.7064	1.3968	1.8595	2.3060	2.8965	3.3554
9	0.7027	1.3830	1.8331	2.2622	2.8214	3.2498
10	0.6998	1.3722	1.8125	2.2281	2.7638	3.1693
11	0.6974	1.3634	1.7959	2.2010	2.7181	3.1058
12	0.6955	1.3562	1.7823	2.1788	2.6810	3.0545
13	0.6938	1.3502	1.7709	2.1604	2.6503	3.0123
14	0.6924	1.3450	1.7613	2.1448	2.6245	2.9768
15	0.6912	1.3406	1.7531	2.1315	2.6025	2.9467
16	0.6901	1.3368	1.7459	2.1199	2.5835	2.9028
17	0.6892	1.3334	1.7396	2.1098	2.5669	2.8982
18	0.6884	1.3304	1.7341	2.1009	2.5524	2.8784
19	0.6876	1.3277	1.7291	2.0930	2.5395	2.8609
20	0.6870	1.3253	1.7247	2.0860	2.5280	2.8453
21	0.6864	1.3232	1.7207	2.0796	2.5177	2.8314
22	0.6858	1.3212	1.7171	2.0739	2.5083	2.8188
23	0.6853	1.3195	1.7139	2.0687	2.4999	2.8073
24	0.6848	1.3178	1.7109	2.0639	2.4922	2.7969
25	0.6844	1.3163	1.7081	2.0595	2.4851	2.7874
26	0.6840	1.3150	1.7056	2.0555	2.4786	2.7787
27	0.6837	1.3137	1.7033	2.0518	2.4727	2.7707
28	0.6834	1.3125	1.7011	2.0484	2.4671	2.7633
29	0.6830	1.3114	1.6991	2.0452	2.4620	2.7564
30	0.6828	1.3104	1.6973	2.0423	2.4573	2.7500

附录4　χ^2分布临界值表

$$P\{\chi^2_{(k)} > \chi^2_\alpha\} = \alpha$$

k \ α	0.995	0.99	0.975	0.95	0.90	0.75	0.25	0.10	0.05	0.025	0.01	0.005
1	—	—	0.001	0.004	0.016	0.102	1.323	2.706	3.841	5.024	6.635	7.879
2	0.010	0.020	0.051	0.103	0.211	0.575	2.773	4.605	5.991	7.378	9.210	10.597
3	0.072	0.115	0.216	0.352	0.584	1.213	4.108	6.251	7.815	9.348	11.345	12.838
4	0.207	0.297	0.484	0.711	1.064	1.923	5.385	7.779	9.488	11.143	13.277	14.860
5	0.412	0.554	0.831	1.145	1.610	2.675	6.626	9.236	11.071	12.833	15.086	16.750
6	0.676	0.872	1.237	1.635	2.204	3.455	7.841	10.645	12.592	14.449	16.812	18.548
7	0.989	1.239	1.690	2.167	2.833	4.255	9.037	12.017	14.067	16.013	18.475	20.278
8	1.344	1.646	2.180	2.733	3.490	5.071	10.219	13.362	15.507	17.535	20.090	21.955
9	1.735	2.088	2.700	3.325	4.168	5.899	11.389	14.684	16.919	19.023	21.666	23.589
10	2.156	2.558	3.247	3.940	4.865	6.737	12.549	15.987	18.307	20.483	23.209	25.188
11	2.603	3.053	3.816	4.575	5.578	7.584	13.701	17.275	19.675	21.920	24.725	26.757
12	3.074	3.571	4.404	5.226	6.304	8.438	14.845	18.549	21.026	23.337	26.217	28.299
13	3.565	4.107	5.009	5.892	7.042	9.299	15.984	19.812	22.362	24.736	27.688	29.819
14	4.075	4.660	5.629	6.571	7.790	10.165	17.117	21.064	23.685	26.119	29.141	31.319
15	4.601	5.229	6.262	7.261	8.547	11.037	18.245	22.307	24.966	27.488	30.578	32.801
16	5.142	5.812	6.908	7.962	9.312	11.912	19.369	23.542	26.296	28.845	32.000	34.267
17	5.697	6.408	7.564	8.672	10.085	12.792	20.489	24.769	27.587	30.191	33.409	35.718
18	6.265	7.015	8.231	9.390	10.865	13.675	21.605	25.989	28.869	31.526	34.805	37.156
19	6.844	7.633	8.907	10.117	11.651	14.562	22.718	27.204	30.144	32.852	36.191	38.582
20	7.434	8.260	9.591	10.851	12.443	15.452	23.828	28.412	31.410	34.170	37.566	39.997
21	8.034	8.897	10.283	11.591	13.240	16.344	24.935	29.615	32.671	35.479	38.932	41.401
22	8.643	9.542	10.982	12.338	14.042	17.240	26.039	30.813	33.924	36.781	40.289	42.796
23	9.260	10.196	11.689	13.091	14.848	18.137	27.141	32.007	35.172	38.076	41.638	44.181
24	9.886	10.856	12.401	13.848	15.659	19.037	28.241	33.196	36.415	39.364	42.980	45.559
25	10.520	11.524	13.120	14.611	16.473	19.939	29.339	34.382	37.652	40.646	44.314	46.928
26	11.160	12.198	13.844	15.379	17.292	20.843	30.435	35.563	38.885	41.923	45.642	48.290
27	11.808	12.879	14.573	16.151	18.114	21.749	31.528	36.741	40.113	43.194	46.963	49.645
28	12.461	13.565	15.308	16.928	18.939	22.657	32.620	37.916	41.337	44.461	48.278	50.993
29	13.121	14.257	16.047	17.708	19.768	23.567	33.711	39.087	42.557	45.722	49.588	52.336
30	13.787	14.954	16.791	18.493	20.599	24.478	34.800	40.256	43.773	46.979	50.892	53.672
31	14.458	15.655	17.539	19.281	21.434	25.390	35.887	41.422	44.985	48.232	52.191	55.003

（续表）

α k	0.995	0.99	0.975	0.95	0.90	0.75	0.25	0.10	0.05	0.025	0.01	0.005
32	15.134	16.362	18.291	20.072	22.271	26.304	36.973	42.585	46.194	49.480	53.486	56.328
33	15.815	17.074	19.047	20.867	23.110	27.219	38.058	43.745	47.400	50.725	54.776	57.648
34	16.501	17.789	19.806	21.664	23.952	28.136	39.141	44.903	48.602	51.966	56.061	58.964
35	17.192	18.509	20.569	22.465	24.797	29.054	40.223	46.059	49.802	53.203	57.342	60.275
36	17.887	19.233	21.336	23.269	25.643	29.973	41.304	47.212	50.998	54.437	58.619	61.581
37	18.586	19.960	22.106	24.075	26.492	30.893	42.383	48.363	52.192	55.668	59.892	62.883
38	19.289	20.691	22.878	24.884	27.343	31.815	43.462	49.513	53.384	56.896	61.162	64.181
39	19.996	21.426	23.654	25.695	28.196	32.737	44.539	50.660	54.572	58.120	62.428	65.476
40	20.707	22.164	24.433	26.509	29.051	33.660	45.616	51.805	55.758	59.342	63.691	66.766
41	21.421	22.906	25.215	27.326	29.907	34.585	46.692	52.949	56.942	60.561	64.950	68.053
42	22.138	23.650	25.999	28.144	30.765	35.510	47.766	54.090	58.124	61.777	66.206	69.336
43	22.859	24.398	26.785	28.965	31.625	36.436	48.840	55.230	59.304	62.990	67.459	70.616
44	23.584	25.148	27.575	29.987	32.487	37.363	49.913	56.369	60.481	64.201	68.710	71.893
45	24.311	25.901	28.366	30.612	33.350	38.291	50.985	57.505	61.656	65.410	69.957	73.166

附录 5　F 分布临界值表

$$P\{F(k_1,k_2) > F_\alpha\} = \alpha$$

$$\alpha = 0.005$$

k_2 \ k_1	1	2	3	4	5	6	8	12	24	∞
1	16211	20000	21615	22500	23056	23437	23925	24426	24940	25465
2	198.5	199.0	199.2	199.2	199.3	199.3	199.4	199.4	199.5	199.5
3	55.55	49.80	47.47	46.19	45.39	44.84	44.13	43.39	42.62	41.83
4	31.33	26.28	24.26	23.15	22.46	21.97	21.35	20.70	20.03	19.32
5	22.78	18.31	16.53	15.56	14.94	14.51	13.96	13.38	12.78	12.14
6	18.63	14.45	12.92	12.03	11.46	11.07	10.57	10.03	9.47	8.88
7	16.24	12.40	10.88	10.05	9.52	9.16	8.68	8.18	7.65	7.08
8	14.69	11.04	9.60	8.81	8.30	7.95	7.50	7.01	6.50	5.95
9	13.61	10.11	8.72	7.96	7.47	7.13	6.69	6.23	5.73	5.19
10	12.83	9.43	8.08	7.34	6.87	6.54	6.12	5.66	5.17	4.64
11	12.23	8.91	7.60	6.88	6.42	6.10	5.68	5.24	4.76	4.23
12	11.75	8.51	7.23	6.52	6.07	5.76	5.35	4.91	4.43	3.90
13	11.37	8.19	6.93	6.23	5.79	5.48	5.08	4.64	4.17	3.65
14	11.06	7.92	6.68	6.00	5.56	5.26	4.86	4.43	3.96	3.44
15	10.80	7.70	6.48	5.80	5.37	5.07	4.67	4.25	3.79	3.26
16	10.58	7.51	6.30	5.64	5.21	4.91	4.52	4.10	3.64	3.11
17	10.38	7.35	6.16	5.50	5.07	4.78	4.39	3.97	3.51	2.98
18	10.22	7.21	6.03	5.37	4.96	4.66	4.28	3.86	3.40	2.87
19	10.07	7.09	5.92	5.27	4.85	4.56	4.18	3.76	3.31	2.78
20	9.94	6.99	5.82	5.17	4.76	4.47	4.09	3.68	3.22	2.69
21	9.83	6.89	5.73	5.09	4.68	4.39	4.01	3.60	3.15	2.61
22	9.73	6.81	5.65	5.02	4.61	4.32	3.94	3.54	3.08	2.55
23	9.63	6.73	5.58	4.95	4.54	4.26	3.88	3.47	3.02	2.48
24	9.55	6.66	5.52	4.89	4.49	4.20	3.83	3.42	2.97	2.43
25	9.48	6.60	5.46	4.84	4.43	4.15	3.78	3.37	2.92	2.38
26	9.41	6.54	5.41	4.79	4.38	4.10	3.73	3.33	2.87	2.33
27	9.34	6.49	5.36	4.74	4.34	4.06	3.69	3.28	2.83	2.29
28	9.28	6.44	5.32	4.70	4.30	4.02	3.65	3.25	2.79	2.25
29	9.23	6.40	5.28	4.66	4.26	3.98	3.61	3.21	2.76	2.21
30	9.18	6.35	5.24	4.62	4.23	3.95	3.58	3.18	2.73	2.18
40	8.83	6.07	4.98	4.37	3.99	3.71	3.35	2.95	2.50	1.93
60	8.49	5.79	4.73	4.14	3.76	3.49	3.13	2.74	2.29	1.69
120	8.18	5.54	4.50	3.92	3.55	3.28	2.93	2.54	2.09	1.43

$\alpha = 0.01$　　　　　　　　　　　　　　（续表）

k_2 \ k_1	1	2	3	4	5	6	8	12	24	∞
1	4052	4999	5403	5625	5764	5859	5981	6106	6234	6366
2	98.49	99.01	99.17	99.25	99.30	99.33	99.36	99.42	99.46	99.50
3	34.12	30.81	29.46	28.71	28.24	27.91	27.49	27.05	26.60	26.12
4	21.20	18.00	16.69	15.98	15.52	15.21	14.80	14.37	13.93	13.46
5	16.26	13.27	12.06	11.39	10.97	10.67	10.29	9.89	9.47	9.02
6	13.74	10.92	9.78	9.15	8.75	8.47	8.10	7.72	7.31	6.88
7	12.25	9.55	8.45	7.85	7.46	7.19	6.84	6.47	6.07	5.65
8	11.26	8.65	7.59	7.01	6.63	6.37	6.03	5.67	5.28	4.86
9	10.56	8.02	6.99	6.42	6.06	5.80	5.47	5.11	4.73	4.31
10	10.04	7.56	6.55	5.99	5.64	5.39	5.06	4.71	4.33	3.91
11	9.65	7.20	6.22	5.67	5.32	5.07	4.74	4.40	4.02	3.60
12	9.33	6.93	5.95	5.41	5.06	4.82	4.50	4.16	3.78	3.36
13	9.07	6.70	5.74	5.20	4.86	4.62	4.30	3.96	3.59	3.16
14	8.86	6.51	5.56	5.03	4.69	4.46	4.14	3.80	3.43	3.00
15	8.68	6.36	5.42	4.89	4.56	4.32	4.00	3.67	3.29	2.87
16	8.53	6.23	5.29	4.77	4.44	4.20	3.89	3.55	3.18	2.75
17	8.40	6.11	5.18	4.67	4.34	4.10	3.79	3.45	3.08	2.65
18	8.28	6.01	5.09	4.58	4.25	4.01	3.71	3.37	3.00	2.57
19	8.18	5.93	5.01	4.50	4.17	3.94	3.63	3.30	2.92	2.49
20	8.10	5.85	4.94	4.43	4.10	3.87	3.56	3.23	2.86	2.42
21	8.02	5.78	4.87	4.37	4.04	3.81	3.51	3.17	2.80	2.36
22	7.94	5.72	4.82	4.31	3.99	3.76	3.45	3.12	2.75	2.31
23	7.88	5.66	4.76	4.26	3.94	3.71	3.41	3.07	2.70	2.26
24	7.82	5.61	4.72	4.22	3.90	3.67	3.36	3.03	2.66	2.21
25	7.77	5.57	4.68	4.18	3.86	3.63	3.32	2.99	2.62	2.17
26	7.72	5.53	4.64	4.14	3.82	3.59	3.29	2.96	2.58	2.13
27	7.68	5.49	4.60	4.11	3.78	3.56	3.26	2.93	2.55	2.10
28	7.64	5.45	4.57	4.07	3.75	3.53	3.23	2.90	2.52	2.06
29	7.60	5.42	4.54	4.04	3.73	3.50	3.20	2.87	2.49	2.03
30	7.56	5.39	4.51	4.02	3.70	3.47	3.17	2.84	2.47	2.01
40	7.31	5.18	4.31	3.83	3.51	3.29	2.99	2.66	2.29	1.80
60	7.08	4.98	4.13	3.65	3.34	3.12	2.82	2.50	2.12	1.60
120	6.85	4.79	3.95	3.48	3.17	2.96	2.66	2.34	1.95	1.38
∞	6.64	4.60	3.78	3.32	3.02	2.80	2.51	2.18	1.79	1.00

$\alpha = 0.025$　　　　　　　　　　　　　　　　　　（续表）

k_2 ＼ k_1	1	2	3	4	5	6	8	12	24	∞
1	647.8	799.5	864.2	899.6	921.8	937.1	956.7	976.7	997.2	1018
2	38.51	39.00	39.17	39.25	39.30	39.33	39.37	39.41	39.46	39.50
3	17.44	16.04	15.44	15.10	14.88	14.73	14.54	14.34	14.12	13.90
4	12.22	10.65	9.98	9.60	9.36	9.20	8.98	8.75	8.51	8.26
5	10.01	8.43	7.76	7.39	7.15	6.98	6.76	6.52	6.28	6.02
6	8.81	7.26	6.60	6.23	5.99	5.82	5.60	5.37	5.12	4.85
7	8.07	6.54	5.89	5.52	5.29	5.12	4.90	4.67	4.42	4.14
8	7.57	6.06	5.42	5.05	4.82	4.65	4.43	4.20	3.95	3.67
9	7.21	5.71	5.08	4.72	4.48	4.32	4.10	3.87	3.61	3.33
10	6.94	5.46	4.83	4.47	4.24	4.07	3.85	3.62	3.37	3.08
11	6.72	5.26	4.63	4.28	4.04	3.88	3.66	3.43	3.17	2.88
12	6.55	5.10	4.47	4.12	3.89	3.73	3.51	3.28	3.02	2.72
13	6.41	4.97	4.35	4.00	3.77	3.60	3.39	3.15	2.89	2.60
14	6.30	4.86	4.24	3.89	3.66	3.50	3.29	3.05	2.79	2.49
15	6.20	4.77	4.15	3.80	3.58	3.41	3.20	2.96	2.70	2.40
16	6.12	4.69	4.08	3.73	3.50	3.34	3.12	2.89	2.63	2.32
17	6.04	4.62	4.01	3.66	3.44	3.28	3.06	2.82	2.56	2.25
18	5.98	4.56	3.95	3.61	3.38	3.22	3.01	2.77	2.50	2.19
19	5.92	4.51	3.90	3.56	3.33	3.17	2.96	2.72	2.45	2.13
20	5.87	4.46	3.86	3.51	3.29	3.13	2.91	2.68	2.41	2.09
21	5.83	4.42	3.82	3.48	3.25	3.09	2.87	2.64	2.37	2.04
22	5.79	4.38	3.78	3.44	3.22	3.05	2.84	2.60	2.33	2.00
23	5.75	4.35	3.75	3.41	3.18	3.02	2.81	2.57	2.30	1.97
24	5.72	4.32	3.72	3.38	3.15	2.99	2.78	2.54	2.27	1.94
25	5.69	4.29	3.69	3.35	3.13	2.97	2.75	2.51	2.24	1.91
26	5.66	4.27	3.67	3.33	3.10	2.94	2.73	2.49	2.22	1.88
27	5.63	4.24	3.65	3.31	3.08	2.92	2.71	2.47	2.19	1.85
28	5.61	4.22	3.63	3.29	3.06	2.90	2.69	2.45	2.17	1.83
29	5.59	4.20	3.61	3.27	3.04	2.88	2.67	2.43	2.15	1.81
30	5.57	4.18	3.59	3.25	3.03	2.87	2.65	2.41	2.14	1.79
40	5.42	4.05	3.46	3.13	2.90	2.74	2.53	2.29	2.01	1.64
60	5.29	3.93	3.34	3.01	2.79	2.63	2.41	2.17	1.88	1.48
120	5.15	3.80	3.23	2.89	2.67	2.52	2.30	2.05	1.76	1.31
∞	5.02	3.69	3.12	2.79	2.57	2.41	2.19	1.94	1.64	1.00

$\alpha = 0.05$ （续表）

k_2 \ k_1	1	2	3	4	5	6	8	12	24	∞
1	161.4	199.5	215.7	224.6	230.2	234.0	238.9	243.9	249.0	254.3
2	18.51	19.00	19.16	19.25	19.30	19.33	19.37	19.41	19.45	19.50
3	10.13	9.55	9.28	9.12	9.01	8.94	8.84	8.74	8.64	8.53
4	7.71	6.94	6.59	6.39	6.26	6.16	6.04	5.91	5.77	5.63
5	6.61	5.79	5.41	5.19	5.05	4.95	4.82	4.68	4.53	4.36
6	5.99	5.14	4.76	4.53	4.39	4.28	4.15	4.00	3.84	3.67
7	5.59	4.74	4.35	4.12	3.97	3.87	3.73	3.57	3.41	3.23
8	5.32	4.46	4.07	3.84	3.69	3.58	3.44	3.28	3.12	2.93
9	5.12	4.26	3.86	3.63	3.48	3.37	3.23	3.07	2.90	2.71
10	4.96	4.10	3.71	3.48	3.33	3.22	3.07	2.91	2.74	2.54
11	4.84	3.98	3.59	3.36	3.20	3.09	2.95	2.79	2.61	2.40
12	4.75	3.88	3.49	3.26	3.11	3.00	2.85	2.69	2.50	2.30
13	4.67	3.80	3.41	3.18	3.02	2.92	2.77	2.60	2.42	2.21
14	4.60	3.74	3.34	3.11	2.96	2.85	2.70	2.53	2.35	2.13
15	4.54	3.68	3.29	3.06	2.90	2.79	2.64	2.48	2.29	2.07
16	4.49	3.63	3.24	3.01	2.85	2.74	2.59	2.42	2.24	2.01
17	4.45	3.59	3.20	2.96	2.81	2.70	2.55	2.38	2.19	1.96
18	4.41	3.55	3.16	2.93	2.77	2.66	2.51	2.34	2.15	1.92
19	4.38	3.52	3.13	2.90	2.74	2.63	2.48	2.31	2.11	1.88
20	4.35	3.49	3.10	2.87	2.71	2.60	2.45	2.28	2.08	1.84
21	4.32	3.47	3.07	2.84	2.68	2.57	2.42	2.25	2.05	1.81
22	4.30	3.44	3.05	2.82	2.66	2.55	2.40	2.23	2.03	1.78
23	4.28	3.42	3.03	2.80	2.64	2.53	2.38	2.20	2.00	1.76
24	4.26	3.40	3.01	2.78	2.62	2.51	2.36	2.18	1.98	1.73
25	4.24	3.38	2.99	2.76	2.60	2.49	2.34	2.16	1.96	1.71
26	4.22	3.37	2.98	2.74	2.59	2.47	2.32	2.15	1.95	1.69
27	4.21	3.35	2.96	2.73	2.57	2.46	2.30	2.13	1.93	1.67
28	4.20	3.34	2.95	2.71	2.56	2.44	2.29	2.12	1.91	1.65
29	4.18	3.33	2.93	2.70	2.54	2.43	2.28	2.10	1.90	1.64
30	4.17	3.32	2.92	2.69	2.53	2.42	2.27	2.09	1.89	1.62
40	4.08	3.23	2.84	2.61	2.45	2.34	2.18	2.00	1.79	1.51
60	4.00	3.15	2.76	2.52	2.37	2.25	2.10	1.92	1.70	1.39
120	3.92	3.07	2.68	2.45	2.29	2.17	2.02	1.83	1.61	1.25
∞	3.84	2.99	2.60	2.37	2.21	2.09	1.94	1.75	1.52	1.00

$\alpha = 0.10$　　　　　　　　　　　　　（续表）

k_1 k_2	1	2	3	4	5	6	8	12	24	∞
1	39.86	49.50	53.59	55.83	57.24	58.20	59.44	60.71	62.00	63.33
2	8.53	9.00	9.16	9.24	9.29	9.33	9.37	9.41	9.45	9.49
3	5.54	5.46	5.36	5.32	5.31	5.28	5.25	5.22	5.18	5.13
4	4.54	4.32	4.19	4.11	4.05	4.01	3.95	3.90	3.83	3.76
5	4.06	3.78	3.62	3.52	3.45	3.40	3.34	3.27	3.19	3.10
6	3.78	3.46	3.29	3.18	3.11	3.05	2.98	2.90	2.82	2.72
7	3.59	3.26	3.07	2.96	2.88	2.83	2.75	2.67	2.58	2.47
8	3.46	3.11	2.92	2.81	2.73	2.67	2.59	2.50	2.40	2.29
9	3.36	3.01	2.81	2.69	2.61	2.55	2.47	2.38	2.28	2.16
10	3.29	2.92	2.73	2.61	2.52	2.46	2.38	2.28	2.18	2.06
11	3.23	2.86	2.66	2.54	2.45	2.39	2.30	2.21	2.10	1.97
12	3.18	2.81	2.61	2.48	2.39	2.33	2.24	2.15	2.04	1.90
13	3.14	2.76	2.56	2.43	2.35	2.28	2.20	2.10	1.98	1.85
14	3.10	2.73	2.52	2.39	2.31	2.24	2.15	2.05	1.94	1.80
15	3.07	2.70	2.49	2.36	2.27	2.21	2.12	2.02	1.90	1.76
16	3.05	2.67	2.46	2.33	2.24	2.18	2.09	1.99	1.87	1.72
17	3.03	2.64	2.44	2.31	2.22	2.15	2.06	1.96	1.84	1.69
18	3.01	2.62	2.42	2.29	2.20	2.13	2.04	1.93	1.81	1.66
19	2.99	2.61	2.40	2.27	2.18	2.11	2.02	1.91	1.79	1.63
20	2.97	2.59	2.38	2.25	2.16	2.09	2.00	1.89	1.77	1.61
21	2.96	2.57	2.36	2.23	2.14	2.08	1.98	1.87	1.75	1.59
22	2.95	2.56	2.35	2.22	2.13	2.06	1.97	1.86	1.73	1.57
23	2.94	2.55	2.34	2.21	2.11	2.05	1.95	1.84	1.72	1.55
24	2.93	2.54	2.33	2.19	2.10	2.04	1.94	1.83	1.70	1.53
25	2.92	2.53	2.32	2.18	2.09	2.02	1.93	1.82	1.69	1.52
26	2.91	2.52	2.31	2.17	2.08	2.01	1.92	1.81	1.68	1.50
27	2.90	2.51	2.30	2.17	2.07	2.00	1.91	1.80	1.67	1.49
28	2.89	2.50	2.29	2.16	2.06	2.00	1.90	1.79	1.66	1.48
29	2.89	2.50	2.28	2.15	2.06	1.99	1.89	1.78	1.65	1.47
30	2.88	2.49	2.28	2.14	2.05	1.98	1.88	1.77	1.64	1.46
40	2.84	2.44	2.23	2.09	2.00	1.93	1.83	1.71	1.57	1.38
60	2.79	2.39	2.18	2.04	1.95	1.87	1.77	1.66	1.51	1.29
120	2.75	2.35	2.13	1.99	1.90	1.82	1.72	1.60	1.45	1.19
∞	2.71	2.30	2.08	1.94	1.85	1.17	1.67	1.55	1.38	1.00

附录6 相关系数显著性检验表

α k	0.10	0.05	0.02	0.01	0.001	α k
1	0.9877	0.9969	0.9995	0.9999	0.9999	1
2	0.9000	0.9500	0.9800	0.9900	0.9990	2
3	0.8054	0.8783	0.9343	0.9587	0.9912	3
4	0.7293	0.8114	0.8822	0.9172	0.9741	4
5	0.6694	0.7545	0.8329	0.8745	0.9507	5
6	0.6215	0.7067	0.7887	0.8343	0.9249	6
7	0.5822	0.6664	0.7498	0.7977	0.8982	7
8	0.5494	0.6319	0.7155	0.7646	0.8721	8
9	0.5214	0.6021	0.6851	0.7348	0.8471	9
10	0.4973	0.5760	0.6581	0.7079	0.8233	10
11	0.4762	0.5529	0.6339	0.6835	0.8010	11
12	0.4575	0.5324	0.6120	0.6614	0.7800	12
13	0.4409	0.5139	0.5923	0.6411	0.7603	13
14	0.4259	0.4973	0.5742	0.6226	0.7420	14
15	0.4124	0.4821	0.5577	0.6055	0.7246	15
16	0.4000	0.4683	0.5425	0.5897	0.7084	16
17	0.3887	0.4555	0.5285	0.5751	0.6932	17
18	0.3783	0.4438	0.5155	0.5614	0.6787	18
19	0.3687	0.4329	0.5034	0.5487	0.6652	19
20	0.3598	0.4227	0.4921	0.5368	0.6524	20
25	0.3233	0.3809	0.4451	0.4869	0.5974	25
30	0.2960	0.3494	0.4093	0.4487	0.5541	30
35	0.2746	0.3246	0.3810	0.4182	0.5189	35
40	0.2573	0.3044	0.3578	0.3932	0.4896	40
45	0.2428	0.2875	0.3384	0.3721	0.4648	45
50	0.2306	0.2732	0.3218	0.3541	0.4433	50
60	0.2108	0.2500	0.2948	0.3248	0.4078	60
70	0.1954	0.2319	0.2737	0.3017	0.3799	70
80	0.1829	0.2172	0.2565	0.2830	0.3568	80
90	0.1726	0.2050	0.2422	0.2673	0.3375	90
100	0.1638	0.1946	0.2301	0.2540	0.3211	100